U0642464

高职高专建筑工程类专业"十三五"规划教材

GAOZHI GAOZHUAN JIANZHUGONGCHENGLEI ZHUANYE SHISANWU GUIHUA JIAOCAI

十三五
规划教材
BUILDING

建筑制图与CAD

JIANZHUZHITUYUCAD

◎主　编　刘　靖
◎副主编　曹　洁　彭　鑫　李　娟　车　霞

湖南省职业院校教育教学改革研究项目

基于任务驱动的高职建筑类专业（建筑制图基础与CAD）

课程改革研究（课题批准号ZJC 2013029）

中南大学出版社
www.csupress.com.cn

内容简介

为适应我国现阶段高职教育改革的需要,本书按照国家示范性高职院校课程建设的要求,采用任务驱动教学法组织编写。全书采用最新《房屋建筑制图统一标准》(GB/T50001—2010)国家标准,以任务为主线,对原有的知识进行合理的重构,形成了全新的具有职业教育特色的内容体系。在每个任务中将主要知识融入任务实施过程中,精简传统知识点,强化识图与绘图技能训练。书中每项任务都采用统一编写思路,即:任务提出→任务分析→必备知识和技能→任务评价,脉络清晰,特色鲜明。全书分为5个模块:模块一,识读和绘制简单建筑图样;模块二,绘制建筑形体投影图;模块三,绘制建筑构件剖、断面图;模块四,识读和绘制建筑施工图;模块五,CAD绘制建筑图样。

本书可作为高等职业技术院校建筑工程技术专业及土建类其他相关专业的教材,亦可供成教学院、网络学院、电视大学等同类专业学生选用。

图书在版编目(CIP)数据

建筑制图与CAD / 刘靖主编. —长沙:中南大学出版社,2013.2
(2021.7重印)

ISBN 978-7-5487-0801-8

Ⅰ.建… Ⅱ.刘… Ⅲ.建筑制图－计算机辅助设计－AutoCAD软件－高等职业教育－教材 Ⅳ.TU204

中国版本图书馆 CIP 数据核字(2013)第 020856 号

建筑制图与 CAD

刘 靖 主编

□**责任编辑** 周兴武
□**责任印制** 唐 曦
□**出版发行** 中南大学出版社
　　　　　　社址:长沙市麓山南路　　　邮编:410083
　　　　　　发行科电话:0731-88876770　　传真:0731-88710482
□**印　装** 长沙市宏发印刷有限公司

□**开　本** 787 mm×1092 mm 1/16　□**印张** 12.5　□**字数** 317 千字
□**版　次** 2013 年 2 月第 1 版　□2021 年 7 月第 7 次印刷
□**书　号** ISBN 978-7-5487-0801-8
□**定　价** 36.00 元

图书出现印装问题,请与经销商调换

高职高专建筑工程类专业"十三五"规划教材编审委员会

主 任

王运政　　胡六星　　郑　伟　　玉小冰　　刘孟良　　陈安生

李建华　　谢建波　　彭　浪　　赵　慧　　赵顺林　　向　曙

副主任

（以姓氏笔画为序）

王超洋　　卢　滔　　刘文利　　刘可定　　刘庆潭　　孙发礼

杨晓珍　　李　娟　　李玲萍　　李清奇　　李精润　　欧阳和平

项　林　　胡云珍　　黄　涛　　黄金波　　龚建红　　颜　昕

委 员

（以姓氏笔画为序）

于华清　　万小华　　邓　慧　　龙卫国　　叶　姝　　包　屭

邝佳奇　　朱再英　　伍扬波　　庄　运　　刘小聪　　刘天林

刘汉章　　刘旭灵　　许　博　　阮晓玲　　孙光远　　孙湘晖

李为华　　李　龙　　李　冰　　李　奇　　李　侃　　李　鲤

李亚贵　　李进军　　李丽田　　李丽君　　李海霞　　李鸿雁

肖飞剑　　肖恒升　　何　珊　　何立志　　佘　勇　　宋士法

宋国芳　　张小军　　张丽姝　　陈　晖　　陈贤清　　陈　翔

陈淳慧　　陈婷梅　　易红霞　　金红丽　　周　伟　　赵亚敏

徐龙辉　　徐运明　　徐猛勇　　卿利军　　高建平　　唐　文

唐茂华　　黄郎宁　　黄桂芳　　曹世晖　　常爱萍　　梁鸿颉

彭　飞　　彭子茂　　彭秀兰　　蒋　荣　　蒋买勇　　曾维湘

曾福林　　熊宇璟　　樊淳华　　魏丽梅　　魏秀瑛　　瞿　峰

出版说明 INSTRUCTIONS

在新时期我国建筑业转型升级的大背景下，按照"对接产业、工学结合、提升质量，促进职业教育链深度融入产业链，有效服务区域经济发展"的职业教育发展思路，为全面推进高等职业院校建筑工程类专业教育教学改革，促进高端技术技能型人才的培养，我们通过充分地调研和论证，在总结吸纳国内优秀高职高专教材建设经验的基础上，组织编写和出版了本套基于专业技能培养的高职高专建筑工程类专业"十三五"规划教材。

近几年，我们率先在国内进行了省级高等职业院校学生专业技能抽查工作，试图采用技能抽查的方式规范专业教学，通过技能抽查标准构建学校教育与企业实际需求相衔接的平台，引导高职教育各相关专业的教学改革。随着此项工作的不断推进，作为课程内容载体的教材也必然要顺应教学改革的需要。本套教材以综合素质为基础，以能力为本位，强调基本技术与核心技能的培养，尽量做到理论与实践的零距离；充分体现了《关于职业院校学生专业技能抽查考试标准开发项目申报工作的通知》（湘教通〔2010〕238号）精神，工学结合，讲究科学性、创新性、应用性，力争将技能抽查"标准"和"题库"的相关内容有机地融入到教材中来。本套教材以建筑业企业的职业岗位要求为依据，参照建筑施工企业用人标准，明确职业岗位对核心能力和一般专业能力的要求，重点培养学生的技术运用能力和岗位工作能力。

本套教材的突出特点表现在：一、把建筑工程类专业技能抽查的相关内容融入教材之中；二、把建筑业企业基层专业技术管理人员岗位资格考试相关内容融入教材之中；三、将国家职业技能鉴定标准的目标要求融入教材之中。总之，我们期望通过这些行之有效的办法，达到教、学、做合一，使同学们在取得毕业证书的同时也能比较顺利地考取相应的职业资格证书和技能鉴定证书。

高职高专建筑工程类专业"十三五"规划教材

编 审 委 员 会

前 言 PREFACE

近年来，我国高等职业教育得到了飞速发展，提出了"以就业为导向"的办学思想，高职院校所培养的学生是面向生产一线的应用型人才，建筑工程类专业学生毕业将走向施工员、造价员、监理员等工作岗位，无论哪个岗位都要求具备较强的工程图识读和绘制能力。

"建筑制图与CAD"作为建筑工程类专业学生进校第一门建筑图学课程，应为学生识读和绘制建筑施工图打下坚实的基础。但目前高职院校建筑制图课程的教学，往往受传统学科型教育的影响，安排了大量的制图理论，而忽略了这些制图理论究竟是做什么用的问题，在基础制图中学到的知识很难与专业施工图识图对接。据后续专业课教师反映，学生虽然已经学过了建筑制图课程，但有相当一部分学生看不懂建筑施工图纸，甚至需要从头讲解，从而大大地影响了教学质量。所以建筑制图课程要改革首先就要打破传统教学模式，突出高职教育"重实践、重应用、重动手能力"的特点。现在建筑制图课程安排的学时越来越少，如何在少学时的情况下，既能提高学生识读和绘制工程图的能力，以满足后续专业课和学生顶岗能力的需要；又能提高学生对本课程的学习兴趣，这成了课程改革的重点。

为了更好地与后续专业课接轨，服务于专业课，提升学生识读和绘制建筑施工图的能力，笔者根据我国现阶段高职教育改革特点，按照国家示范性高职院校课程建设的要求，结合多年从事"建筑制图与CAD"课程的教学经验及教学改革的实践，编写了这本体现任务驱动训练模式的教材。本教材在教学内容上，以"必需、够用、实用"为原则精选教学内容，去除了画法几何，点、线、面的投影，圆柱体、圆锥体截切相贯这类传统的教学内容，将"建筑制图"和"建筑CAD"的课程内容融合，以建筑制图内容为主线，结合CAD教学。这样既巩固了所学的制图内容，又将所学内容运用到CAD绘图中，让学生学会按标准手工绘图的同时也能准确地绘制CAD图。在教学方法上，采用"任务驱动"教学法，强调学生在真实情境中的任务驱动下，在探究完成任务或解决问题的过程中，在积极讨论的氛围中进行学习。教师在学习活动中扮演了情境的制造者、资源的提供者、活动组织者及方法指导者等角色，以学生为主体、以能力培养为目标，帮助学生明确学习目的，培养学生自主学习的兴趣，提高分析、解决问题的能力。

本书在编写过程中,以任务为主线,对原有的知识进行合理的重构,形成了全新的具有职业教育特色的内容体系。本书的编写有以下几个特点:

(1)采用任务驱动模式,选取建筑图样或建筑构件为典型任务,明确学习目的,让学生从制图课程开始就接触专业,为后续的建筑施工图识图打下良好的基础。

(2)将主要知识点融入任务实施过程中,精简传统知识点,强化识图与绘图技能训练,让学生在完成任务的过程中掌握必备的知识和技能,真正做到教、学、做合一。

(3)适时采用三维立体图,生动直观,给学习者带来方便。

(4)书中每一任务都采用统一思路,即:任务提出→任务分析→必备知识和技能→任务评价,脉络清晰,特点鲜明。

(5)全书采用最新《房屋建筑制图统一标准》(GB/T50001—2010)国家标准。

(6)教材配有习题集,每个模块都有相应的习题练习(除模块四),让学生及时巩固必须掌握的知识点。

本书包括5个模块:模块一,识读和绘制简单建筑图样;模块二,绘制建筑形体投影图;模块三,建筑形体的表达;模块四,识读和绘制建筑施工图;模块五,CAD绘制建筑图样。全书通过完成23个任务使学生掌握必备的建筑制图及CAD绘图知识。

本教材由湖南高速铁路职业技术学院刘靖任主编,参加本书编写的人员有:湖南工程职业技术学院彭鑫(模块一),湖南高速铁路职业技术学院刘靖(模块二),湖南交通职业技术学院曹洁(模块三、模块四中的任务四),怀化职业技术学院车霞(模块四),长沙职业技术学院李娟(模块五)。

由于时间仓促,编者水平有限,不妥之处难免,恳请读者批评指正。

编 者

目　录 CONTENTS

绪　论 ………………………………………………………………………… (1)

模块一　识读和绘制简单建筑图样 ……………………………………… (2)

任务一　绘制院落灯饰平、立面图 …………………………………… (2)

任务二　绘制房屋两面投影图 ………………………………………… (12)

模块二　绘制建筑形体投影图 …………………………………………… (17)

任务一　绘制台阶三面投影图 ………………………………………… (17)

任务二　绘制平房三面投影图 ………………………………………… (25)

任务三　绘制水塔三面投影图 ………………………………………… (32)

任务四　绘制梁板式筏形基础三面投影图 …………………………… (37)

任务五　绘制拱门轴测投影图 ………………………………………… (44)

模块三　绘制建筑构件剖、断面图 ……………………………………… (58)

任务一　绘制检查井剖面图 …………………………………………… (58)

任务二　绘制双面清洗池阶梯剖面图 ………………………………… (67)

任务三　绘制楼盖断面图 ……………………………………………… (76)

模块四　识读和绘制建筑施工图 ………………………………………… (82)

任务一　绘制建筑平面图 ……………………………………………… (82)

任务二　绘制建筑立面图 ……………………………………………… (94)

任务三　绘制建筑剖面图 ……………………………………………… (97)

任务四　绘制基础结构平面布置图和断面详图 ……………………… (100)

模块五　CAD 绘制建筑图样 …………………………………………… (109)

任务一　CAD 绘制直线图形 ………………………………………… (110)

任务二　CAD 绘制平面图形 ………………………………………… (118)

任务三　CAD 绘制平面图形并进行尺寸标注 ……………………… (130)

任务四　CAD 绘制带肋独立基础三面投影图 ……………………… (143)

任务五　CAD 绘制基础断面图 ……………………………………… (150)

任务六　CAD 制作拱门三维模型 …………………………………… (154)

任务七　CAD 绘制建筑平面图 ……………………………………… (164)

任务八　CAD 绘制建筑立面图 ……………………………………………（175）

任务九　CAD 绘制建筑剖面图 ……………………………………………（182）

附　表　AutoCAD 常用命令 ………………………………………………（190）

参考文献 …………………………………………………………………………（191）

绪　论

一、建筑图样概念及其在生产中的作用

建筑图样是一种以图形为主要内容的技术文件，用来表达工程建筑物的形状、大小、材料及施工技术要求等。

在现代化生产中，建筑图样作为不可缺少的技术文件，起着十分重要的作用，被喻为工程界的"语言"。例如在建造房屋、桥梁及制造机器时，其形状、大小、结构很难用文字表达清楚，设计人员要画出图样来表达设计意图，生产部门则依据设计图纸进行制造、施工。对于工程技术人员，学好这门"语言"，正确地绘制和阅读工程图样，是其进行专业学习和完成本职工作的基础。

二、本课程的任务及要求

本课程是建筑类专业一门非常重要的专业基础课，通过完成各个任务，掌握建筑图样绘制的基础知识、投影作图原理、建筑工程图的常用表达方法，建筑施工图的形成原理，CAD绘图基础知识，为建筑类专业学生学习后续专业课程提供工程图学的基本概念、基本理论、基本方法和基本技能。

通过本课程的学习，学生应牢固掌握投影的基本概念和基本理论，熟练掌握手工作图和CAD绘图的基本方法和基本技能；通过制图标准的学习和贯彻，培养学生能严格按国家标准来绘制工程图样；通过由物到图、由图到物的思维锻炼，努力提高自己的工程图示能力和空间构形的空间思维能力，进而达到熟练识图和绘制简单建筑工程图样的目的。

三、本课程的特点及学习方法

本课程内容丰富、逻辑严密、表达严谨、实用性强。在学习过程中应掌握好正确的学习方法：

1. 勤动手

在课堂上认真听，跟随老师动手练，课后按时完成作业。通过多动手练习，加深理解，更牢固地掌握好基本知识点。

2. 多思考

本课程的逻辑严密。学习过程中要不断地温故知新，多加思考，解题时不能盲目，每作一步都应有理论或方法作依据，逐步做到由物到图、由图到物的思维锻炼。

3. 按标准

图样是重要的技术文件，绘图时要严格遵守制图标准或有关规定，要有严谨的态度。在自我严格要求中才能培养自己认真细致的工作作风。

只要掌握了好的学习方法，勤奋学习，就能克服学习中的困难，取得好的学习效果，为今后的学习和工作打下坚实的工程图学基础。

模块一　识读和绘制简单建筑图样

【知识目标】

● 了解常用制图工具仪器的使用和保养方法
● 认识各种制图工具、仪器
● 掌握用制图工具仪器绘制建筑图样的方法
● 掌握《房屋建筑制图统一标准》(GB/T50001—2010)的主要规定

【能力目标】

● 能用制图工具仪器绘制简单建筑图样
● 理解《房屋建筑制图统一标准》(GB/T50001—2010)对于建筑制图的重要性
● 能查阅和运用《房屋建筑制图统一标准》(GB/T 50001—2010)准确绘图

任务一　绘制院落灯饰平、立面图

一、任务提出

院落灯饰立体图如图 1-1 所示，在 A4 图纸上绘制院落灯饰平、立面图。(不标尺寸)

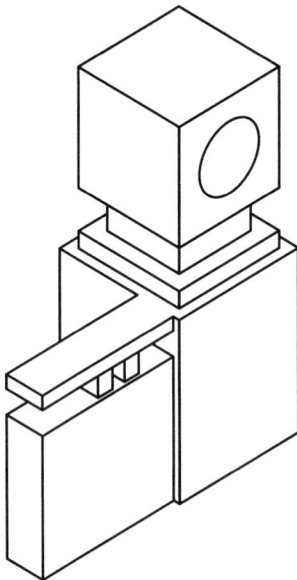

图 1-1　院落灯饰立体图

二、任务分析

如图 1-2 所示为院落灯饰平、立面图样。下面的图样是院落灯饰水平投影图，上面的图样是院落灯饰正立面投影图。两个图样在绘制时保持长对正关系。本图采用 A4 图幅，立式使用，要求尺寸正确，线型运用正确，可见轮廓线用粗实线，不可见轮廓线用中虚线，圆的中心线、形体的中心对称线用细单点长画线。要正确识读和绘制该图样，必须首先掌握《房屋建筑制图统一标准》(GB/T50001—2010)中有关图纸幅面、字体、图线等内容的基本规定，掌握绘图工具和仪器的正确使用方法。

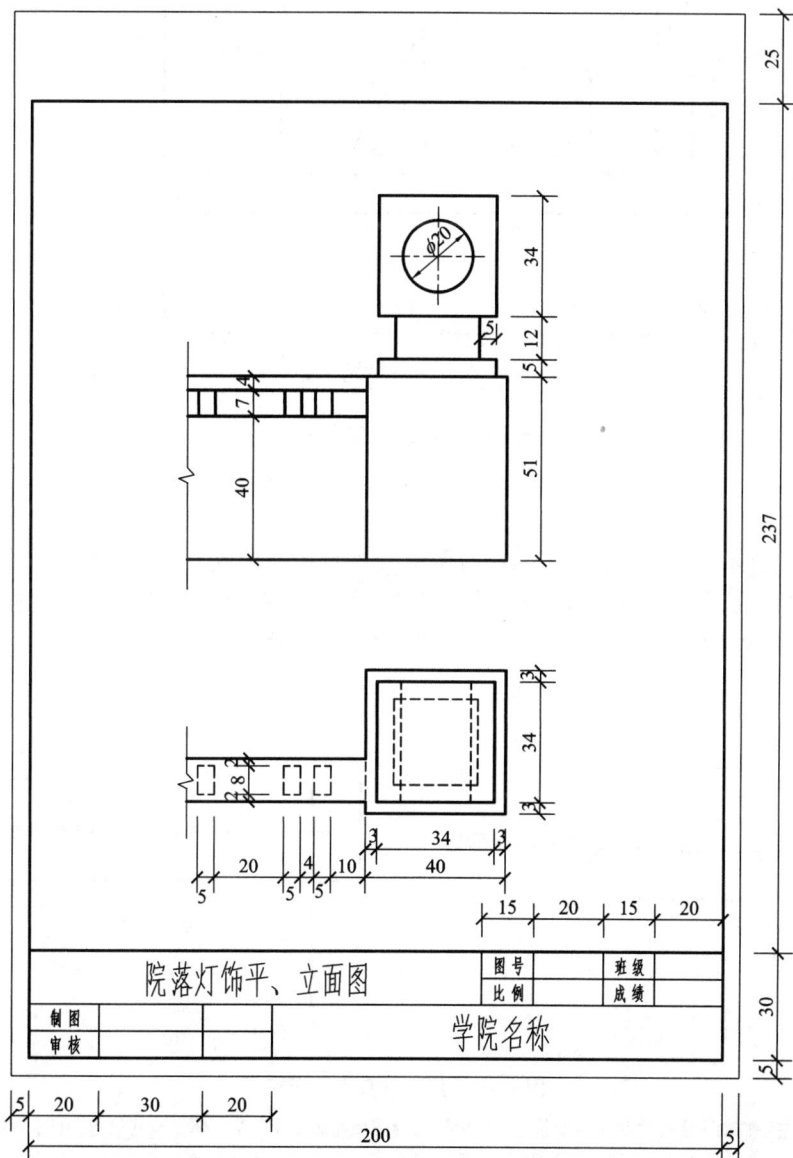

图 1-2　院落灯饰平、立面图

三、必备知识和技能

1. 绘图工具介绍

(1) 图板

如图 1-3 所示,图板是铺放图纸用的。要求板面平整光滑,工作边(图板左侧边)平直,需要用专用的透明胶带固定图纸,不要用图钉、小刀等损伤板面,并避免墨汁污染板面。

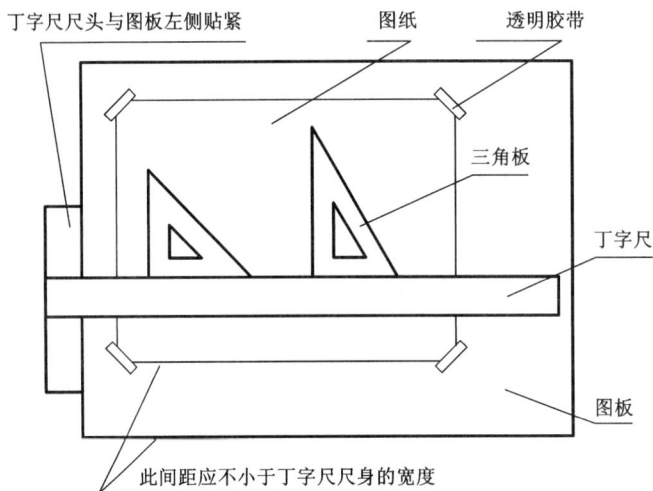

图 1-3　制图的常用工具

(2) 丁字尺

如图 1-4 所示,丁字尺由尺头和尺身两部分垂直相交构成,尺身的上边缘为工作边。丁字尺用于画水平线,并与三角板配合画线。要求尺身与尺头垂直,尺身平直,刻度准确。

使用丁字尺作图时,必须保证尺头与图板左边贴紧。用丁字尺画水平线的手法,如图 1-4 所示。

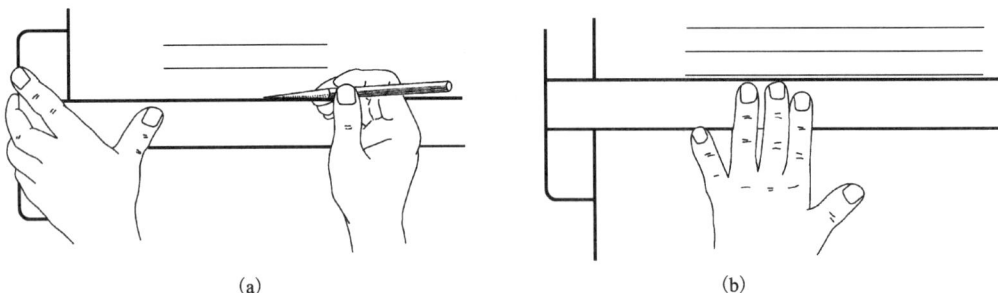

图 1-4　用丁字尺画水平线

(a) 左手移动丁字尺尺头至需要位置,保护尺头与图板左边贴紧,左手拇指按住尺身,右手画线;

(b) 当画线位置距丁字尺尺头较远时,需移动左手固定尺身

（3）三角板

三角板用于画直线。一副三角板有两块，如图 1-3 所示。三角板与丁字尺配合，可以画出各种特殊角度的直线，如图 1-5 所示。

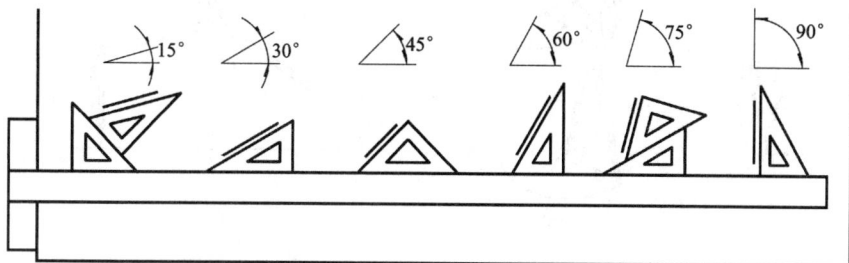

图 1-5　画 15°、30°、45°、60°、75°、90°角斜线

竖直画线时应注意从下往上画线，如图 1-6 所示。

用三角板作图，必须保证三角板与三角板之间、三角板与丁字尺之间靠紧。

（4）绘图笔

绘图笔有绘图铅笔和绘图墨水笔。

绘图铅笔：为满足绘图需要，铅笔的铅芯有不同的硬度，用硬度符号表示。如"HB"表示中等硬度，"B"表示稍软，而"H"表示稍硬，"2B"更软，"2H"则更硬。软铅芯适合画粗线，硬铅芯用于画细线。根据不同的用途，木杆铅笔及圆规铅芯需要的形状如图 1-7 所示。

木杆铅笔的削法是先用小刀削去木杆，露出一段铅芯，然后用细砂纸磨成需要的形状。在整个绘图过程中，各类铅芯要经常修磨，以保证图线质量。

绘图墨水笔：又叫针管笔，用于画墨线。使用时，应使笔杆垂直于纸面，并注意用力适当，速度均匀。下水不畅时，可竖直握笔上下抖动，带动引水通针通畅针管。较长时间不用时，应用水清洗干净。清洗时，一般不必取出通针，以防弯折。

（5）圆规及分规

圆规是画圆或圆弧的主要工具。常见的是三用圆规，如图 1-8 所示，定圆心的一条腿应选用有台肩的一端放在圆心处，并按需要适当调节长度；另一条腿的端部则可按需要装上有铅芯

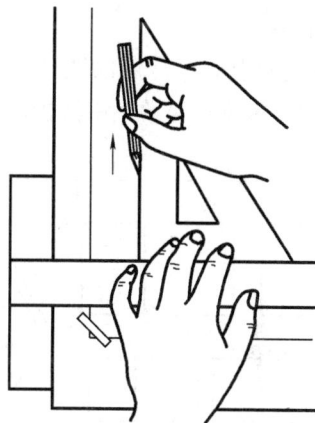

图 1-6　用三角板画铅垂线

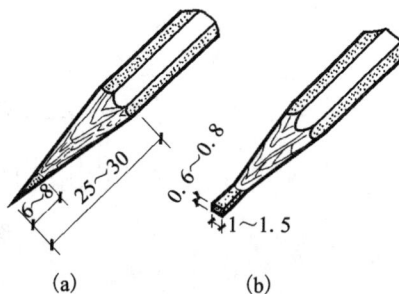

图 1-7　绘图铅笔

5

的插腿、有墨线笔头的插腿或有钢针的插腿，分别用来绘制铅笔线的圆、墨线圆或当做分
规用。

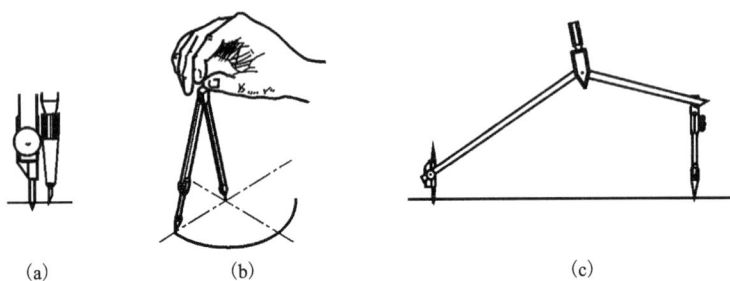

(a)　　　　　　　(b)　　　　　　　(c)

图1-8　圆规的用法

分规的形状与圆规相似，但两腿都装有钢针，用它量取线段长度，也可用它等分直线段
或圆弧。

（6）模板

制图模板上刻有常用的图形、符号及字体格子等，可以提高作图效率。模板的种类很
多，如图1-9所示为学生用模板。

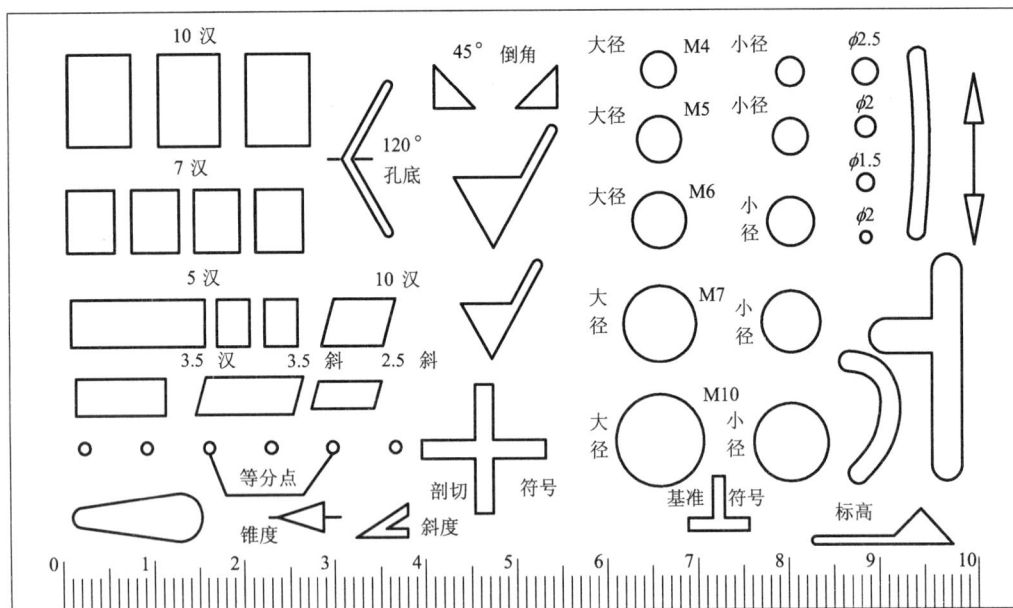

图1-9　学生模板

（7）其他用品

绘图橡皮——用于擦除铅笔线。

擦图片——用于保护有用的图线不被擦除，同时提供一些常用图形符号，供绘图使用。

小刀和砂纸——用于削、磨铅笔。

刀片——用于刮除墨线和污迹。

透明胶带——用于固定图纸。

2. 制图基本国标相关规定

(1)图幅、图框

为了便于保管和装订图纸,制图标准对图纸的幅面及图框尺寸作了统一规定,如表1-1和图1-10所示。

表1-1 图幅及图框尺寸(mm)

尺寸代号 \ 图幅代号	A0	A1	A2	A3	A4
$b \times l$	841×1189	594×841	420×594	297×420	210×297
c	10			5	
a	25				

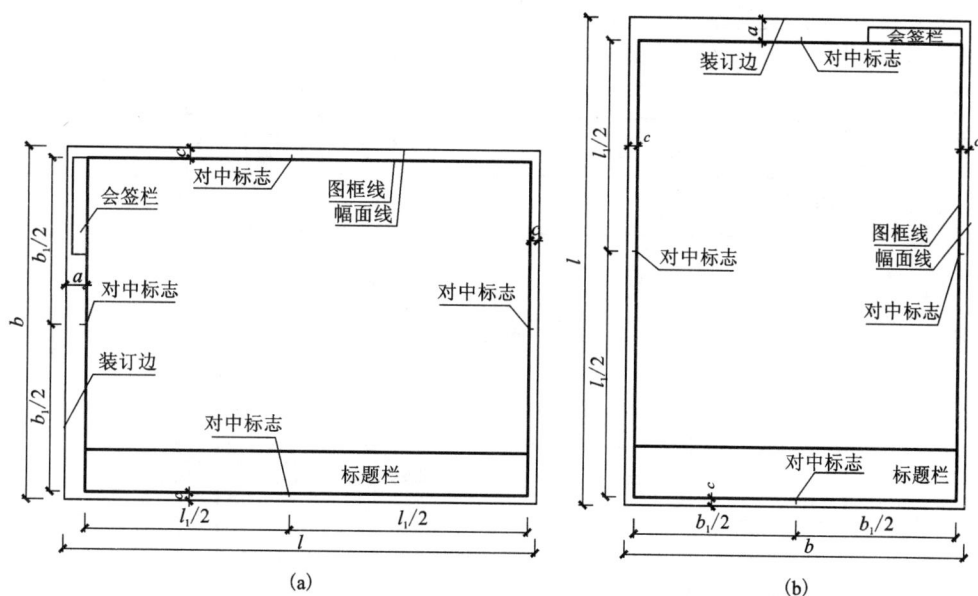

图1-10 图幅格式

(a)A0~A3横式幅面;(b)A0~A4立式幅面

当表1-1中的图幅不能满足使用要求时,可将A0~A3图纸的长边加长后使用,加长后的尺寸应符合制图标准的规定。A4图纸不应延长。

制图时,A0~A3图纸宜横式使用,必要时也可以立式使用;A4图纸只能立式使用。

图框是图样的边界,图框线的宽度应符合表1-2的规定。

表 1-2 图框线、标题栏线的宽度(mm)

图幅代号	图框线	标题栏外框线	标题栏分格线
A0、A1	b	$0.5b$	$0.25b$
A2、A3、A4	b	$0.7b$	$0.35b$

(2)标题栏、会签栏

标题栏、会签栏是用来标明图纸名称和审核签字的区域,通常外框用粗实线,内部线用细实线。标题栏在图纸中的位置如图 1-10 所示。标题栏有多种格式以适应不同的需要。如图 1-11 所示为工程用标题栏,如图 1-12 所示为学生作业用标题栏,如图 1-13 所示为会签栏。

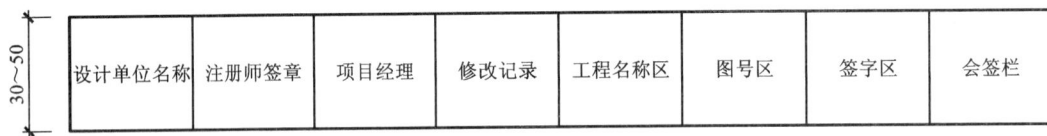

图 1-11 工程用标题栏

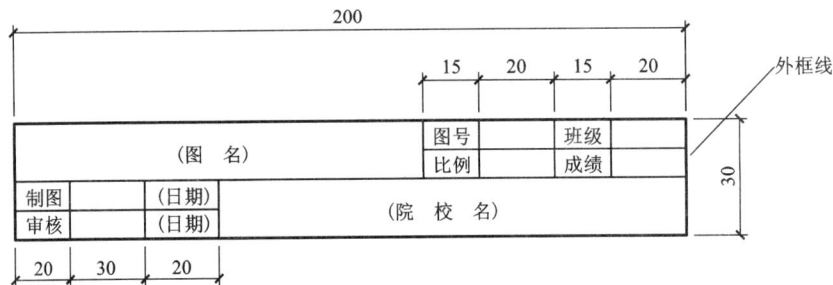

图 1-12 学生作业用标题栏

注:图名、院校名为 10 号字,其余均为 7 号字。

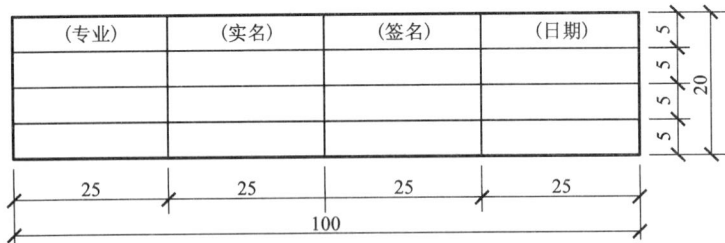

图 1-13 会签栏

注:栏内由各专业设计人员填写,学生作业无须画出会签栏。

(3)图线

通常在建筑制图范围提到图线,首先要求考虑的就是线宽和线型两大要素,任何工程图样都是采用不同线型与线宽的图线绘制而成的。建筑工程制图中的各类图线的线型、线宽、用途如表 1-3 所示。

表1-3 图线的名称、线型、线宽及其用途

名称		线型	线宽	一般用途
实线	粗	——————	b	主要可见轮廓线
	中粗	——————	$0.7b$	可见轮廓线
	中	——————	$0.5b$	可见轮廓线、尺寸线、变更线
	细	——————	$0.25b$	图例填充线、家具线
虚线	粗	– – – – – –	b	见各有关专业制图标准
	中粗	– – – – – –	$0.7b$	不可见轮廓线
	中	– – – – – –	$0.5b$	不可见轮廓线、图例线
	细	– – – – – –	$0.25b$	图例填充线、家具线
单点长画线	粗	—·—·—·—	b	见各有关专业制图标准
	中	—·—·—·—	$0.5b$	见各有关专业制图标准
	细	—·—·—·—	$0.25b$	中心线、对称线、轴线等
双点长画线	粗	—··—··—··	b	见各有关专业制图标准
	中	—··—··—··	$0.5b$	见各有关专业制图标准
	细	—··—··—··	$0.25b$	假想轮廓线、成型前原始轮廓线
折断线	细	～/\～	$0.25b$	断开界线
波浪线	细	～～～	$0.25b$	断开界线

每种图线一般由粗、中粗、中、细四种宽度的图线组成。其具体宽度应符合制图标准规定的线宽系列，即 0.18 mm、0.25 mm、0.35 mm、0.5 mm、0.7 mm、1.0 mm、1.4 mm。绘图时，应根据图样的复杂程度及比例大小，选用表1-4中适当的线宽组。同一张图纸内，相同比例的各图样，应选用相同的线宽组。

表1-4 线宽组(mm)

线宽比	线宽组			
b	1.4	1.0	0.7	0.5
$0.7b$	1.0	0.7	0.5	0.35
$0.5b$	0.7	0.5	0.35	0.25
$0.25b$	0.35	0.25	0.18	0.13

注：1. 需要缩微的图纸，不宜采用0.18 mm及更细的线宽。

2. 同一张图纸内，各不同线宽中的细线，可统一采用较细的线宽组的细线。

（4）字体

图样中除了用图形来表达物体的形状外，还要用文字来说明它的规模大小、技术要求等。

图样上的文字必须用黑墨水书写，并应做到：笔画清晰、字体端正、排列整齐、标点符号清楚正确。

文字的字高，应从如下系列中选用：3.5 mm、5 mm、7 mm、10 mm、14 mm、20 mm。如果需要书写更大的文字，其高度按 $\sqrt{2}$ 的比值递增。习惯上将字体的高度值称为文字的号数，如字高为 5 mm 的文字，称为 5 号字。

表 1－5　长仿宋体字的高宽关系（mm）

字高（即字号）	20	14	10	7	5	3.5
字　　宽	14	10	7	5	3.5	2.5

图样中的汉字应采用国家公布的简化汉字，并写成长仿宋体。汉字的字高应不小于3.5 mm。在图纸上书写汉字时，应画好字格，然后从左向右、从上向下横行水平书写。

长仿宋体字的书写要领是：横平竖直，起落分明，填满方格，结构匀称。长仿宋体字的高宽关系如表 1－5 所示，基本笔画与字体结构如图 1－14 所示。

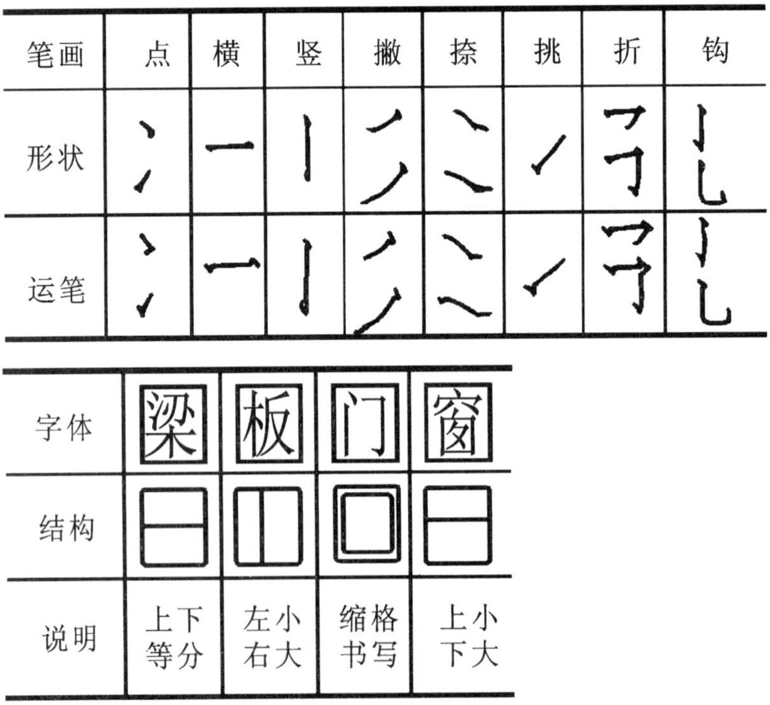

图 1－14　长仿宋体字结构

数字和字母有直体与斜体两种。数字和字母的字高应不小于 2.5 mm。图 1 – 15 为书写示例。

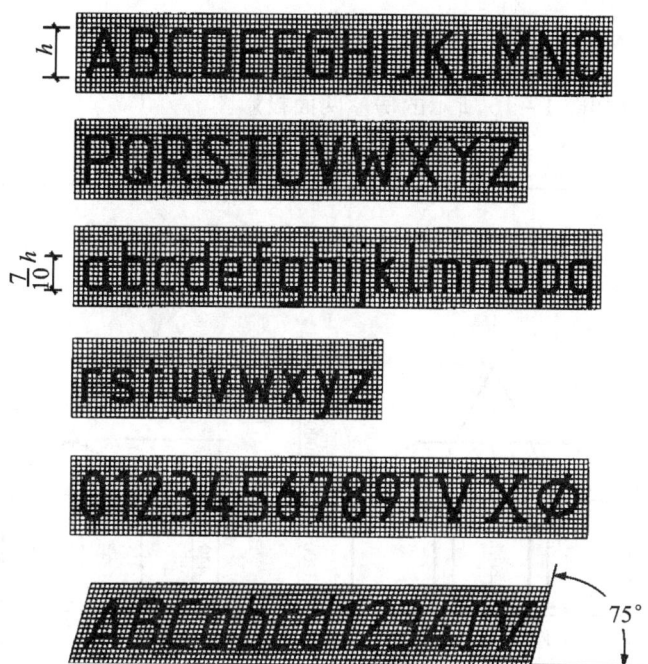

图 1 – 15　英文字母、阿拉伯数字、罗马数字示例

四、任务评价[①]

任务评价表

考核项目	分　　数			学生自评	小组互评	教师评价	小计
	差	中	好				
是否具备团队合作精神	4	7	10				
是否正确、灵活运用已学知识	4	7	10				
是否遵守劳动纪律	4	7	10				
图线绘制是否规范	12	21	30				
作图是否准确	16	28	40				
总计	40	70	100				
教师签字：							

[①]　任务完成后，学生首先进行自评，再由每组的小组长根据每个组员的完成过程和最终成果给予小组互评，最后再由教师给出最后的总评作为学生这次任务的总成绩。

任务二　绘制房屋两面投影图

一、任务提出

在 A3 图纸上绘制如图 1 – 16 所示的房屋两面投影图。

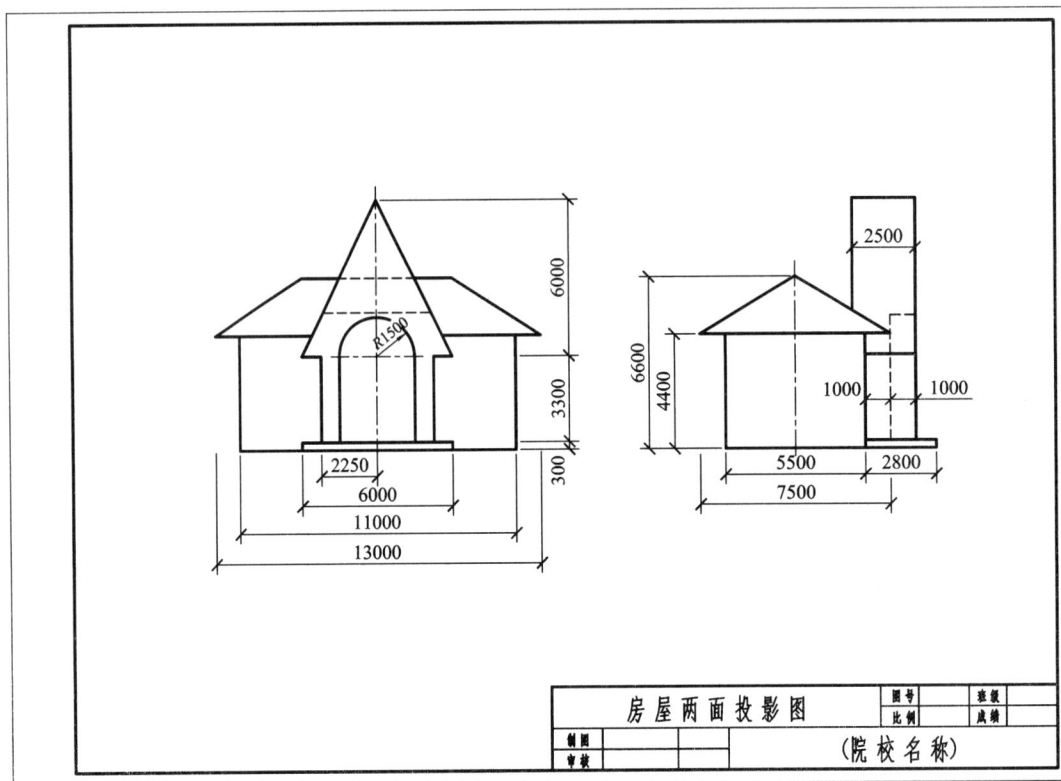

图 1 – 16　房屋两面投影图

二、任务分析

如图 1 – 16 所示为房屋两面投影图，左边图样为房屋正面投影图，右边图样为房屋侧面投影图，两个图样在绘制时保持高平齐关系。本图采用 A3 图幅，横式使用，比例 1：100，要求尺寸和比例缩放正确，线型运用正确，可见轮廓线用粗实线，不可见轮廓线用中虚线，圆的中心线、形体的中心对称线用细单点长画线，尺寸线用细实线。要正确识读和绘制该图样，除了应具备前面所掌握的知识，还需掌握比例的应用、尺寸标注的国标规定。

三、必备知识和技能

1. 比例

图样的比例，应为图形与实物相对应的线性尺寸之比。比例的大小，是指其比值的大小，如 1:50 大于 1:100。比值大于 1 的比例，称为放大的比例，如 5:1；比值小于 1 的比例，称为缩小的比例，如 1:100。

建筑工程图中所用的比例，应根据图样的用途与被绘对象的复杂程度从表 1-6 中选用，并应优先选用表中的常用比例。

表 1-6 绘图所用的比例

常用比例	1:1、1:2、1:5、1:10、1:20、1:30、1:50、1:100、1:150、1:200、1:500、1:1000、1:2000
可用比例	1:3、1:4、1:6、1:15、1:25、1:30、1:40、1:60、1:80、1:250、1:300、1:400、1:600、1:5000、1:10000、1:20000、1:50000、1:100000、1:200000

比例宜注写在图名的右侧，字的底线应取平齐，比例的字高应比图名的字高小一号或两号。如图 1-17 所示。

平面图 1:100   ⑤ 1:10

图 1-17 比例及比例的标注

2. 尺寸标注

(1)尺寸的组成

如图 1-18(a)所示，图样上的尺寸应包括尺寸界线、尺寸线、尺寸起止符号和尺寸数字四要素。

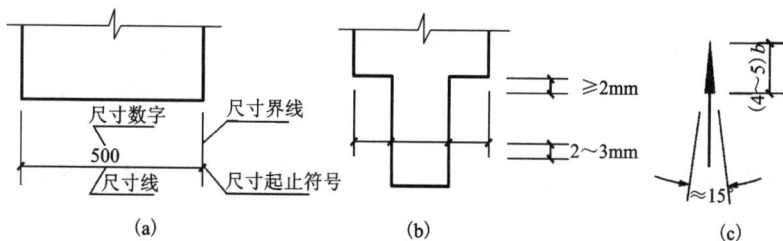

图 1-18 尺寸的组成

①尺寸界线——用来指明所注尺寸的范围，用细实线绘制，垂直于被注图线，离开图线 2~3 mm，超出尺寸线 2~3 mm。

②尺寸线——用来标明尺寸的方向，用细实线绘制，尺寸线应与所注长度平行，第一道尺寸线离开图线 10 mm，尺寸线与尺寸线之间间距 8 mm。

③尺寸起止符号——尺寸的起止符号用长 2~3 mm 的中粗短画线，其倾斜方向应与尺寸界线成顺时针 45°角。

④尺寸数字——用来表示物体的实际尺寸。以 mm 为单位时，可省略"mm"字样。同一

图样上的数字字号大小应一致，一般用 3.5 号字。

（2）尺寸的基本标注

半径、直径、角度、弧长的尺寸起止符号宜用箭头表示，箭头的画法如图 1 - 18（c）所示。

尺寸数字的读图方向应按图 1 - 19（a）的规定标注；若尺寸数字在 30°斜线区内，宜按图 1 - 19（a）阴影中的形式标注。

尺寸数字应依其读数方向写在尺寸线的上方中部，如没有足够的注写位置，最外面的数字可注写在尺寸界线的外侧，中间相邻的尺寸数字可错开注写，如图 1 - 19（c）所示。

为保证图上的尺寸数字清晰，任何图线不得穿过尺寸数字。不可避免时，应将图线断开，如图 1 - 19（a）所示。

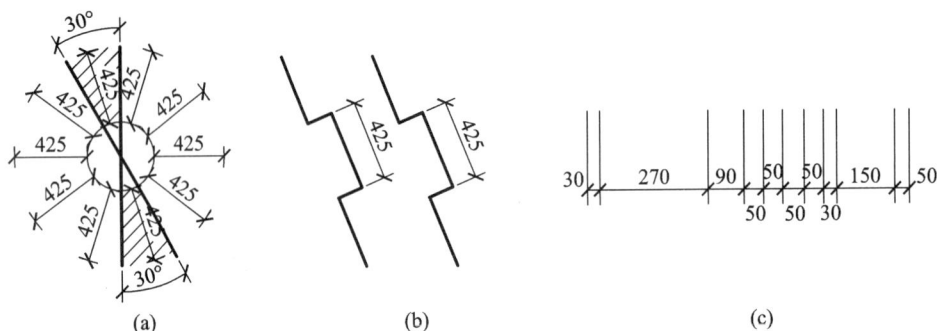

图 1 - 19 尺寸数字的标注

（3）尺寸的排列与布置

如图 1 - 20 所示，尺寸的排列与布置应注意以下几点：

①尺寸宜注写在图样轮廓线以外，不宜与图线、文字及符号相交。必要时，也可标注在图样轮廓线以内。

②互相平行的尺寸线，应从被注写的图样轮廓线由近向远整齐排列，小尺寸在里面，大尺寸在外面。小尺寸距图样轮廓线距离不小于 10 mm，平行排列的尺寸线的间距宜为 7 ~ 10 mm。

③总尺寸的尺寸界线，应靠近所指部位，中间的分尺寸的尺寸界线可稍短，但其长度应相等。

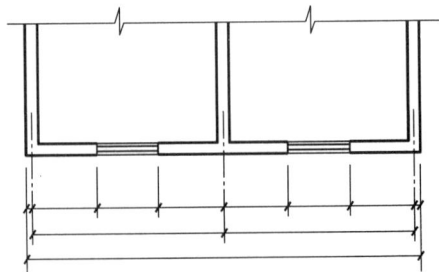

图 1 - 20 尺寸的排列与布置

（4）尺寸标注的其他规定

尺寸标注的其他规定可参阅表 1 - 7。

表 1-7　尺寸标注规定

项目	标注示例	说　明
半径	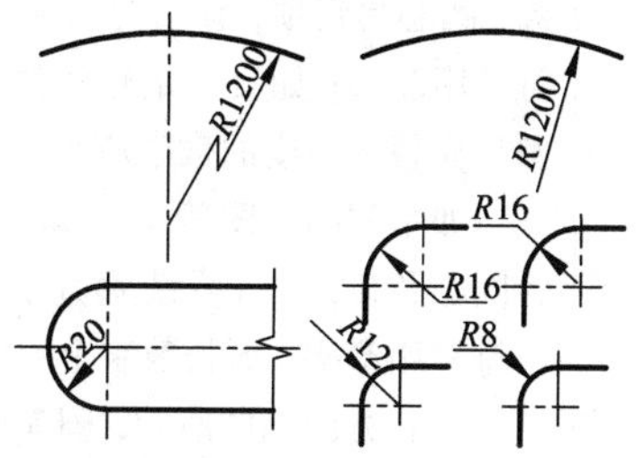	半圆或小于半圆的圆弧应标注半径，如左下方的例图所示。标注半径的尺寸线应一端从圆心开始，另一端画箭头指向圆弧，半径数字前应加注符号"R" 　　较大圆弧的半径，可按上方两个例图的形式标注；较小圆弧的半径，可按右下方四个例图的形式标注
直径	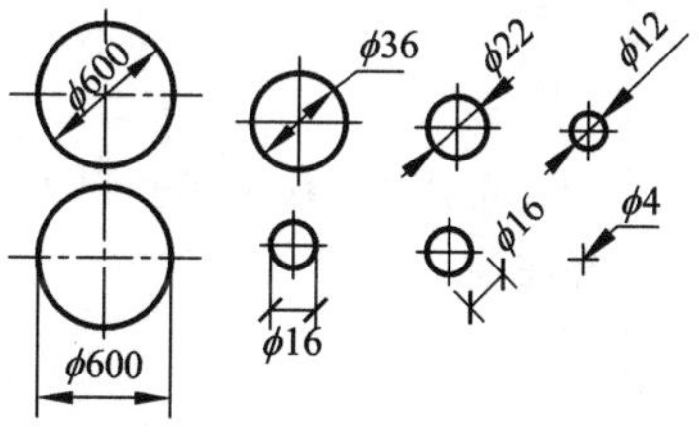	圆及大于半圆的圆弧应标注直径，如左侧两个例图所示，并在直径数字前加注符号"φ"。在圆内标注的直径尺寸线应通过圆心，两端画箭头指至圆弧 　　较小圆的直径尺寸，可标注在圆外，如右侧六个例图所示
薄板厚度	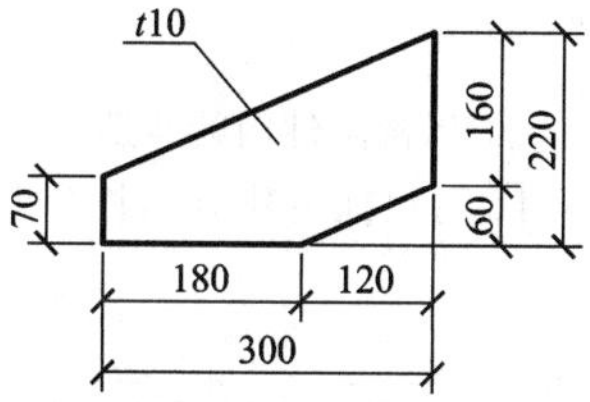	应在厚度数字前加注符号"t"
正方形	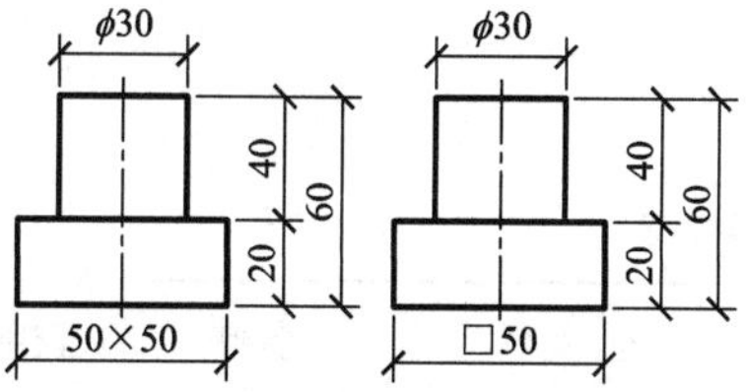	在正方形的侧面标注该正方形的尺寸，可用"边长×边长"标注，也可在边长数字前加正方形符号"□"
坡度	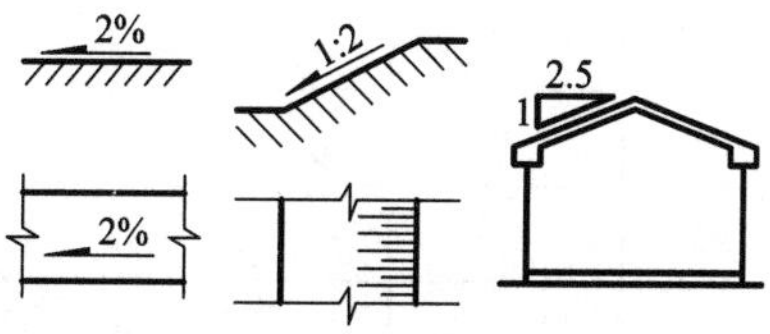	标注坡度时，在坡度数字下应加注坡度符号，坡度符号为单面箭头，一般指向下坡方向 　　坡度也可用直角三角形形式标注，如右侧的例图所示 　　图中在坡面高的一侧水平边上所画的垂直于水平边的长短相间的等距细实线，称为示坡线，也可用它来表示坡面

项目	标注示例	说 明
角度、弧长与弦长		如左方的例图所示,角度的尺寸线是圆弧,圆心是角顶,角边是尺寸界线。尺寸起止符号用箭头;如没有足够的位置画箭头,可用圆点代替。角度的数字应水平方向注写 如中间的例图所示,标注弧长时,尺寸线为同心圆弧,尺寸界线垂直于该圆弧的弦,起止符号用箭头,弧长数字上方加圆弧符号 如右方的例图所示,圆弧弦长的尺寸线应平行于弦,尺寸界线垂直于弦
连续排列的等长尺寸		可用"个数×等长尺寸=总长"的形式标注
相同要素		当构配件内的构造要素(如孔、槽等)相同时,可仅标注其中一个要素的尺寸及个数

四、任务评价

任务评价表

考核项目	分　数			学生自评	小组互评	教师评价	小计
	差	中	好				
是否具备团队合作精神	4	7	10				
是否正确、灵活运用已学知识	4	7	10				
是否遵守劳动纪律	4	7	10				
图线绘制是否规范	12	21	30				
作图是否准确	16	28	40				
总计	40	70	100				
教师签字:							

模块二　绘制建筑形体投影图

【知识目标】
- 了解投影的基本概念和分类
- 理解并掌握建筑工程图样投影作图的基本规定
- 理解正投影的投影特性及优缺点
- 掌握形体三面正投影图的形成原理
- 掌握三面投影图的绘制规律和作图方法
- 掌握建筑形体轴测图的形成及画法

【能力目标】
- 能用制图工具仪器熟练绘制常见简单建筑形体的三面正投影图
- 能按照《房屋建筑制图统一标准》(GB/T50001—2010)的要求对建筑形体的三面投影图进行尺寸标注
- 能正确绘制建筑形体的轴测投影图

任务一　绘制台阶三面投影图

一、任务提出

台阶立体图如图 2 – 1 所示,在 A3 图纸上绘制台阶三面投影图。(不标尺寸)

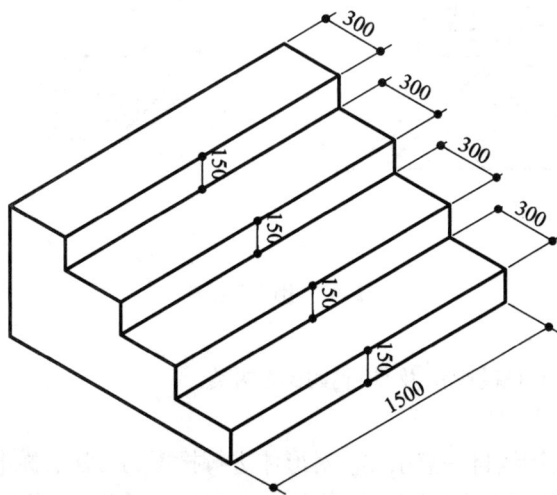

图 2 – 1　台阶立体图

二、任务分析

如图 2-1 所示台阶长 1500 mm，共有四级踏步，每个踏面宽 300 mm，踢面高 150 mm，绘制该台阶的三面投影图，首先必须了解正投影原理、三面投影体系，学习形体三面投影图的绘制方法和规律，掌握比例选择与布图技巧。

三、必备知识和技能

1. 投影法的基本概念和分类

在日常生活中，我们经常可以看到物体在灯光或阳光照射下出现影子，如图 2-2(a)所示，这就是投影现象。影子在一定条件下能反映物体的外形和大小，这使人们想到用投影图来表达物体。但随着光线和物体相互位置关系的改变，影子的大小和形状也有变化，且影子往往是灰暗一片的；而工程上需要能准确明晰地表达物体各部分的真实形状和大小，所以，人们对投影现象进行了科学总结：假设物体表面除轮廓线、棱线外，其他均为透明无影的，光线能透过物体而将其上的各个点和线在投影面上投落下它们的影子，从而使这些点、线的影子组成能反映物体的图形，如图 2-2 (b)所示。我们把这种图形称为投影图，产生光线的光源称为投影中心，光线称为投影线，承接影子的平面称为投影面。

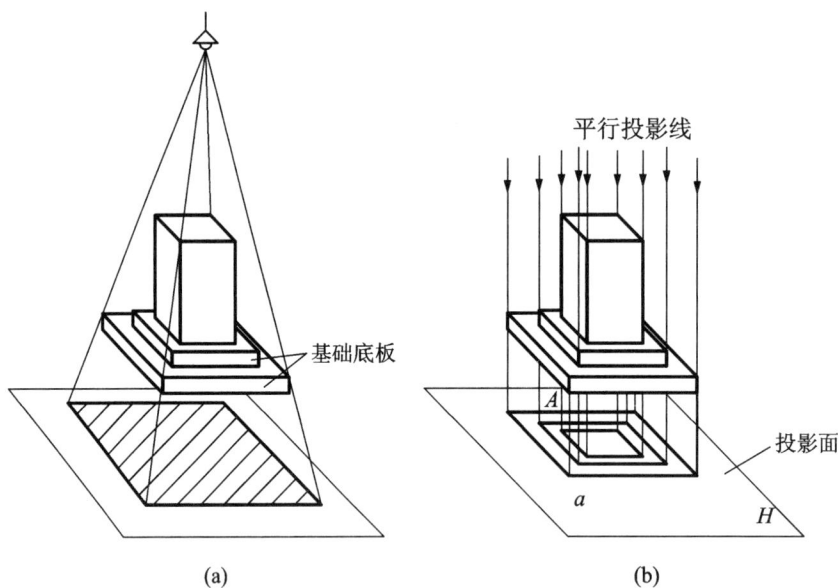

(a)　　　　　　　　　　　　　　(b)

图 2-2　影子和投影

投影法一般可分为中心投影法及平行投影法两类。

(1)中心投影法

如图 2-3 所示，投影线自一点引出，对形体进行投影的方法，称中心投影法。用中心投影法得到的投影，其形状和大小是随着投影中心、形体、投影面三者相对位置的改变而变化的，一般不反映形体的真实大小，度量性很差。

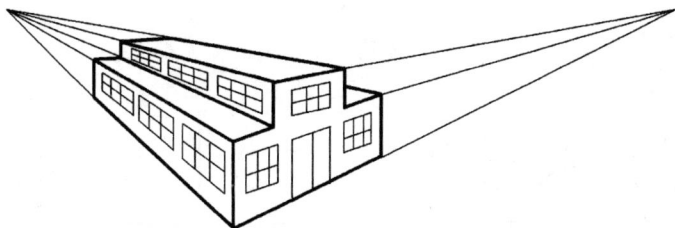

图2-3　中心投影法

（2）平行投影法

如图2-4所示，投影线相互平行地对形体进行投影的方法，称平行投影法。

平行投影法按投影线与投影面的交角不同，又分为：

①斜投影法。投影线倾斜于投影面的投影法，如图2-4（a）所示。

②正投影法。投影线垂直于投影面的投影法，如图2-4（b）所示。

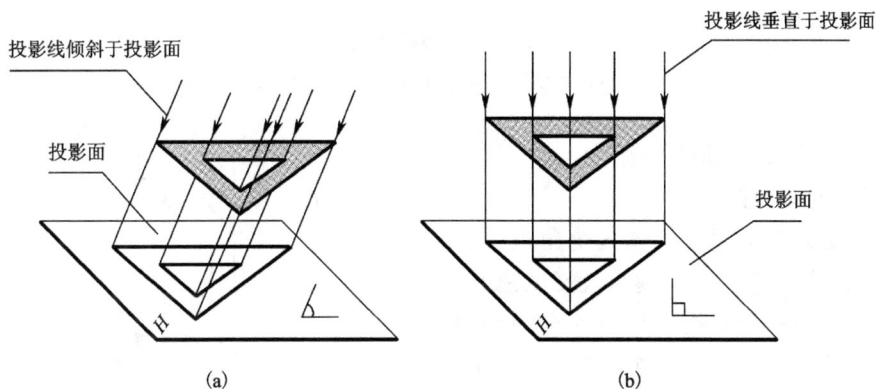

图2-4　平行投影法

（a）斜投影法；（b）正投影法

利用正投影法绘制的图样称正投影图，简称正投影。

当形体的主要面平行于投影面时，其正投影图能真实地表达出形体上该面的形状和大小，因而正投影图度量性好，作图简便，是工程上常采用的一种图示方法。

2. 正投影的基本性质

（1）显实性

平行于投影面的直线段或平面图形，其投影能反映实长或实形，又称全等性，如图2-5（a）所示。

（2）积聚性

垂直于投影面的直线段或平面图形，其投影积聚为一点或一条直线。直线或面上的点、线、图形等，其投影分别落在直线或平面的积聚投影上，如图2-5（b）所示。

（3）类似性

倾斜于投影面的直线段或平面图形，其投影短于实长或小于实形（但与空间图形类似），如图2-5（c）所示。

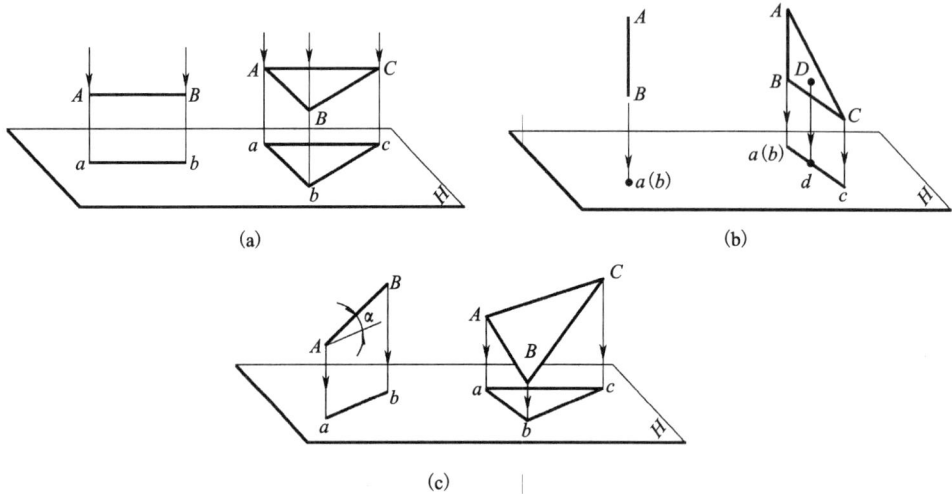

图2-5　正投影的特性

(a)显实性；(b)积聚性；(c)类似性

3. 形体三面投影图的形成

（1）形体的单面投影

形体的投影就是通过形体各个角点投影的总和，即构成形体的面及棱线投影的总和。但只画出形体的一个面投影是不能全面地表达出其空间形状和大小的，如图2-6所示，图中几个形体的单面投影相同，而空间形状各异，因此，一般需从几个方面进行投影，才能确定形体唯一的形状和大小。

（2）形体的三面投影

为了使投影图能表达出形体长、宽、高各个方面的形状和大小，我们首先建立一个由三个相互垂直的平面组成的三面投影面体系，如图2-7所示。在此体系中呈水平位置的称水平投影面（简称水平面或H面）；呈正立位置的称正立投影面（简称正面或V面）；呈侧立位置的称侧立投影面（简称侧面或W面）。三个投影面的交线OX、OY、OZ称投影轴，它们相互垂直并分别表示长、宽、高三个方向。

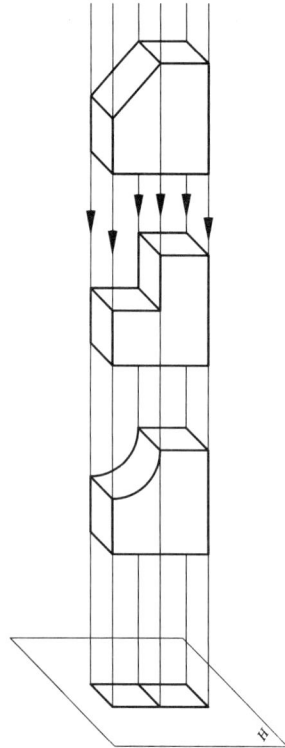

图2-6　空间形状不同的形体的单面投影

三个投影轴交于一点 O，此点称为原点。将形体放置在该体系中，并使形体的主要面分别与三个投影面平行，由前向后投影得到正面投影（V 面投影），由上向下投影得到水平投影（H 面投影），由左向右投影得到侧面投影（W 面投影）。

为了把处在空间相互垂直位置的三个投影图画在同一张图纸上，需将三个投影面按规定展开。展开时使 V 面保持不动，H 面和 W 面沿 Y 轴分开，分别绕 OX 轴向下、绕 OZ 轴向右各转 90°，使三个投影图摊开在一个平面上。展开后 OY 轴分为两处，在 H 面上的为 OY_H；在 W 面上的为 OY_W，如图 2-8 所示。

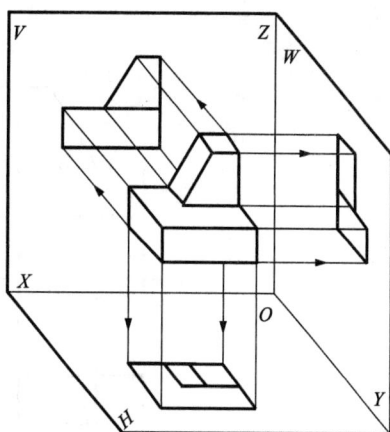

图 2-7　形体的三面投影

由于投影图与投影面的大小无关，展开后的三面投影图一般不画出投影面的边框。其位置关系为：水平投影位于正面投影的下方；侧面投影位于正面投影的右方，如图 2-9 所示。在建筑工程上称 V 面投影为正立面图；H 面投影为平面图；W 面投影为左侧立面图。应注意，三面投影图与投影轴的距离，只反映形体与投影面的距离，与形体的形状和大小无关，故图样中也不必画出投影轴。

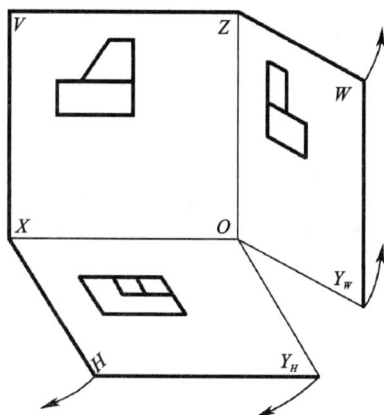

图 2-8　三面投影面的展开

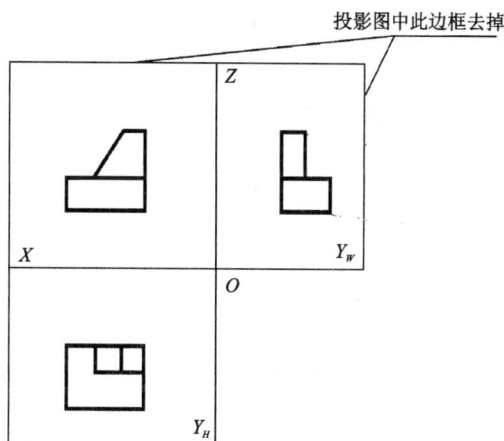

图 2-9　展开平铺后的三面投影图

（3）三面投影图的规律

分析三面投影图的形成过程，如图 2-8 和图 2-9 所示，可以总结出三面投影图的基本规律，如图 2-10 所示。

由于正面投影、水平投影都反映了形体的长度，且 H 面又是绕 X 轴向下旋转摊平的，所以形体上所有的线（面）的正面投影、水平投影应当左右对正；同理，由于正面投影、侧面投影都反映了形体的高度，形体上所有的线（面）的正面投影、侧面投影应当上下对齐；而水平投影、侧面投影都反映了形体的宽度，形体上所有的线（面）的水平投影、侧面投影的宽度分

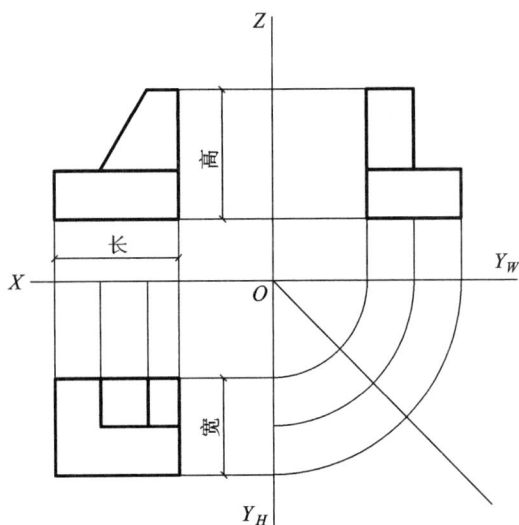

图 2-10　三面投影图的规律

别相等。上述三面投影的基本规律可以概括为三句话："长对正、高平齐、宽相等"(简称"三等"关系)。

空间形体有上、下、左、右、前、后六个方位,这六个方位在三面投影图中可以按如图 2-11所示的方向确定。

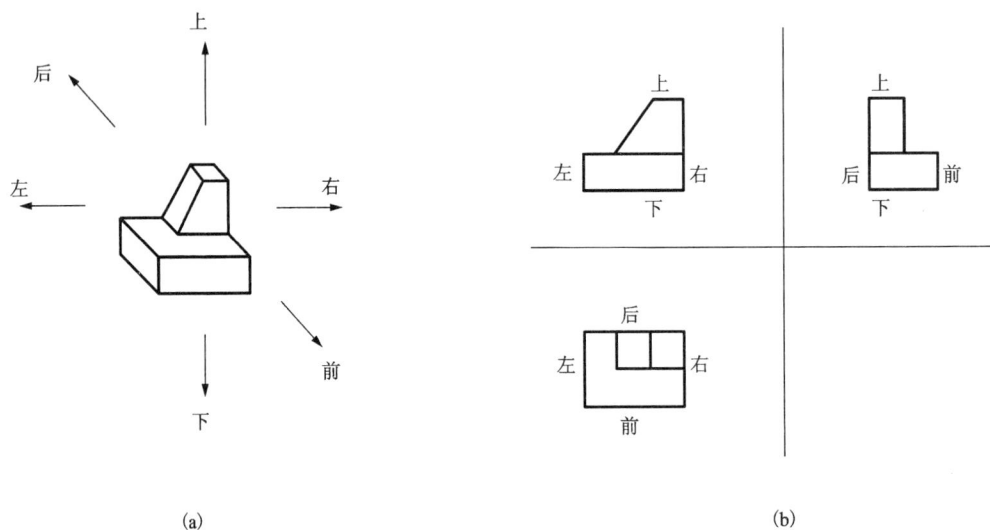

(a)　　　　　　　　　　　　　　　　　(b)

图 2-11　形体的六个方位

形体的上、下、左、右方位明显易懂,而前、后方位则不直观,分析其水平投影可以看出,"远离正面投影的一侧是形体的前面"。掌握三面投影图中空间形体的方位关系和"三等"关系,对绘制和识读投影图是极为重要的。

4. 三面投影图的画法及尺寸标注

建筑工程制图主要是学习如何运用投影原理、投影方法、投影特性及投影规律，在图纸上表达出空间形体及建筑构筑物的实际形状大小。画三面投影图之前，应先确定正面投影图的投影方向，从最能反映形体特征的一面画起，然后再完成其余两面投影。

【例2-1】　根据如图2-12所示形体的立体直观图，用1:1的比例绘制其三面投影图，并标注尺寸。

分析：直观图中箭头所指方向为正面投影方向，形体的前后两面平行于 V 投影面，较能表现其形体特征，因而画好投影轴大致将三个图样位置划分好后，可以着手作图。

作图：

（1）先画 V 面投影。V 面投影离 X、Z 两轴应留下能标注2~3个尺寸的间距，如图2-13(a)所示；

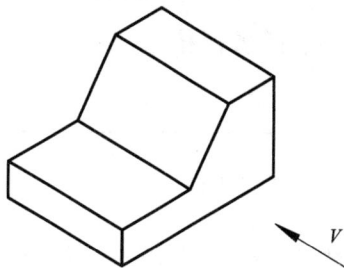

图2-12　形体的立体直观图

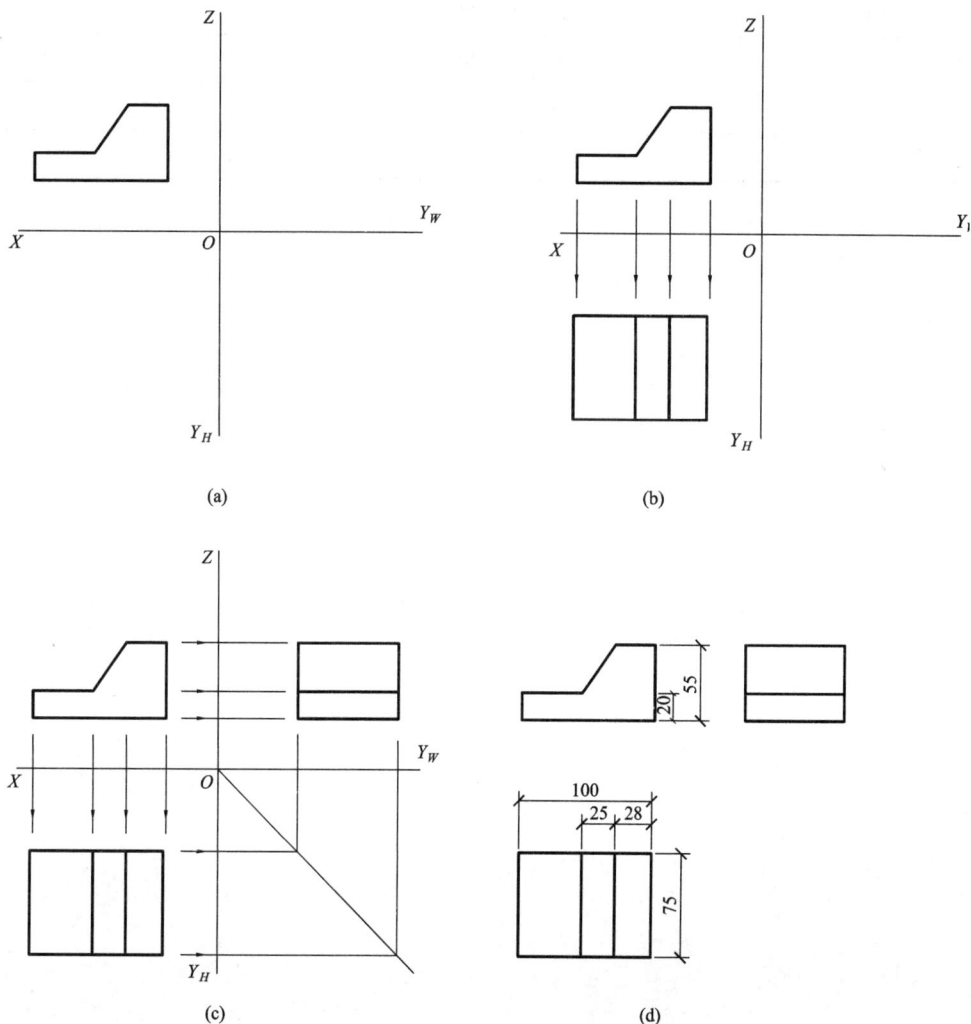

(a)

(b)

(c)

(d)

图2-13　画三面投影图的方法与步骤

（2）保证"长对正"，再画 H 面投影。H 面投影离 X 轴也应留下能标注 $2\sim3$ 个尺寸的间距，如图 $2-13(b)$ 所示；

（3）再根据 V、H 面投影，保证"高平齐"、"宽相等"绘制 W 面投影，如图 $2-13(c)$ 所示；

（4）擦净作图辅助线，检查、整理、加深图线，标注尺寸，如图 $2-13(d)$ 所示。

四、任务评价

任务评价表

考核项目	分　数			学生自评	小组互评	教师评价	小计
	差	中	好				
是否具备团队合作精神	4	7	10				
是否正确、灵活运用已学知识	4	7	10				
是否遵守劳动纪律	4	7	10				
图线绘制是否规范	12	21	30				
作图是否准确	16	28	40				
总计	40	70	100				
教师签字：							

任务二　绘制平房三面投影图

一、任务提出

平房模型立体图如图 2 - 14 所示,在 A3 图纸上绘制平房三面投影图(标尺寸)。

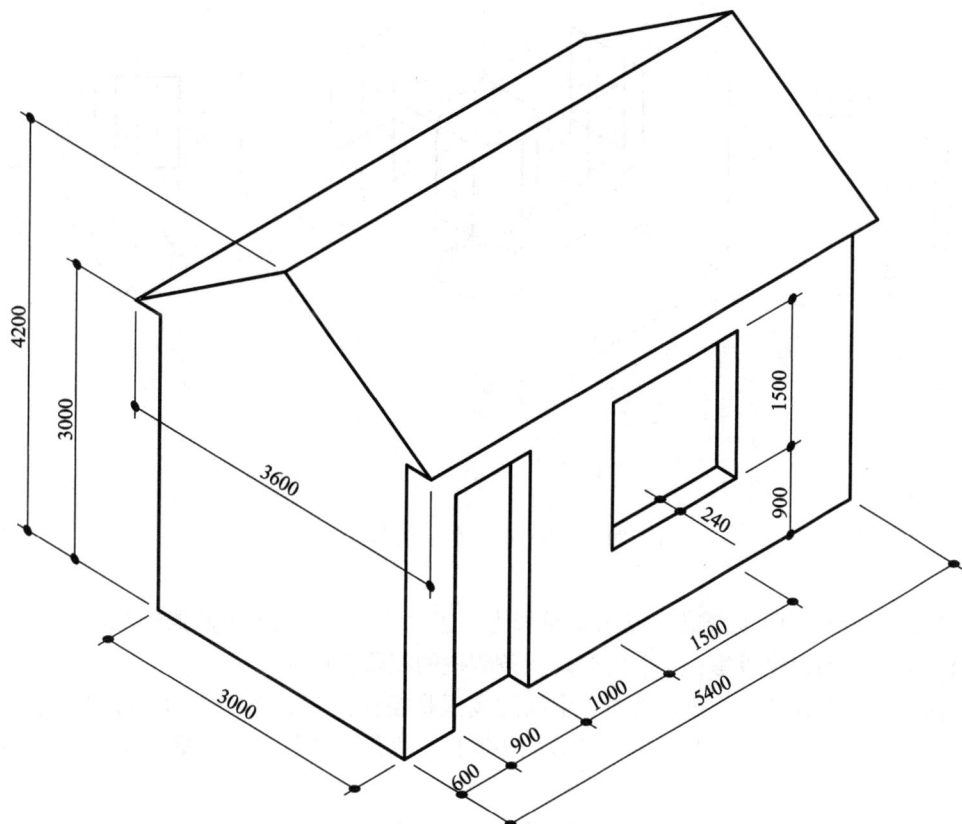

图 2 - 14　平房模型立体图

二、任务分析

如图 2 - 14 所示平房总长 5400 mm,总宽 3000 mm,总高 4200 mm,正面开有一个 900 mm 宽、2400 mm 高的门洞,一个 1500 mm 宽、1500 mm 高的窗洞,可看成几个平面基本体叠加、挖切形成,要正确识读和绘制该平房的三面投影图,必须首先了解各种平面基本形体三面投影规律,掌握平面基本体的投影特点和绘制方法。本图采用 A3 图幅,比例自定,要求布图均匀,三面投影图正确。

三、必备知识和技能

工程制图中,通常把棱柱、棱锥、棱台等简单平面立体称为平面基本体。

1. 棱柱体的投影

图 2-15 为正六棱柱的直观图和投影图。该体上下底面是全等的正六边形且为水平面，各侧面是全等的矩形，前后侧面为正平面，左右侧面为铅垂面。

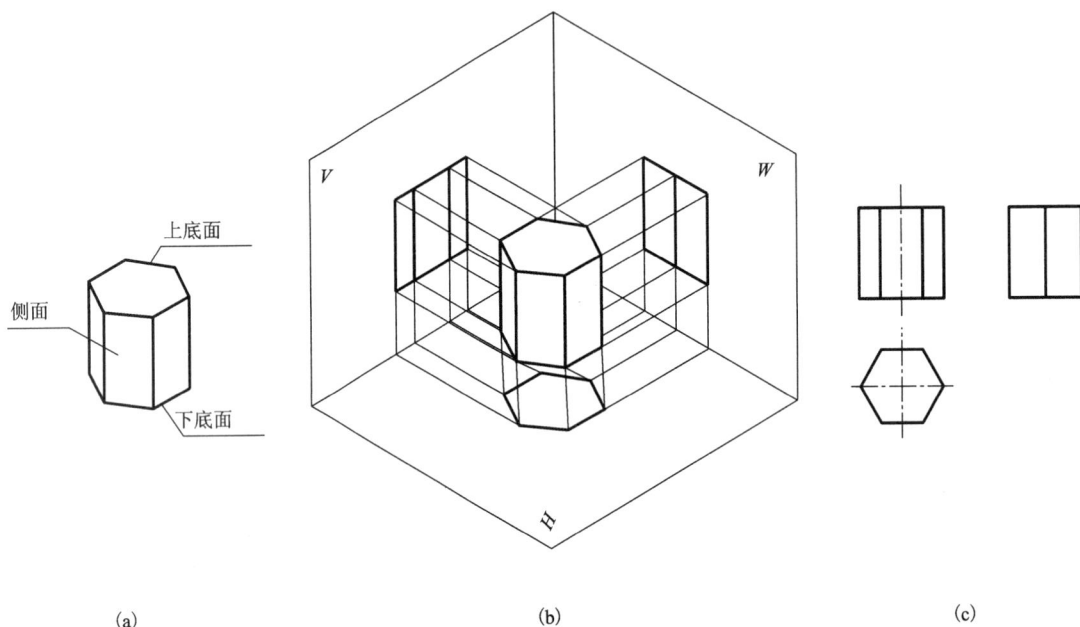

(a)   (b)   (c)

图 2-15 正六棱柱的投影

从图 2-15(b)中可以看出，其水平投影为一正六边形，反映上下底面的实形；六边形的各边为六个侧面的积聚投影；六个角点是六条侧棱的积聚投影。

正面投影是并列的三个矩形线框，中间的线框是棱柱前后侧面的投影，反映实形；左右的线框是其余四个侧面的投影，为类似形；线框上下两条水平线是上下底面的积聚投影；四条竖直线是侧棱的投影，反映实长。

侧面投影是并列的两个矩形线框，它是棱柱左右四个侧面的投影，为类似形；两侧竖直线是棱柱前后侧面的积聚投影；中间的竖直线是侧棱的投影；上下水平线则为底面的积聚投影。

图 2-15(c)是其三面投影图。

棱柱体的投影特征为：一个投影反映底面的实形(多边形)，其他两个投影为矩形或几个并列的矩形。

工程形体的绝大部分是由棱柱体组成的。如图 2-16 所示为各种棱柱体的投影图。

2. 棱锥体的投影

图 2-17(a)为正三棱锥的直观图。

从图 2-17(b)中看出，三棱锥水平投影中的外形三角形 abc 是底面的投影，反映实形；s 是锥顶的投影，位于三角形 abc 的中心，它与三个角点的边线 sa、sb、sc 是三条侧棱的投影；中间三个小三角形是三个侧面的投影。

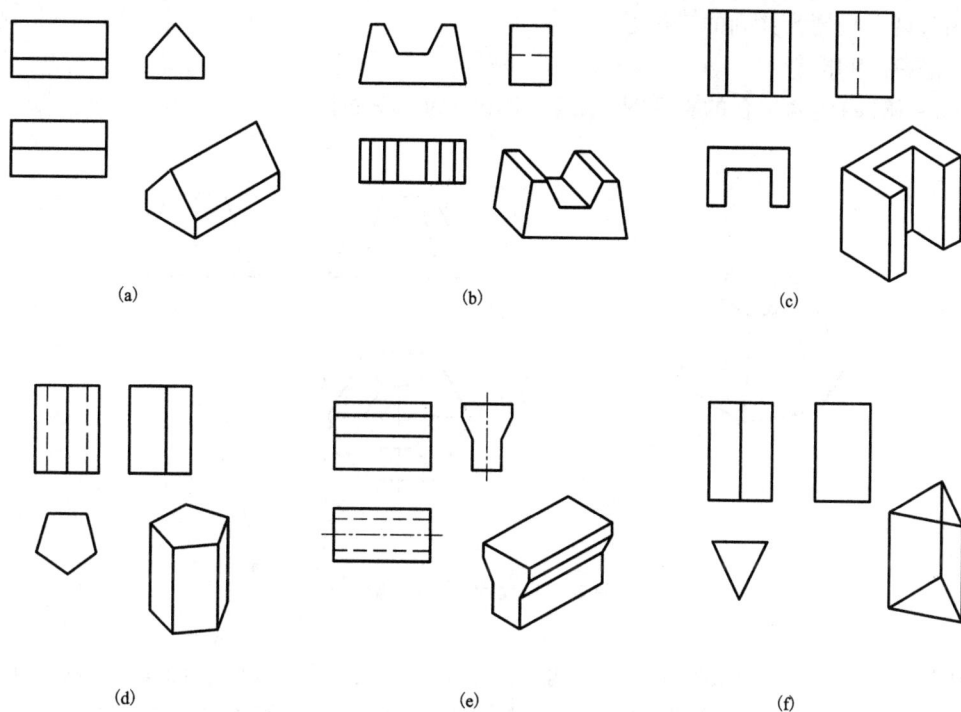

(a)　　　　　　　　　　　(b)　　　　　　　　　　　(c)

(d)　　　　　　　　　　　(e)　　　　　　　　　　　(f)

图 2-16　常见棱柱体及其三面投影图

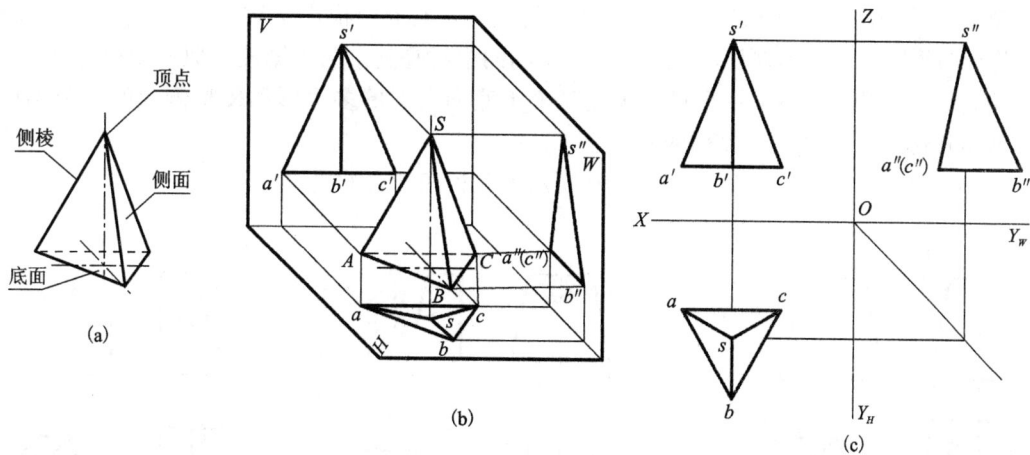

(a)　　　　　　　　　　　(b)　　　　　　　　　　　(c)

图 2-17　正三棱锥的投影

正面投影是两个并列的全等三角形,是三棱锥三个侧面的投影。底面及侧棱的正面投影读者自行分析。

侧面投影是一个非等腰三角形,$s''a''(c'')$ 为三棱锥后侧面的积聚投影,$s''b''$ 为三棱锥侧棱的投影,其他部分的投影由读者自行分析。

图 2-17(c)为其三面投影图。

棱锥的投影特征为：一个投影为反映底面实形的多边形(内含反映侧表面的几个三角形)，另外两个投影为并列的三角形。

3. 棱台体的投影

图 2 – 18(a)为六棱台的直观图，图 2 – 18(b)为其三面投影图。

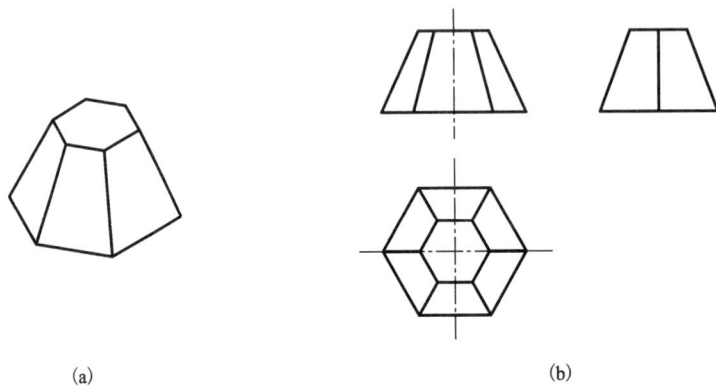

(a)　　　　　　　　　　　　　　　(b)

图 2 – 18　六棱台的投影

图 2 – 18 中六棱台的水平面投影是两个大小不同的六边形，反映底面实形，两六边形之间夹绕六个梯形，反映六个侧面的类似形；夹绕的六根线为六根侧棱的类似投影；

正面投影为三个并列梯形，是六个梯形侧面的重影，上下两根水平线是上下底面的积聚投影，左右两个腰线是左右侧棱的等长投影；

侧面投影为两个并列梯形，是六个侧面的重影，上下两根水平线是上下底面的积聚投影，前后两个腰线是前后侧面的积聚投影，中间两根线是其余两条侧棱类似投影的重影。

棱台体的投影特征为：一个投影为反映上下底面实形的多边形和反映侧面的多个梯形，其他两个投影为梯形或几个并列的梯形。

四棱台是常见的工程形体。图 2 – 19 所示为各种四棱台的投影图。

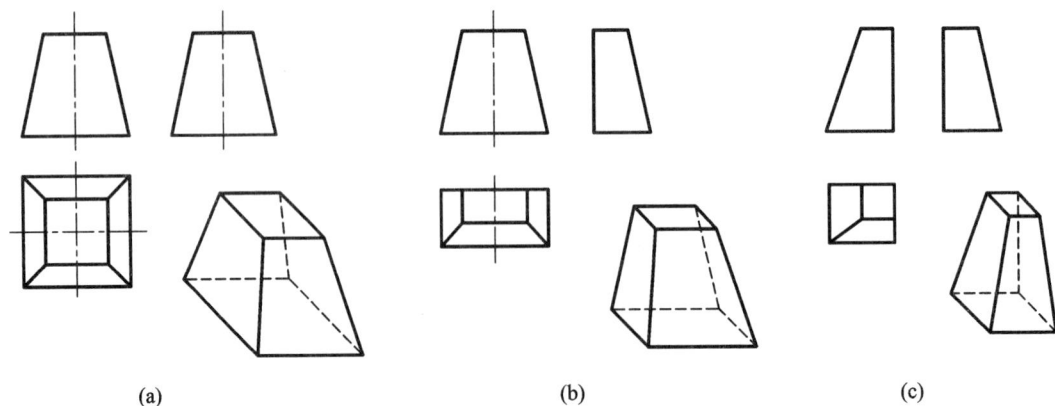

(a)　　　　　　　　　　　(b)　　　　　　　　　　　(c)

图 2 – 19　各种四棱台及其三面投影图

4. 平面体投影图的画法

画平面体的投影，就是画出构成平面体的侧面(平面)、棱线(直线)、角点(点)的投影。

画平面体投影图的一般步骤如下：

①研究平面体的几何特征，决定安放位置即确定正面投影方向，通常将平面体的表面尽量平行投影面；

②分析该体三面投影的特点；

③布图(定位)，画出中心线或基准线；

④先画出反映形体底面实形的投影，再根据投影关系作出其他投影；

⑤检查、整理加深，标注尺寸。

图 2 - 20 为正六棱柱投影图的作图步骤(已知正六边形外接圆直径及柱高 L)。

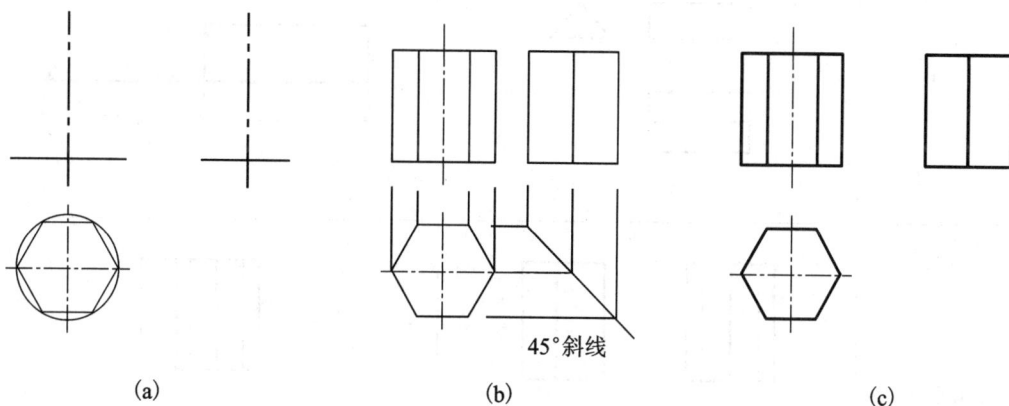

|(a)|(b)|(c)|

图 2 - 20 正六棱柱三面投影图的作图步骤

(a)画基准线及 H 投影；(b)按投影关系画 V、W 投影；(c)检查底稿，整理、加深

5. 平面基本体的投影特征和尺寸标注

平面基本体的投影特征和尺寸标注方法见表 2 - 1。

表 2 - 1 常见平面基本体的投影图及尺寸标注

基本体名称	三投影图	应注尺寸
直角梯形四棱柱		

基本休名称	三投影图	应注尺寸	
正六棱柱			
三棱柱			
正五棱柱			
矩形四棱锥			
正三棱锥			

续表 2 - 1

基本体名称	三投影图	应注尺寸
矩形四棱台	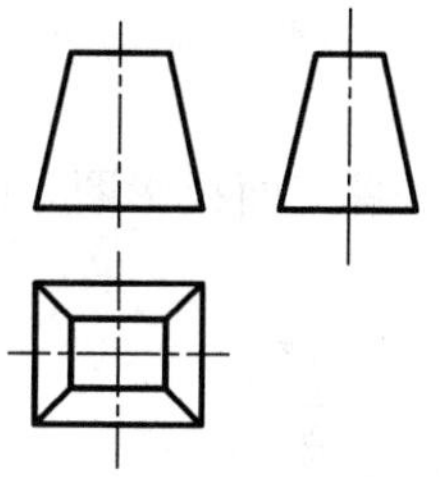	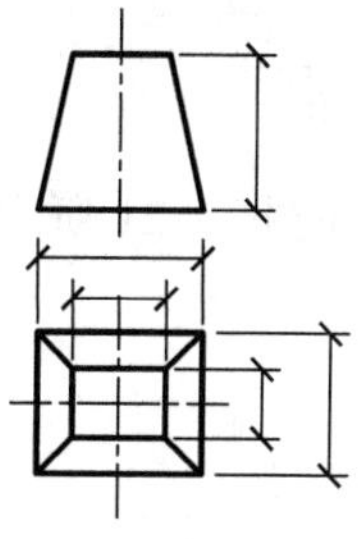
六棱台 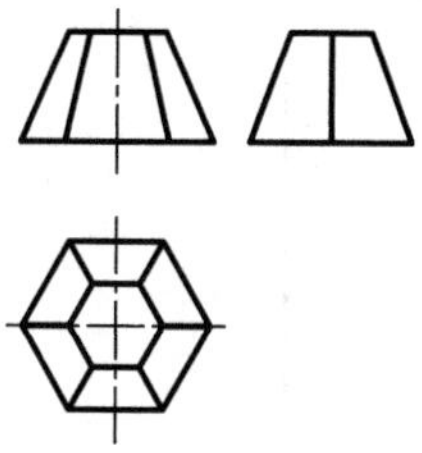 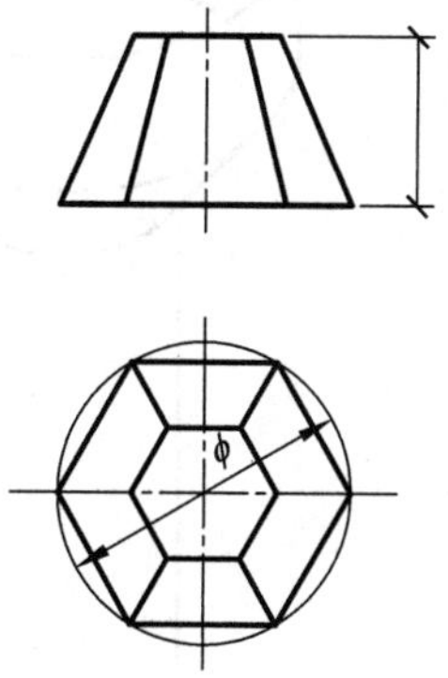 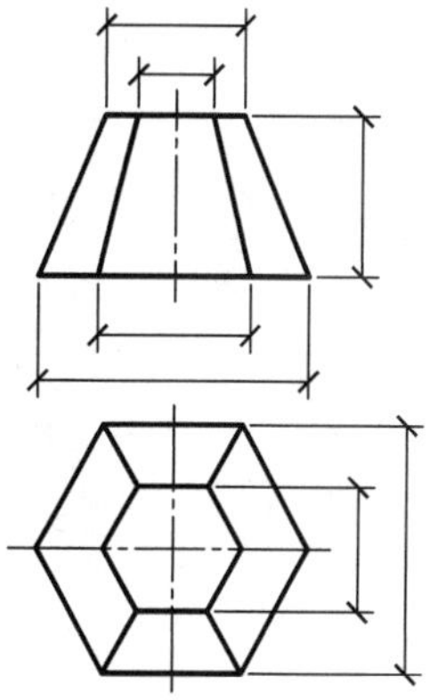		

在柱体投影图中标注尺寸时，通常先标注反映底面实形的投影，然后再标注第三方向的尺寸。在标注台体的尺寸时，除了标注底面实形尺寸和第三方向的尺寸外，还需要标注上下底面的相对位置关系。椎体的尺寸标注也有类似的特点。

四、任务评价

任务评价表

考核项目	分　数			学生自评	小组互评	教师评价	小计
	差	中	好				
是否具备团队合作精神	4	7	10				
是否正确、灵活运用已学知识	4	7	10				
是否遵守劳动纪律	4	7	10				
图线绘制是否规范	12	21	30				
作图是否准确	16	28	40				
总计	40	70	100				
教师签字：							

任务三 绘制水塔三面投影图

一、任务提出

水塔立体图如图 2 - 21 所示,在 A3 图纸上绘制水塔三面投影图。(标尺寸)

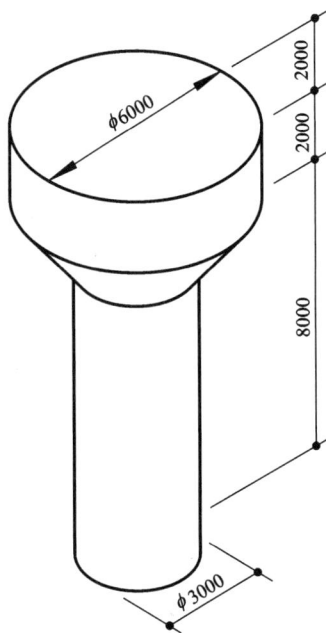

图 2 - 21 水塔立体图

二、任务分析

如图 2 - 21 所示水塔是由两个圆柱和一个圆台叠加而成的,塔身圆柱底面直径为 3000 mm,高度为 8000 mm;圆台高度为 2000 mm;塔顶圆柱底面直径为 6000 mm,高度为 2000 mm。要正确识读和绘制该水塔的三面投影图,必须首先了解各种曲面基本体的三面投影规律,掌握曲面基本体投影的特点和绘制方法。本图采用 A3 图幅,立式使用,比例自定,要求布图均匀,三面投影正确。

三、必备知识和技能

工程制图中,通常把圆柱、圆锥、圆台、球等简单曲面立体称为曲面基本体。工程中的曲面体大多是回转体。回转体的曲面可看成一条线围绕轴线回转形成,这条运动着的线称母线,母线运行到任一位置称素线。

1. 圆柱体的投影

矩形 O_1A_1AO 以其一边 OO_1 为轴,回转一周形成圆柱,如图 2 - 22(a)所示。若其轴垂直

于 H 面, 它的投影如图 2 - 22(b) 所示。圆柱的水平投影为一圆, 反映上下底面的实形(重影), 圆周则为圆柱面的积聚投影; 正面投影为一矩形, 上下两条水平线为上下底面的积聚投影, 左右两条线为圆柱最左最右两条素线(轮廓素线)的投影, 也是圆柱面对 V 面投影时可见部分与不可见部分的分界线; 侧面投影为一矩形, 竖直的两条线为圆柱最前最后两条素线的投影, 是圆柱左半部与右半部的分界线。

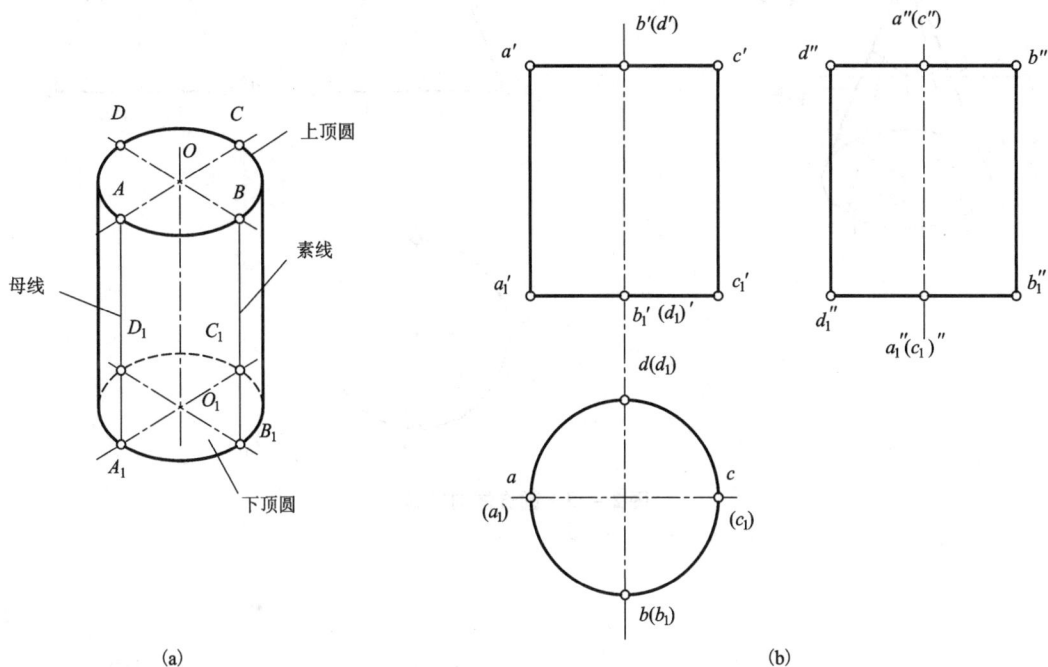

图 2 - 22　圆柱体的投影

圆柱的投影特征为: 在与轴线垂直的投影面上的投影为圆, 在另外两投影面上的投影为全等的矩形。

应注意: 投影为圆时, 要用相互垂直的单点长画线的交点表示圆心; 投影为矩形时, 用单点长画线表示回转轴。其他回转体的投影, 均具有此特点。

2. 圆锥体的投影

直角三角形 SAO, 以其直角边 SO 为轴回转形成圆锥, 如图 2 - 23(a) 所示。当轴线垂直于 H 面时, 其投影如图 2 - 23(b) 所示。由于圆锥的投影与圆柱的投影相仿, 其锥面、底面、轮廓素线的投影, 请读者自行分析。

圆锥的投影特征为: 在与轴线垂直的投影面上的投影为圆, 在另外两投影面上的投影为全等的等腰三角形。

3. 圆台体的投影

圆锥被垂直于轴线的平面截去锥顶部分, 剩余部分称为圆台, 其上下底面为半径不同的圆面, 如图 2 - 24 所示。

圆台的投影特征为: 在与轴线垂直的投影面上的投影为两个同心圆, 在另外两个投影面上的投影为大小相等的等腰梯形。

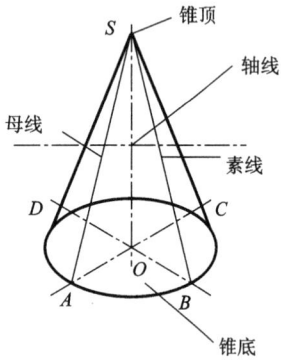

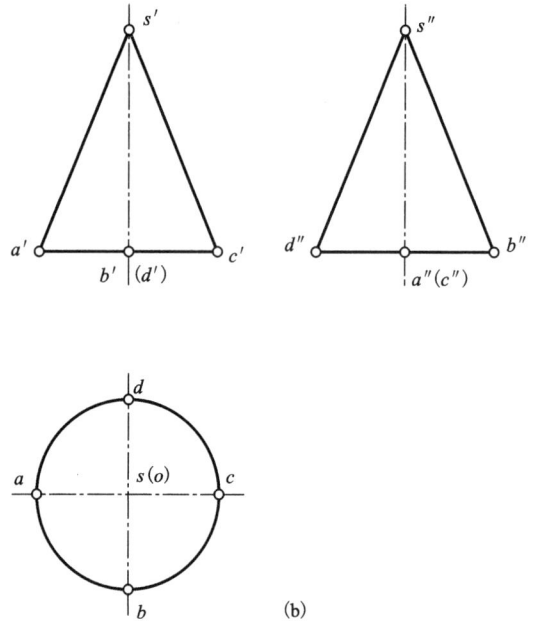

(a)

(b)

图 2 - 23   圆锥体的投影

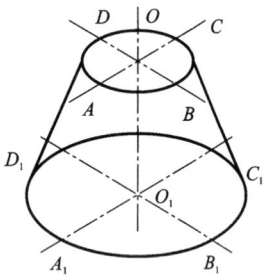

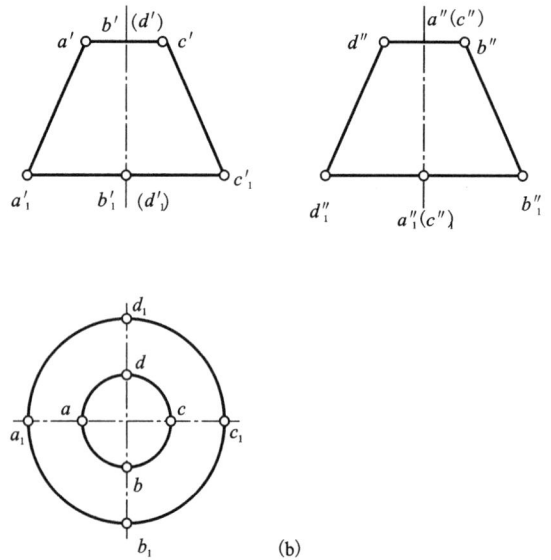

(a)

(b)

图 2 - 24   圆台体的投影

4. 曲面基本体的投影特征和尺寸标注

曲面基本体的投影特征和尺寸标注见表 2 - 2。

表 2 - 2 常见曲面基本体的投影图及尺寸标注

基本体名称	三投影图	应注尺寸
圆柱	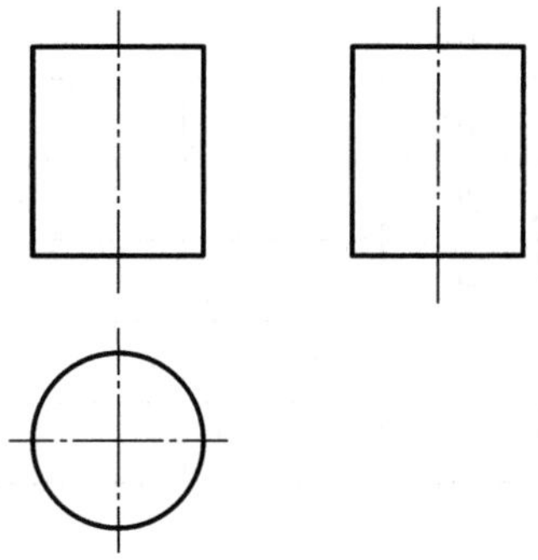	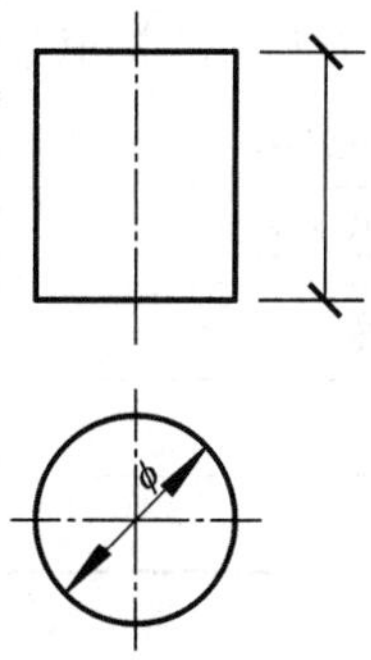
圆锥	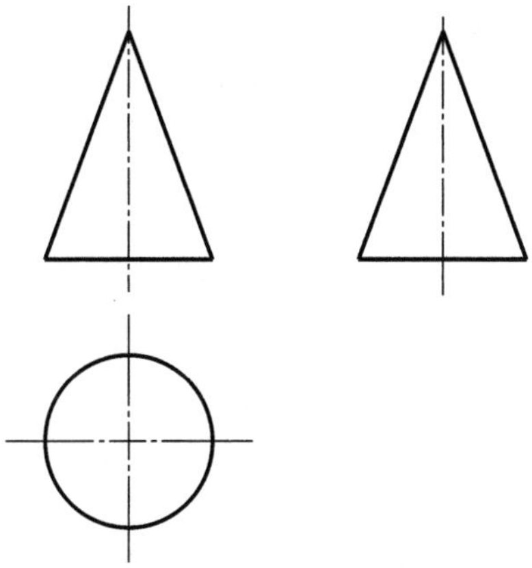	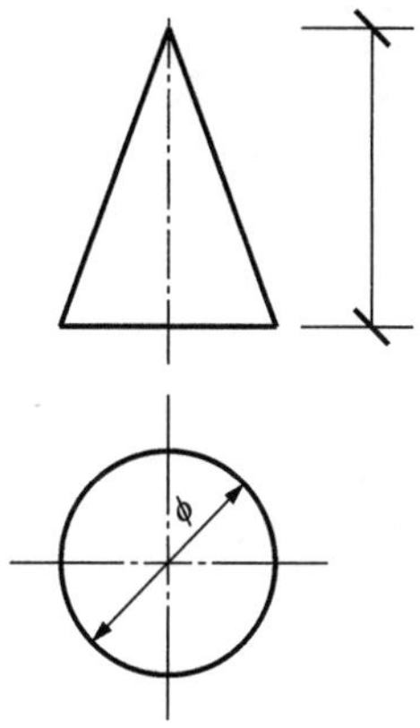
圆台	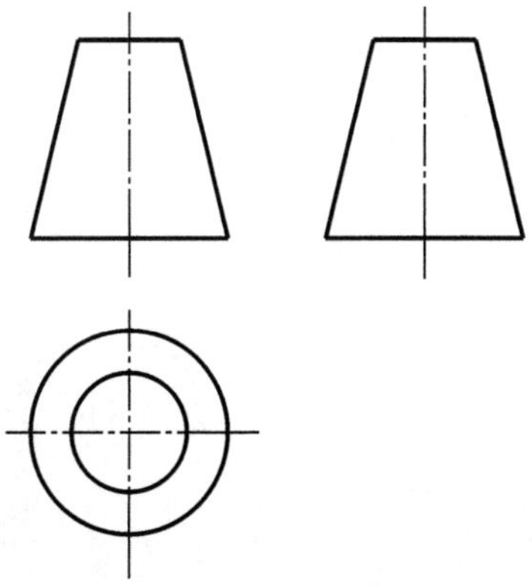	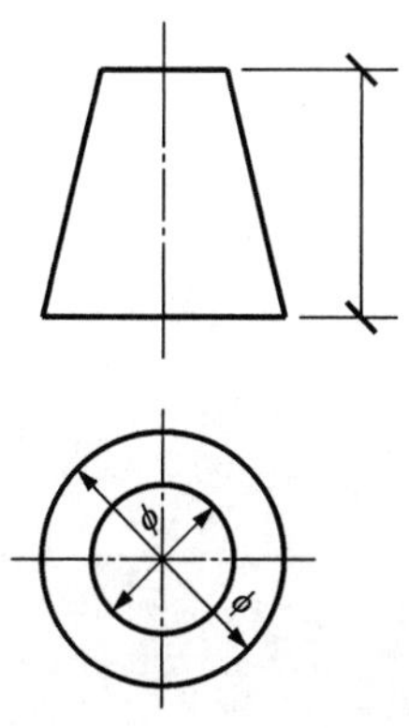

四、任务评价

任务评价表

考核项目	分　数			学生自评	小组互评	教师评价	小计
	差	中	好				
是否具备团队合作精神	4	7	10				
是否正确、灵活运用已学知识	4	7	10				
是否遵守劳动纪律	4	7	10				
图线绘制是否规范	12	21	30				
作图是否准确	16	28	40				
总计	40	70	100				
教师签字：							

任务四 绘制梁板式筏形基础三面投影图

一、任务提出

梁板式筏形基础节点立体图如图 2 – 25 所示，在 A3 图纸上绘制梁板式筏形基础三面投影图。（标尺寸）

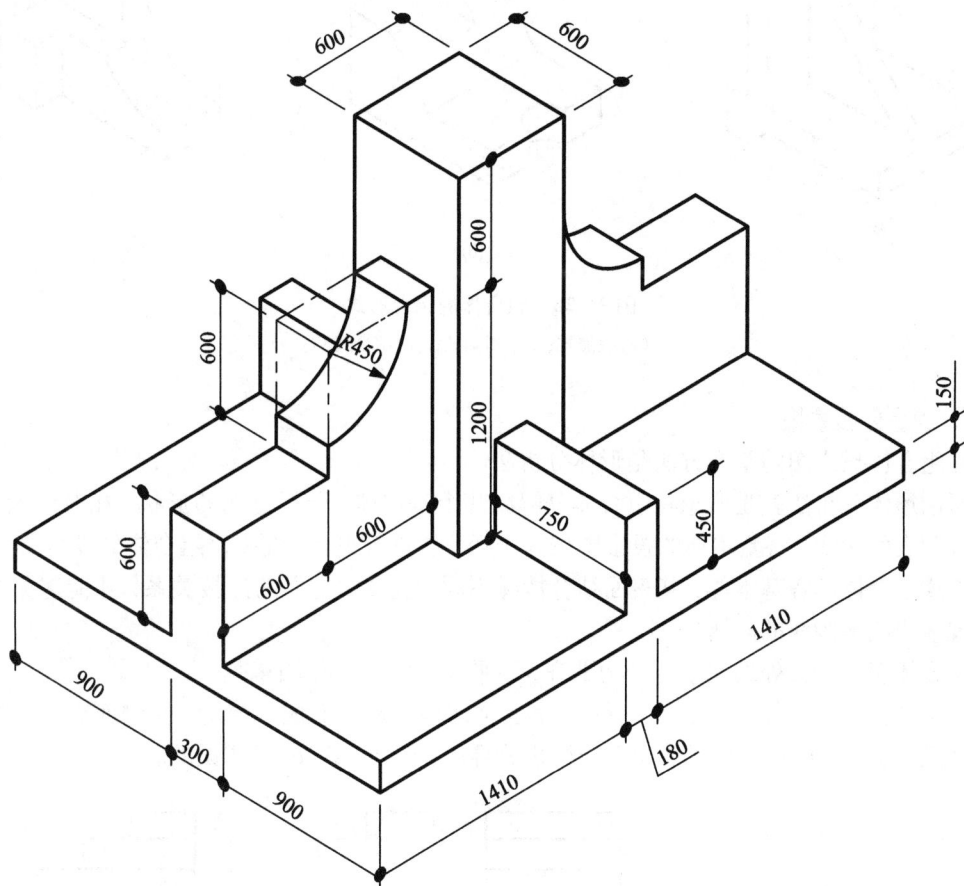

图 2 – 25 梁板式筏形基础立体图

二、任务分析

如图 2 – 25 所示为梁板式筏形基础的一个节点，其底板长 3000 mm，宽 2100 mm，上面柱截面尺寸 600 mm × 600 mm。要正确识读和绘制该梁板式筏形基础的三面投影图，首先要了解组合体的组合形式，学会分析形体，学习组合体三面投影图的绘制方法和步骤，掌握组合体尺寸标注。

三、必备知识和技能

工程建筑物一般比较复杂，可以看成是由基本体组合而成的，这种由多个基本体按一定形式组合而成的立体称为组合体。组合体按其组合的形式可分为叠加式、切割式和综合式三种。如图2-26所示。

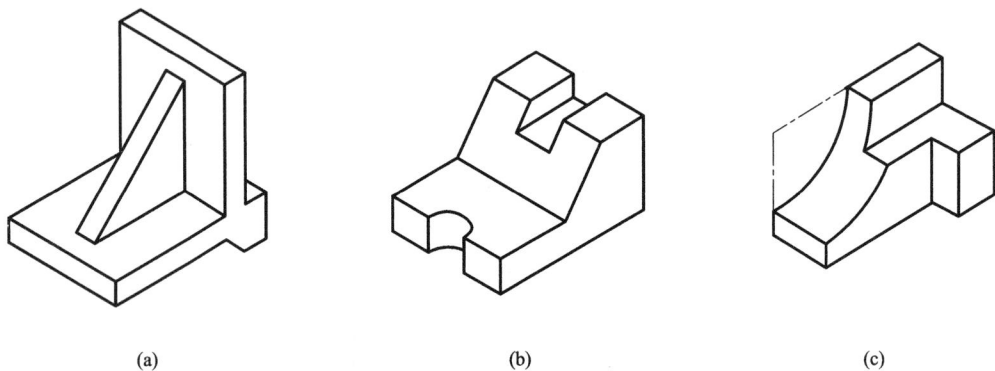

(a)   (b)   (c)

图2-26　组合体的组合形式
(a)叠加式；(b)切割式；(c)综合式

1. 组合体投影图

画组合体投影图的基本方法是形体分析法。

所谓形体分析法就是假想将组合体分解成几个基本体，分析它们的形状、相对位置、组合形式和表面交线，将基本体的投影图按其相互位置进行组合，便得出组合体的投影图。

组成组合体的各基本体，其表面结合情况不同，应分清它们的连接关系，才能避免绘图中出现漏线或多画线的问题。

组合体表面交接处的关系可分为平齐、不平齐、相切和相交四种。

①平齐：如图2-27(a)、(b)所示，由三个四棱柱叠加而成的台阶，左侧面交接处的表面平齐没有交线，则在侧面投影中不应画出分界线，图2-27(c)是错误的。

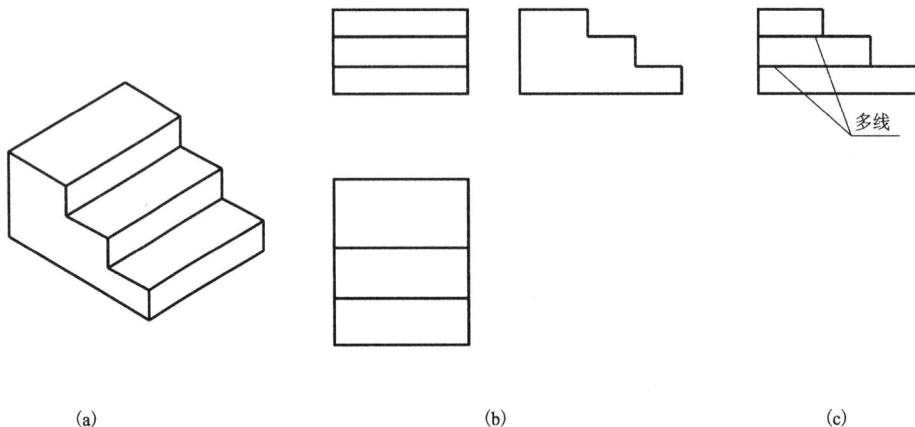

(a)   (b)   (c)

图2-27　组合体的表面交线分析(一)

38

②不平齐：当形体表面交接不平齐而形成台阶时，则在投影图中应画出线将它们分开，如图 2 - 27(b)中的水平投影和正面投影。

③相切：当形体表面相切时，在相切处不画线，如图 2 - 28(a)所示。

④相交：当形体表面相交时，在相交处必须画出交线，如图 2 - 28(b)所示。

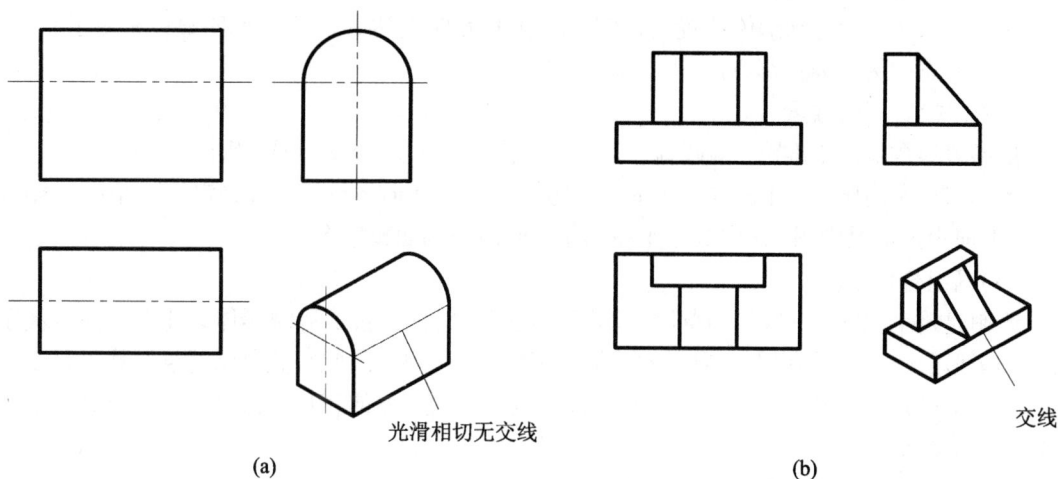

光滑相切无交线

交线

(a)　　　　　　　　　　　　　　(b)

图 2 - 28　组合体的表面交线分析(二)

组合体表面交线分析可以归纳为四句口诀：面面平齐无交线，面面相交有交线，平曲相交有交线，平曲相切无交线。

2. 组合体作图步骤

现以如图 2 - 29 所示的组合体为例，分析一般作图步骤。

(1)形体分析

该组合体可以看成由三部分叠加而成的，A 为一水平放置的四棱柱，B 是一个竖立在正中位置的四棱柱，C 为六块支撑板。

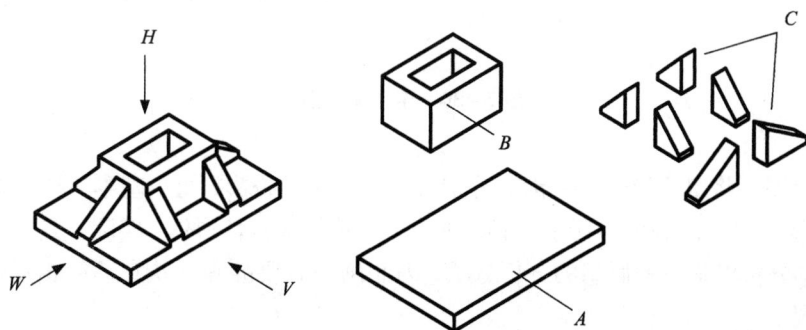

图 2 - 29　组合体形体分析

（2）选择投影图

①考虑安放位置，确定正面投影方向。

形体对投影面处于不同的位置就可得到不同的投影图。一般应使形体自然安放且形态稳定；并将主要面与投影面平行，以便使投影反映实形；正面投影应反映形体的形状特征，并使各投影图中尽量少出现虚线。

在图2－29中考虑到形体放置的稳定，而且V方向表达其形状特征明显，又便于布图，因此确定V方向为正面投影方向。

②确定投影图的数量。

投影图的数量是指准确、清晰地表达形体时所必需的最少投影图个数。

图2－29中的形体，在选取V方向为正方向后，根据形体分析，可确定用三个投影图来表示：V向为正面投影图，H向为水平投影图，W向为侧面投影图。

（3）画组合体草图

绘制建筑工程图，一般先画草图。草图不是潦草的图，它是目测形体大小、比例后徒手绘制的图形。画草图是在用仪器画图之前的构思准备过程。因此掌握草图的绘制技能是工程技术人员不可缺少的基本功。草图上的线条要基本平直，方向正确，长短大致符合比例，线型符合制图标准。

草图基本画法步骤如下：

①布图。用轻、细的线条在纸上定出投影图中长、宽、高方向的基准线，如图2－30（a）所示。

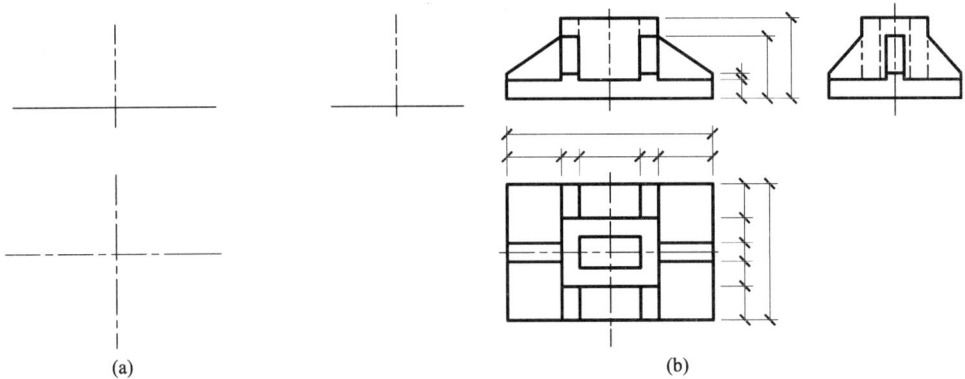

(a)   (b)

图2－30 组合体草图

②画投影图。将组成形体的三部分分别按顺序画出其投影，每个基本体要先画出反映底面实形的投影，如图2－30（b）所示。必须注意，建筑物或构件形体，实际上是一个不可分割的整体，形体分析仅是一种假想的分析方法，因此画图时要准确反映它们的相互位置并考虑结合处的情况。

③读图复核，加深图线。一是复核有无漏线和多余的线条，用形体分析法检查每个基本体是否表达清楚，相对位置是否正确，交接关系处理是否得当；二是提高读图能力，不对照直观图或实物，根据草图仔细阅读、想象立体的形状，然后再与实物比较，坚持画、读结合，就能不断提高识图能力。

检查无误后，按各类线型要求加深图线。

(4)用仪器画图

草图复核无误后，根据草图用仪器绘制图形，如图2-31所示。

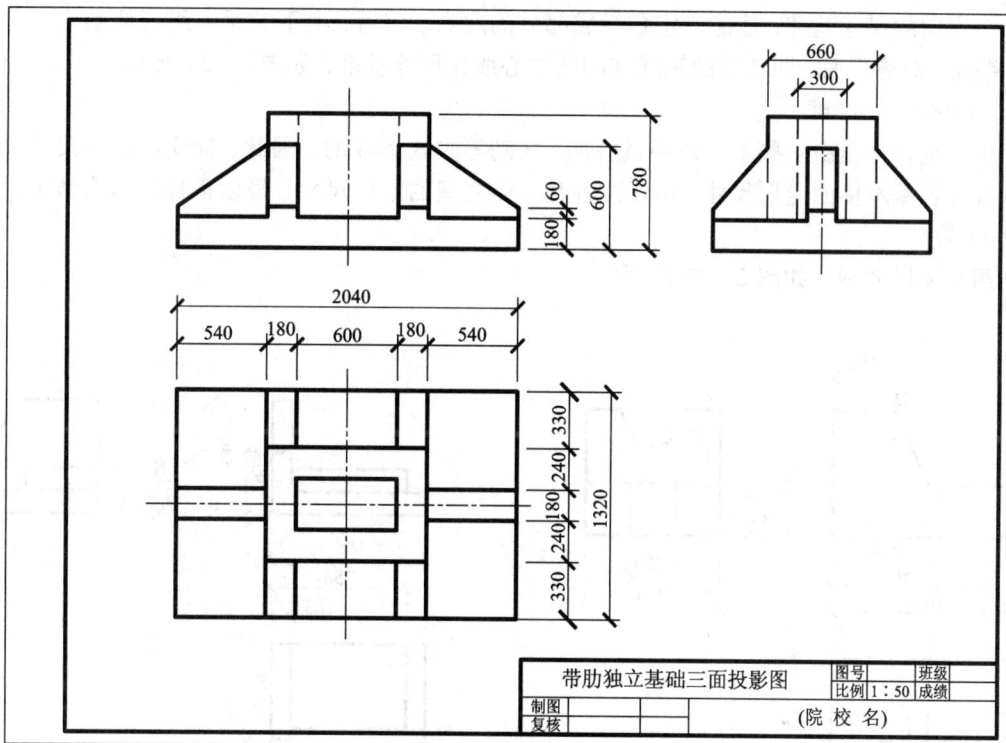

图2-31　组合体仪器图

①选择比例和图幅；

②布图，确定基准线；

③画投影图底稿；

④检查并加深图线；

⑤标注尺寸；

⑥填写标题栏。

用仪器画图要求布图均匀合理，投影关系正确，尺寸标注齐全，图面整洁，字体、线型符合国家标准。

3.组合体尺寸标注

在工程图中，除了用投影图表达形体的形状和形体各部分的相互关系外，还必须标注出形体的实际尺寸和各组成部分的相对位置。

(1)尺寸的分类

根据形体分析法，任何建筑形体都可以看做是基本形体的组合。按形体分析法来标注建筑形体的尺寸，其尺寸可分成三类：

①定形尺寸——确定组合体各组成部分形状大小的尺寸；

②定位尺寸——确定各基本体在组合体中的相对位置的尺寸；

③总体尺寸——表示组合体的总长、总宽和总高的尺寸。

（2）尺寸基准

标注组合体的定位尺寸必须确定尺寸基准，即标注尺寸的起点。组合体需要有长、宽、高三个方向的尺寸基准，才能确定各组成部分的左右、前后、上下关系。组合体通常以其底面、端面、对称平面、回转体的轴线和圆的中心线作尺寸基准，如图 2 - 31 所示。

（3）标注尺寸顺序

由于组合体是由一些基本体通过叠加、切割等方式形成的，因此，标注组合体尺寸应遵循先标注各基本体的定形尺寸、再标注各基本体之间的定位尺寸、最后再标注组合体的总体尺寸的顺序。

组合体尺寸标注如图 2 - 32 所示。

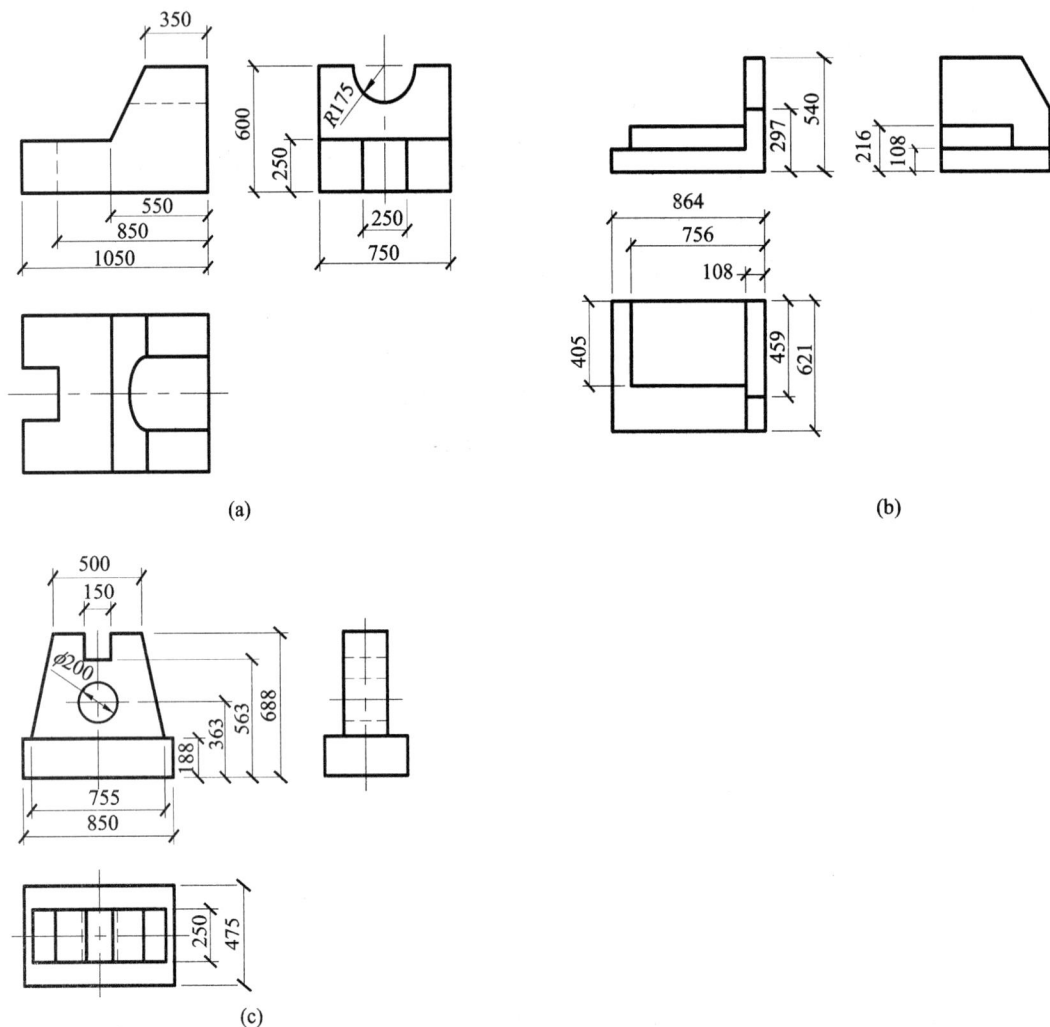

(a)

(b)

(c)

图 2 - 32　组合体尺寸标注

（4）注意事项

①尺寸标注要求完善、清晰、易读；

②各基本体的定形、定位尺寸，宜注在反映该物体形状、位置特征的投影上，且尽量集中排列；

③尺寸一般注在图形之外和两投影之间，便于读图；

④以形体分析为基础，逐个标注各组成部分的定形、定位尺寸，不能遗漏。

四、任务评价

任务评价表

考核项目	分数			学生自评	小组互评	教师评价	小计
	差	中	好				
是否具备团队合作精神	4	7	10				
是否正确、灵活运用已学知识	4	7	10				
是否遵守劳动纪律	4	7	10				
图线绘制是否规范	12	21	30				
作图是否准确	16	28	40				
总计	40	70	100				
教师签字：							

任务五　绘制拱门轴测投影图

一、任务提出

拱门三面投影图如图 2－33 所示，在 A4 图纸上绘制拱门适合的轴测图。

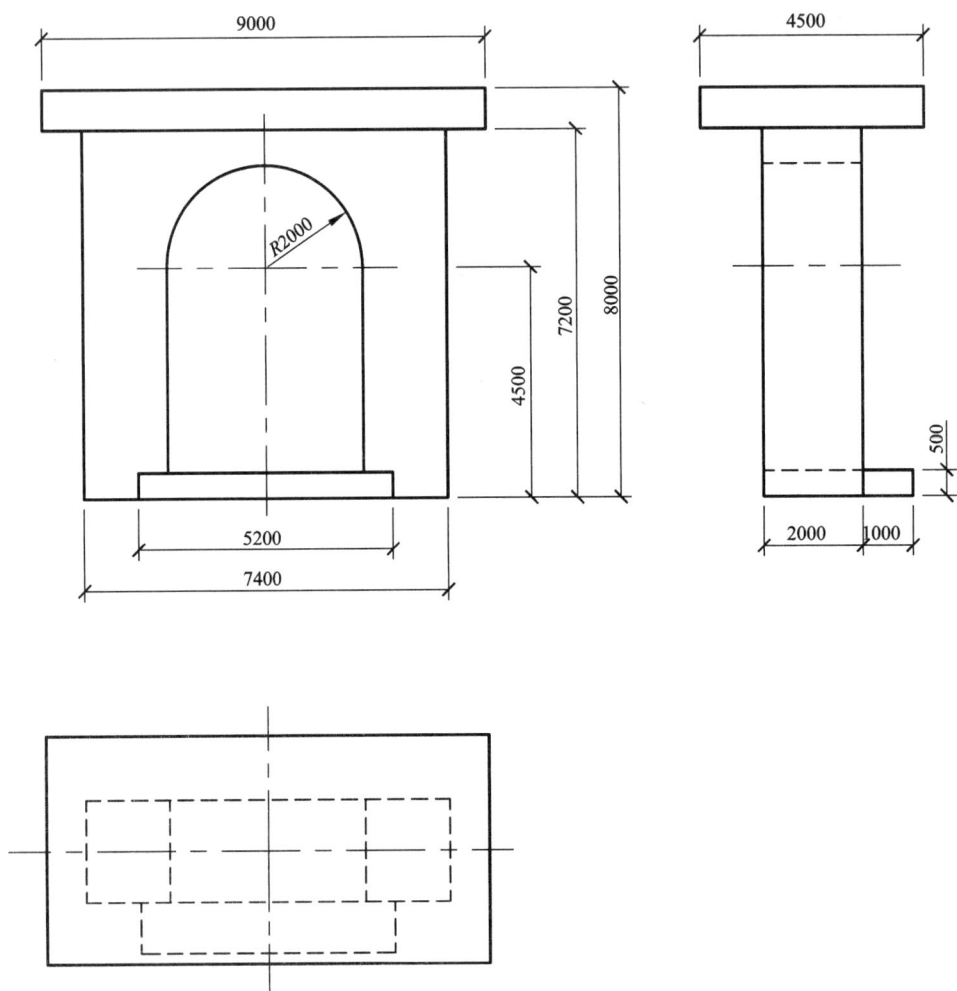

图 2－33　拱门三面投影图

二、任务分析

如图 2－33 所示的拱门，可以看做是几个棱柱体的叠加，然后再挖去了一个圆拱。要画该形体的轴测投影图，就要掌握轴测图的投影原理和轴测图的绘制方法。

三、必备知识和技能

1. 轴测图的基本概念

（1）轴测图的形成

如图2-34所示，将形体连同确定形体长、宽、高方向的空间坐标轴一起沿S方向，用平行投影法向P面进行投影称轴测投影，应用这种方法绘出的投影图称轴测投影图，简称轴测图。

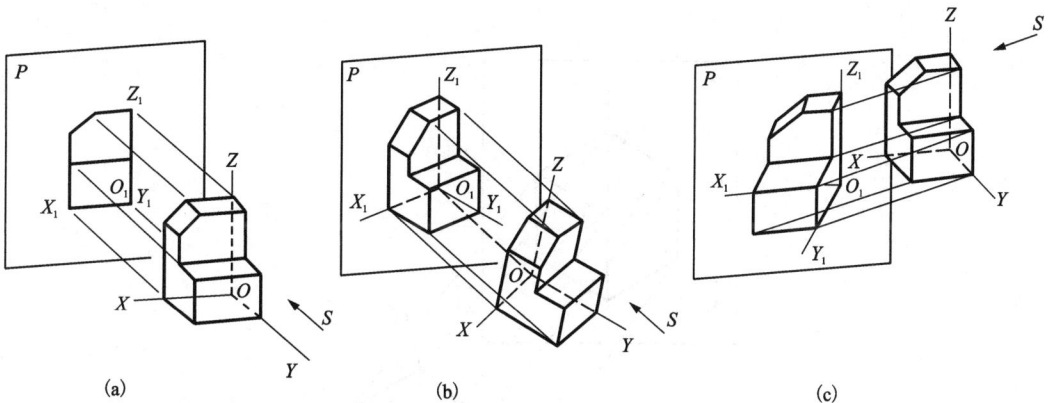

图2-34　轴测图的形成

图2-34（b）、（c）中，P面称轴测投影面，空间坐标轴OX，OY，OZ在轴测投影面上的投影O_1X_1、O_1Y_1、O_1Z_1称轴测投影轴（轴测轴），轴测轴之间的夹角$\angle X_1O_1Y_1$、$\angle X_1O_1Z_1$、$\angle Y_1O_1Z_1$称轴间角，平行于空间坐标轴的线段，其轴测投影长度与实际长度之比称轴向变化率。

$$\frac{O_1X_1}{OX}=p \qquad X\text{轴的轴向变化系数}$$

$$\frac{O_1Y_1}{OY}=q \qquad Y\text{轴的轴向变化系数}$$

$$\frac{O_1Z_1}{OZ}=r \qquad Z\text{轴的轴向变化系数}$$

（2）轴测图的种类

①如图2-34（b）所示，将形体放斜，使立体上互相垂直的三个棱均与P面倾斜，用垂直于P面的S方向进行投影，称正等轴测图；

②如图2-34（c）所示，当形体上坐标面如XOZ与P面平行，用倾斜于P面的S方向进行投影，称斜轴测图。

常用的轴测图有正等测图和斜二测图。

（3）轴测投影的特点

由于轴测投影采用的是平行投影法，所以它具有平行投影的基本性质：

45

①平行性。形体上相互平行的线段,其轴测投影仍互相平行;与空间坐标轴平行的线段,其轴测投影与相应的轴测轴平行;

②定比性。形体上平行于坐标轴的线段,其轴测投影的变化率与相应轴测轴的轴向变化率相同,形体上成比例的平行线段,其轴测投影仍成相同比例。

由轴测投影的定比性可知,凡与 OX、OY、OZ 坐标轴平行的线段,其轴测投影不但与相应的轴测轴平行,且可直接度量尺寸,与坐标轴不平行的线段,则不能直接量取尺寸。

2. 正等测图

当形体的三个坐标轴与轴测投影面的倾角相等时,投影得到的轴测图称为正等轴测投影图,简称正等测图,如图 2-35 所示。

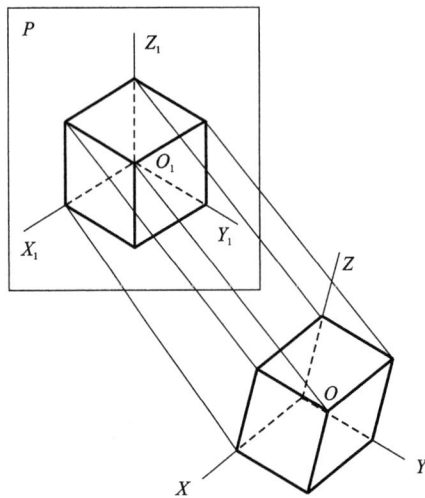

图 2-35 正等测图的形成

(1)轴间角及轴向变化率

①轴间角。

正等测图的轴间角 $\angle X_1O_1Y_1 = \angle X_1O_1Z_1 = \angle Y_1O_1Z_1 = 120°$,$O_1Z_1$ 一般画成竖直方向,如图 2-36 所示,O_1X_1 轴和 O_1Y_1 轴可用 30° 三角板很方便地作出。

②轴向变化率。

经计算可知: $p = q = r \approx 0.82$。画图时,应按这个系数将形体的长、宽、高尺寸缩短,但为了简化作图,在实际作图时取其实长,$p = q = r = 1$ 称简化的轴向变化率。用此法画出的图,三个轴向尺寸都相应放大了 $1/0.82 = 1.22$ 倍,这样作图其形状未变而方法简便。

(2)平面体正等测图的画法

画平面体轴测图的基本方法是坐标法,根据平面体各角点的坐标值确定形体上各特征点轴测投影,然后依次连接,即得到平面体的轴测图。

①棱柱的正等测图。

四棱柱的正等测图,其作图方法与步骤如图 2-37 所示。

从图 2-37 可知:轴测图上的各点一般由三条线相交而得,而各个交角是由三个面构成,

(a)   (b)

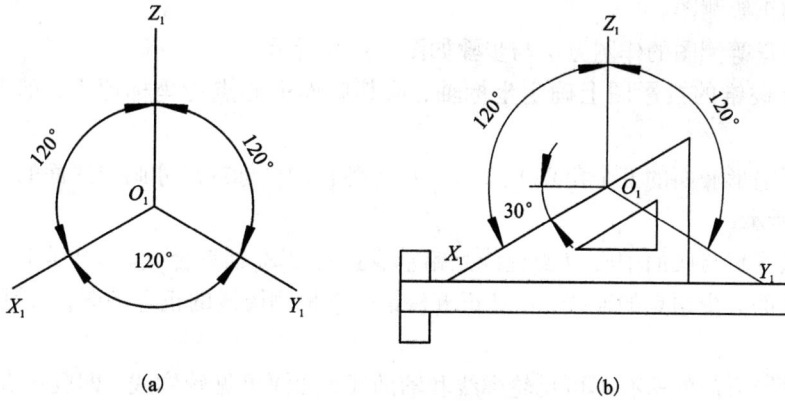

图 2 - 36 正等测图的轴间角及绘制

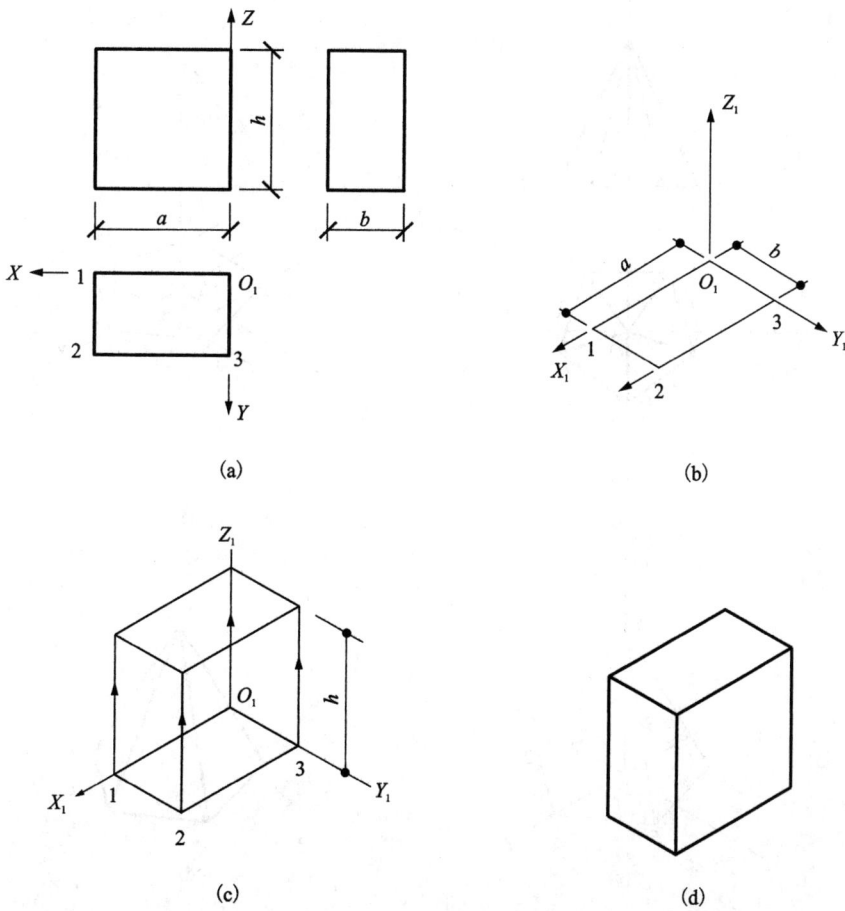

(a)   (b)

(c)   (d)

图 2 - 37 四棱柱的正等测图

掌握此特点,对作轴测图是有益的;为了使轴测图更直观,图中虚线一般不画。

②棱锥的正等测图。

正五棱锥正等测图的作图方法与步骤如图 2-38 所示。

先在正五棱锥的投影图上确定坐标轴,取其底面中心点为坐标原点,如图 2-38(a)所示;

根据正五边形底面的五个角点 1、2、3、4、5 各自的坐标或尺寸画出底面的正等测图,如图 2-38(b)所示;

根据锥顶 S 点与底面中心 O 点连线是铅垂线且与 O_1Z_1 轴重合,量取锥高尺寸定出 S 点,连接 S 点与底面五个角点的连线,得到正五棱锥的五根侧棱线的正等测图,如图 2-38(c)所示;

擦除按投影方向的所有不可见轮廓线和辅助线,加深可见轮廓线,即成正五棱锥的正等测图,如图 2-38(d)所示。

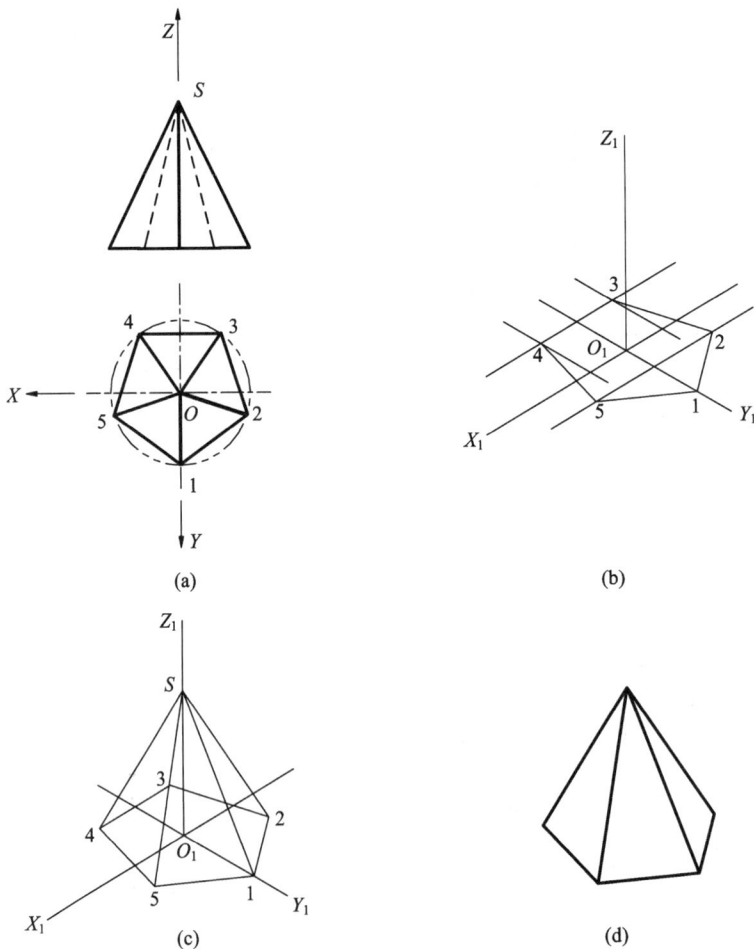

图 2-38　正五棱锥的正等测图

③棱台的正等测图。

四棱台的正等测图的作图方法与步骤如图 2 – 39 所示。

坐标原点选在台体下底面中心,如图 2 – 39(a)所示;

画棱台下底面矩形的正等测图,如图 2 – 39(b)所示;

自 O_1 沿 O_1Z_1 轴量取台高 h,定出顶面中心 O_2,作 $O_2X_2//O_1X_1$,$O_2Y_2//O_1Y_1$,得到移心后的新坐标系 $O_2X_2Y_2Z_1$,再在新坐标系中作出顶面矩形的正等测图,如图 2 – 39(b)所示;

连接四条侧棱线得到棱台的正等测图,如图 2 – 39(c);

擦除按投影方向的所有不可见轮廓线和辅助线,加深可见轮廓线,如图 2 – 39(d)所示。

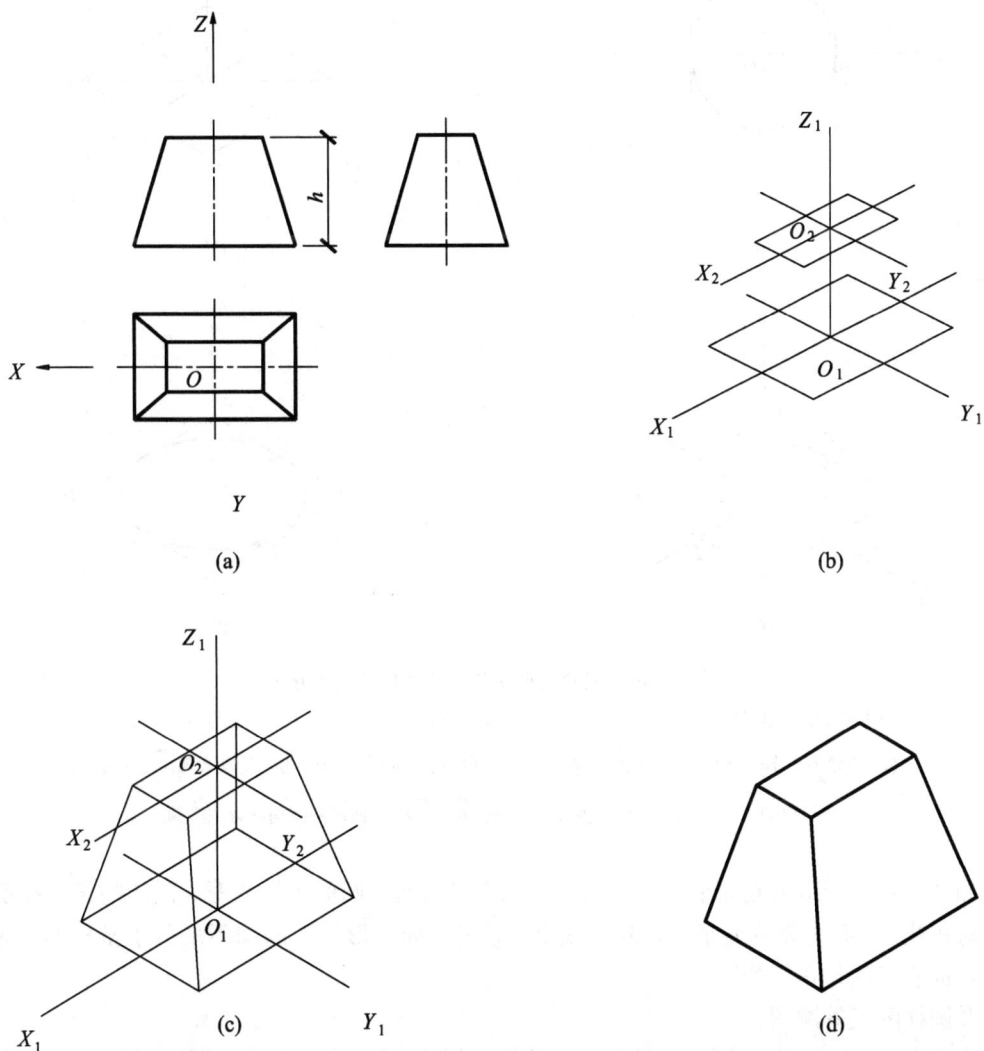

图 2 – 39 矩形四棱台的正等测图

（3）曲面体正等测图的画法

①圆的正等测图。

与投影面平行的圆或圆弧，其正等测图是椭圆或椭圆弧。由于三个坐标平面与轴测投影面倾角相等，因此，三个坐标面上的椭圆作法相同。工程上常用四心近似画法（又称辅助菱形法）作圆的轴测图。现以水平圆为例，其作图方法与步骤如图2-40所示。

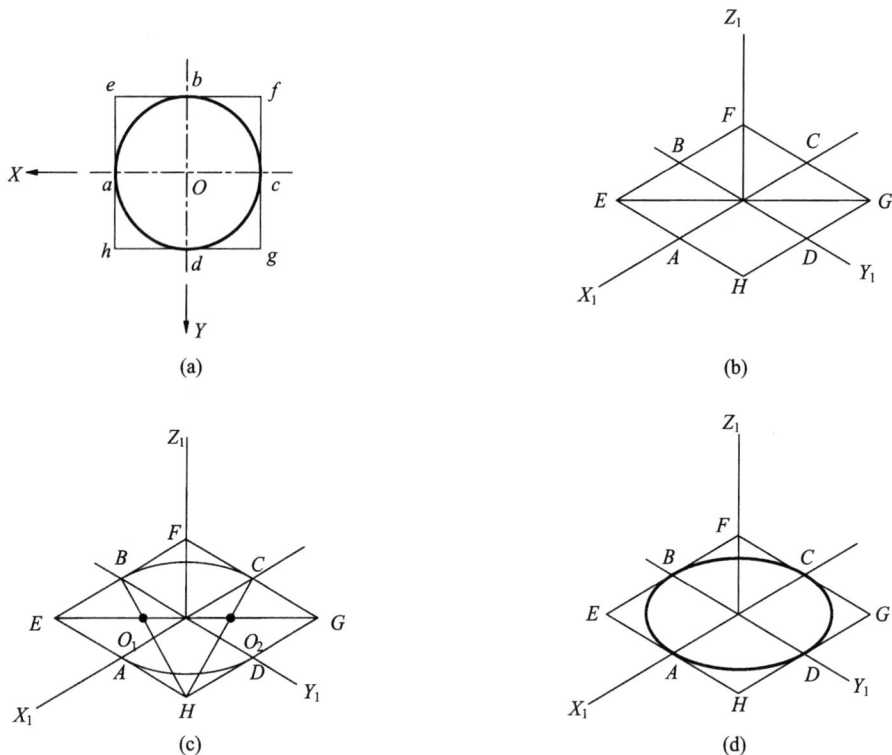

图2-40　辅助菱形法作水平圆的正等测图

（a）取圆的外切正方形 *efgh*，与圆切于 *a*、*b*、*c*、*d* 四点；（b）作外切正方形的正等测图（菱形）；

（c）连接 *HB*、*HC* 交菱形长对角线于 O_1、O_2 点，以 *H*、*F* 为圆心，*HB* 为半径画大弧 $\overparen{BC}$、$\overparen{AD}$；

（d）以 O_1、O_2 为圆心，O_1A 为半径画小弧 $\overparen{AB}$、$\overparen{CD}$，则四段圆弧构成近似椭圆

如图2-41所示为底面平行于 *H*、*V*、*W* 三个投影面的圆的正等测图。椭圆的长轴在菱形的长对角线上，而短轴在菱形的短对角线上。注意，如果形体上的圆不平行于坐标面，则不能用辅助菱形法作正等测图。

②圆柱的正等测图。

由图2-42（a）可知，圆柱的轴线是铅垂线，上、下底面是水平面，即圆面位于 *XOY* 坐标面内，取上底圆心为原点，根据圆柱的直径和高度，完成圆柱的正等测图。其作图方法与步骤如图2-42所示。

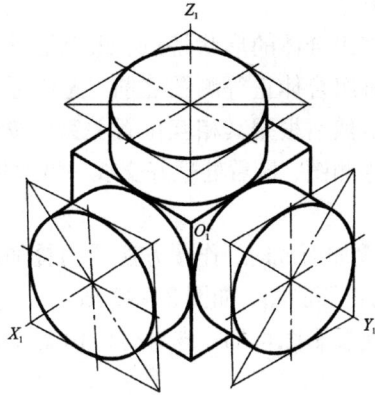

图 2－41 平行于三个坐标面的圆的正等测图

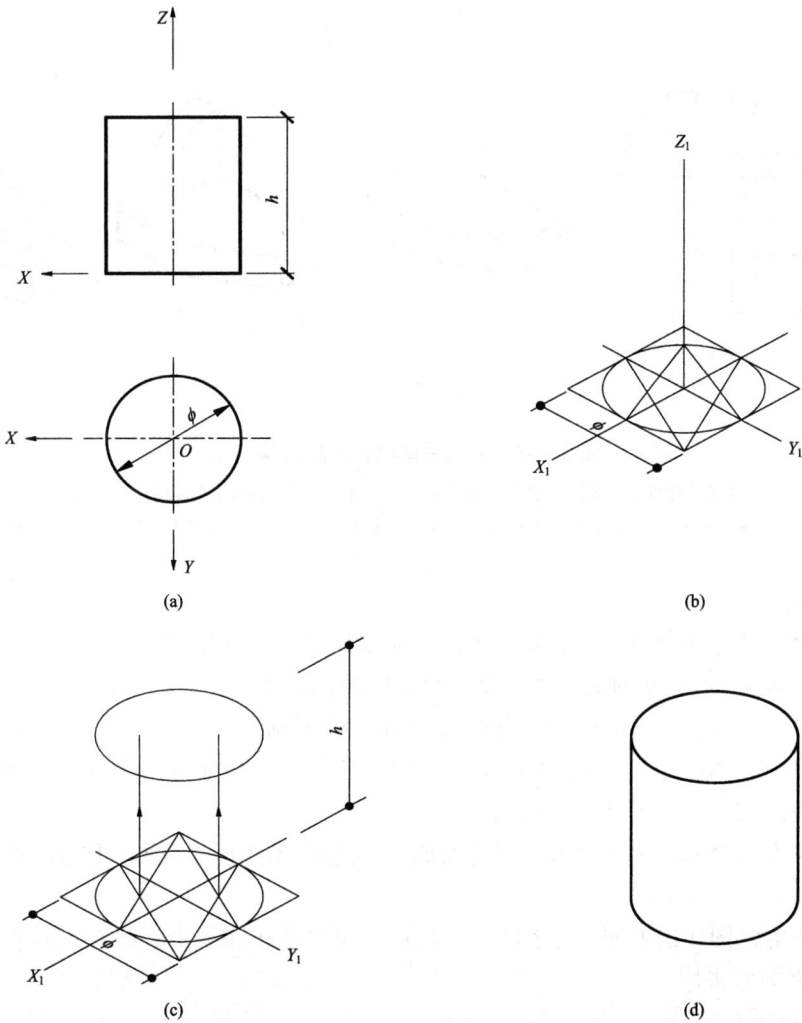

(a)

(b)

(c)

(d)

图 2－42 平移法画圆柱的正等测图

（a）选坐标轴，过圆柱下底面圆心作 X、Y、Z 轴；（b）根据圆柱直径画出下底面椭圆；

（c）平移法画出上底面椭圆；（d）作两椭圆的外公切线，擦除不可见线，整理加深

(4)组合体正等测图的画法

画组合体的轴测图,需根据组合体的形状特点、组合形式,选择合适的作图方法。一般有叠加和挖切方法。因此,在画组合体正等测图之前,先应通过形体分析,了解组合体各组成部分的相对位置和组合方式,然后根据其相互位置关系,按照从大到小、从总体轮廓到局部细节的顺序,逐个作出其正等测图,最后处理好交线、整理加深即可。

①叠加法。

当组合体是由若干基本体叠加而成时,作图方法适用叠加法。

【例2-2】 画出组合体的正等测图,如图2-43所示。

分析:由组合体已知的三面投影图可知,该组合体由三个基本体叠加而成,所以适用叠加法完成其正等测图。

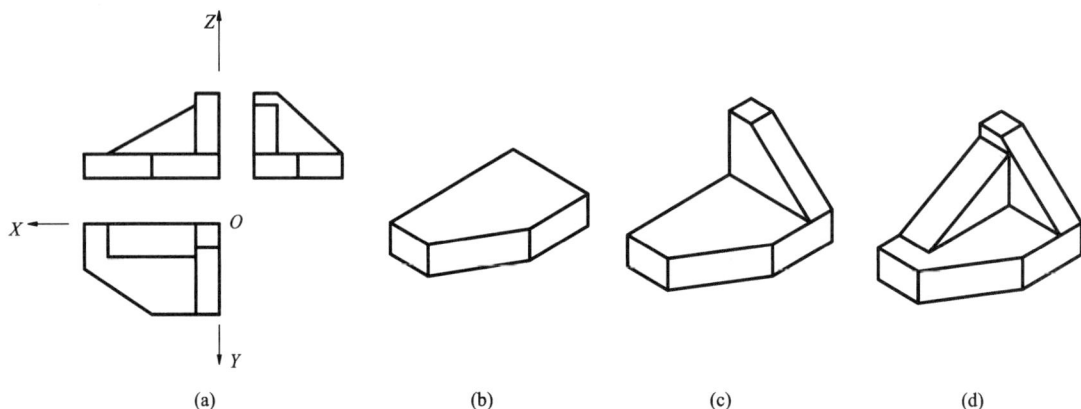

图2-43 叠加法画组合体的正等测图

(a)选坐标轴,过底板右后下端点作 X、Y、Z 轴;(b)作五棱柱底板的正等测图;
(c)在底板右上方画出梯形四棱柱立板的正等测图;(d)画出底板后上方三棱柱支撑板的正等测图,擦除不可见线

②挖切法。

当组合体是由基本体切割而成时,先画出成型前基本体的轴测图,然后按其截平面的位置,逐个切去多余部分,处理好交线,完成组合体的轴测图。

【例2-3】 画出组合体的正等测图,如图2-44所示。

分析:由组合体已知的三面投影图可知,该组合体是四棱柱由八个截平面经三次切割而形成,所以适用挖切法完成其正等测图。

有时,一个组合体是由几种形式组合而成。在这种情况下,可根据上述两种画组合体轴测图的方法综合运用来作图。

综上,正等测图作图方便,易于度量,尤其是柱类形体和两个、三个坐标平行面上均带有圆形结构者更宜采用。

3. 斜轴测图

立体主要面与轴测投影面平行,而使投影方向倾斜于投影面,如图2-45所示,即得到斜轴测投影图,简称斜轴测图。

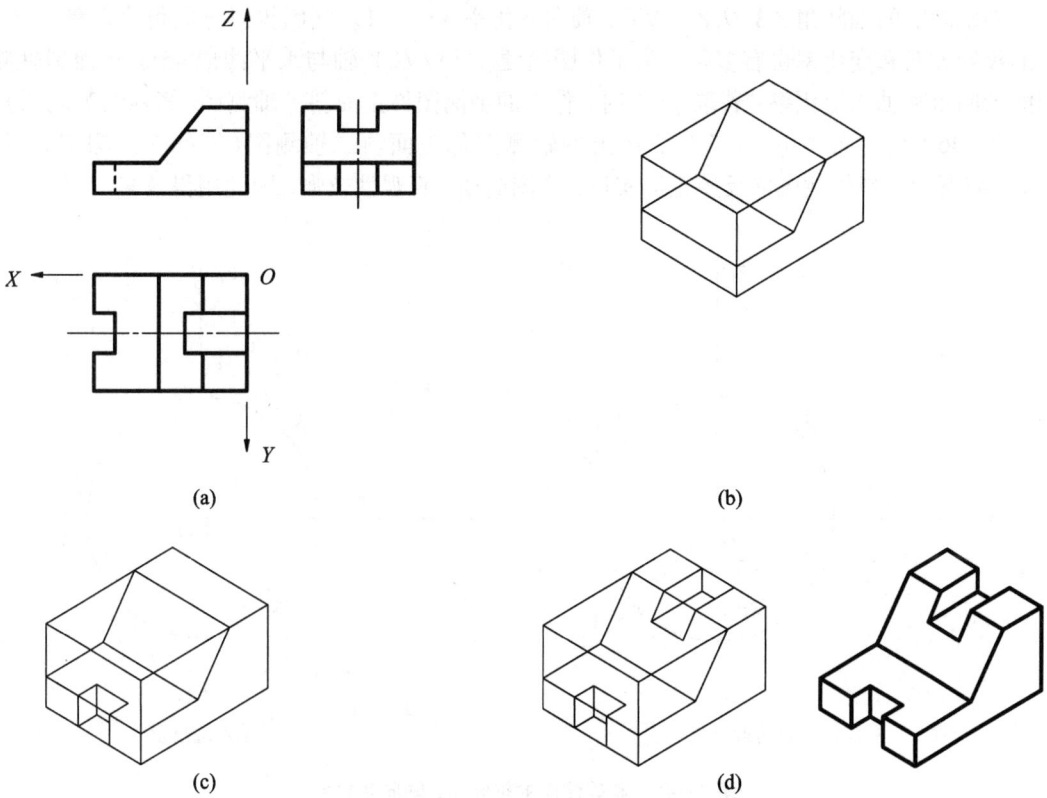

图 2－44　挖切法画组合体的正等测图

(a)选坐标轴,过底板右后下端点作 X、Y、Z 轴;(b)作长方体主体的正等测图,切去左上角;
(c)画出底板开口;(d)画出立板切槽,擦除不可见线,整理加深

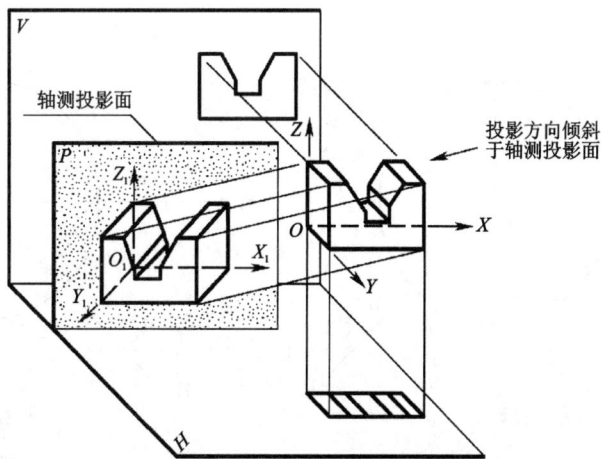

图 2－45　斜轴测图的形成

（1）轴间角及轴向变化率

斜轴测图的轴间角 $\angle X_1O_1Z_1 = 90°$，轴向变化率 $p = r = 1$。又因投影方向可为多种，故 Y 轴的投影方向和变化率也有多种。为了作图简便，常取 O_1Y_1 轴与水平线成 $45°$。正面斜轴测图的轴间角和轴向变化率：若取 $q = 1$ 时，作出的轴测图称正面斜等轴测图（简称斜等测图），如图 2–46 所示；若取 $q = 1/2$ 时，作出的轴测图称正面斜二轴测图（简称斜二测图），如图 2–47 所示。斜轴测图能反映正面实形，作图简便，直观性较强，因此用得较多。

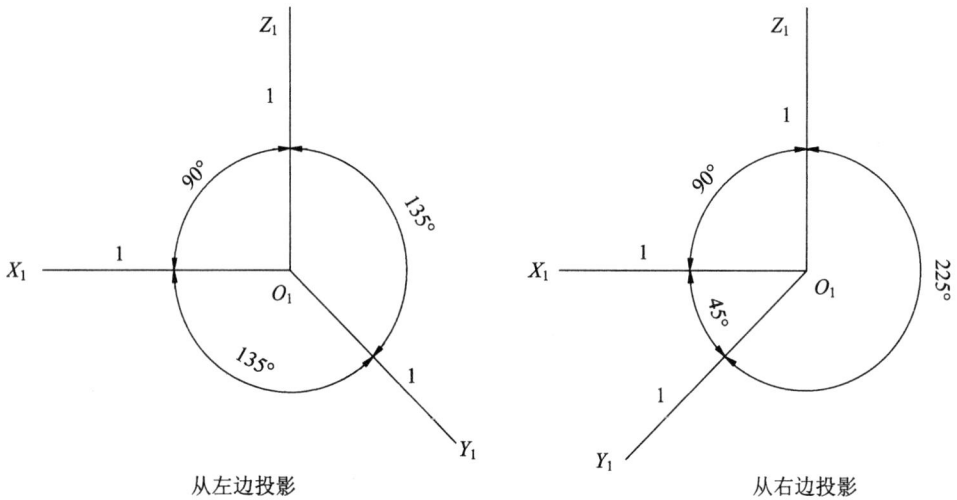

从左边投影   从右边投影

图 2–46　斜等测图的轴间角、轴向变化率

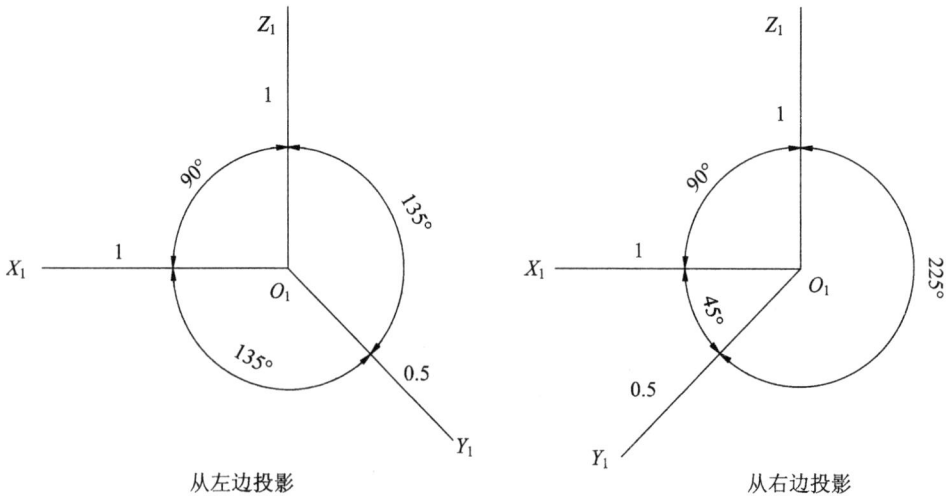

从左边投影   从右边投影

图 2–47　斜二测图的轴间角、轴向变化系数

（2）正面斜等轴测图的画法

图 2-48 为门洞斜等测图的作图方法与步骤。

分析：由形体已知的三面投影图可知，该形体总体是呈棱柱状，正面形状最为复杂，可先在 XOZ 面画出（即抄绘出）正面形状，然后每个角点沿 O_1Y_1 轴平移一个棱柱的棱长尺寸，连接各点，擦除不可见线即可。

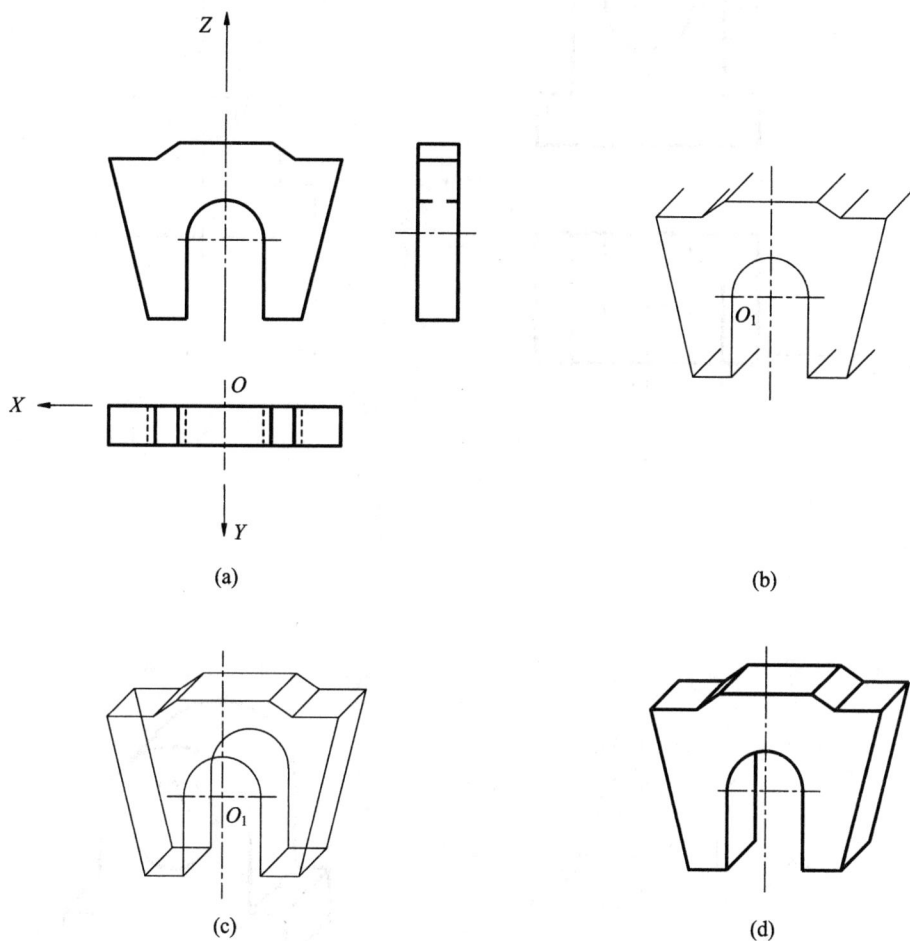

图 2-48　门洞的斜等测图

（a）过门洞圆心作 X、Y、Z 轴；（b）作门洞的正面图形，沿 O_1Y_1 轴平移画出后立面各角点；

（c）连接后立面图形各角点；（d）擦除不可见线，整理加深

图 2-49 为形体斜二测图的作图方法与步骤。

分析：由形体已知的三面投影图可知，该形体总体是呈柱状，正面形状最为复杂，可先在 XOZ 面画出（即抄绘出）正面形状，然后每个角点及圆心沿 O_1Y_1 轴平移一个棱长尺寸，连接各点，擦除不可见线即可。

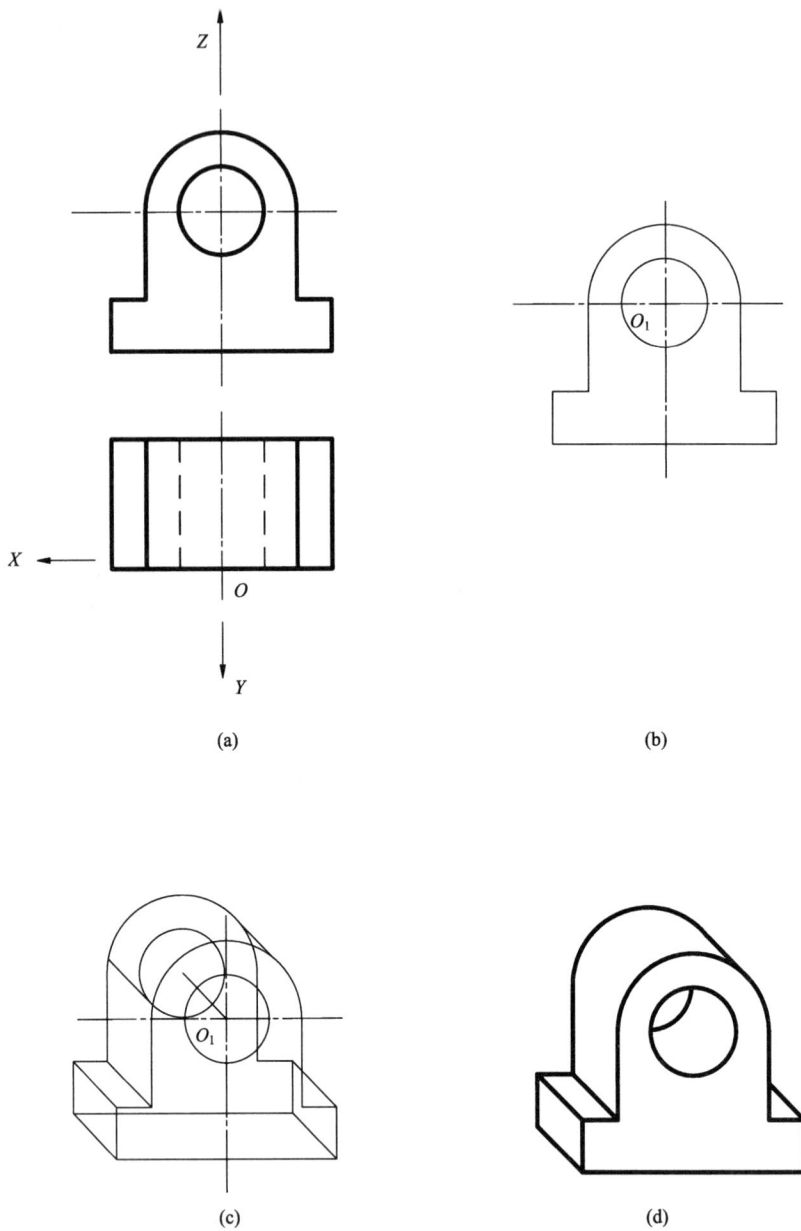

图 2 – 49　形体的斜二测图

(a)选坐标轴,过形体前下棱线中点作 X、Y、Z 轴;(b)作形体的正面图形;
(c)沿 O_1Y_1 轴平移半个棱长,画出后立面图形各角点及圆形;(d)连接后立面
图形各角点,擦除不可见线,整理加深

四、任务评价

任务评价表

考核项目	分　数			学生自评	小组互评	教师评价	小计
	差	中	好				
是否具备团队合作精神	4	7	10				
是否正确、灵活运用已学知识	4	7	10				
是否遵守劳动纪律	4	7	10				
图线绘制是否规范	12	21	30				
作图是否准确	16	28	40				
总计	40	70	100				
教师签字：							

模块三　绘制建筑构件剖、断面图

【知识目标】
- 了解剖面图和断面图的基本概念和分类
- 理解并掌握剖面图和断面图绘制的基本规定
- 理解形体剖面图、断面图与剖切符号的关系
- 理解剖面图和断面图的区别
- 掌握剖面图和断面图绘制方法

【能力目标】
- 能根据建筑形体三面投影图正确识读出形体
- 能根据建筑形体特征合理选择剖切位置和剖面图、断面图类型
- 能正确绘制建筑形体的剖面图、断面图

任务一　绘制检查井剖面图

一、任务提出

识读如图 3 – 1 所示检查井三面投影图，在 A3 图纸上按 1∶1 比例绘制检查井的水平面投

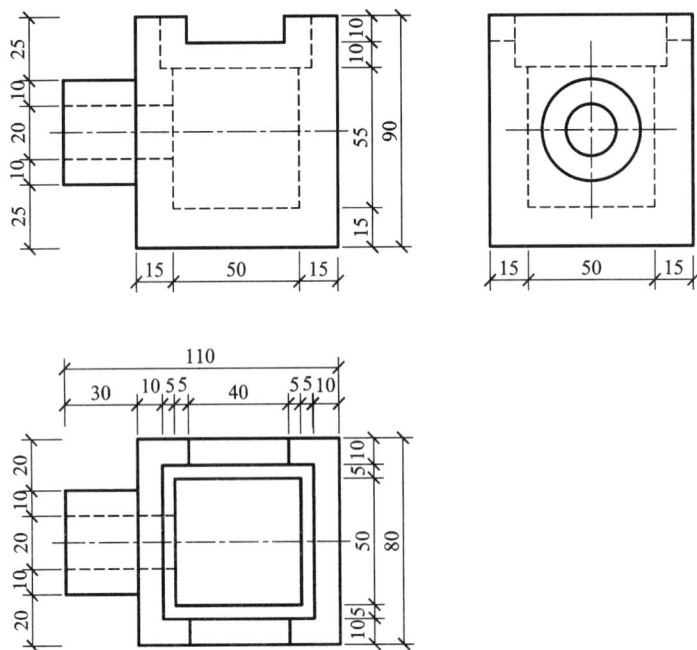

图 3 – 1　检查井三视图

58

影图、正立面全剖面图和侧立面半剖面图。要求在水平面投影图上正确标注剖切符号并编号，合理进行图纸布局并标注尺寸。

二、任务分析

如图 3-1 所示，该检查井为一结构复杂的混合式组合体，绘制该检查井剖面图，首先，要进行组合体投影图分析，能根据三面投影图识读出形体；其次，必须了解剖面图的概念，采取合理的剖切方式；然后，必须掌握形体剖面图的标注方式、剖面图的绘制方法和表达规则，能在投影图上正确标注剖切符号，熟练应用制图标准绘制出形体剖面图。

分析图 3-1 检查井的三面投影图可知，该检查井的轴测图如图 3-2(a)所示。由全剖的原理可知，要绘制正立面全剖面图，可进行如图 3-2(b)所示的剖切；要绘制侧立面半剖面图，可进行如图 3-2(c)所示的剖切。注意：剖切平面宜通过形体的孔洞中心线。

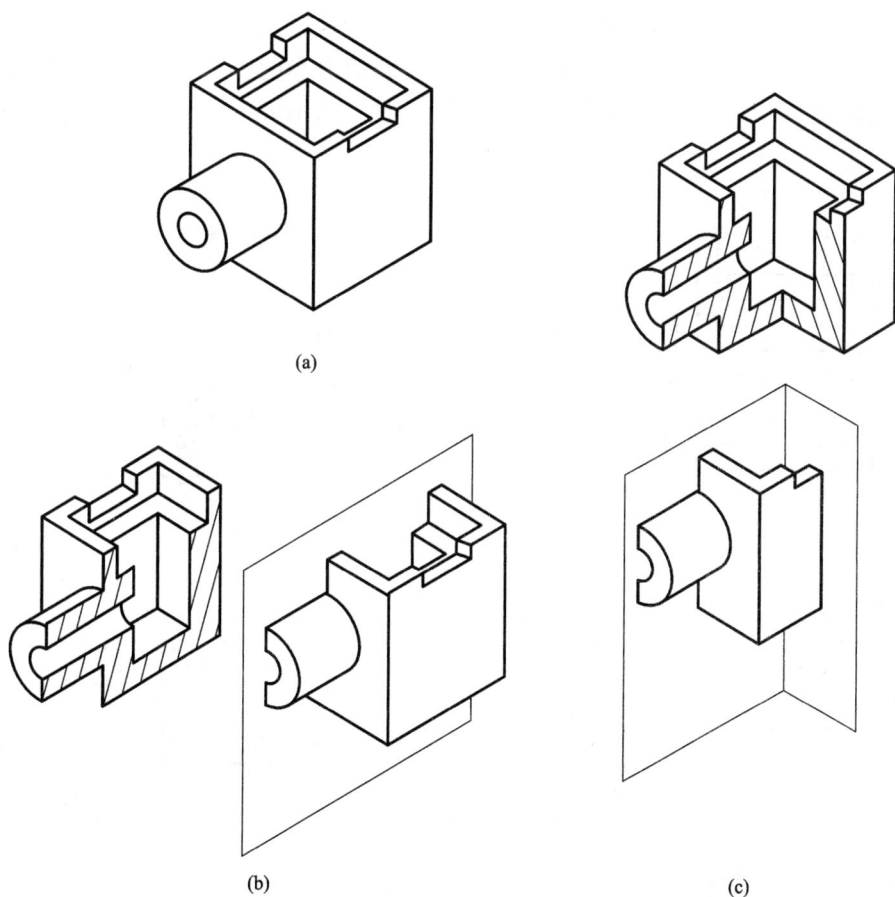

(a)

(b)   (c)

图 3-2 检查井轴测图和剖切示意图

(a)检查井轴测图；(b)检查井正立面全剖示意；(c)检查井侧立面半剖示意

三、必备知识和技能

1. 剖面图的作用

绘制工程形体三面投影图，可见部分用实线表示，内部的不可见部分用虚线表示，遇到内部构造比较复杂的工程构件，视图中就会出现较多的虚线，甚至虚、实线相互重叠或交叉，使图形线条错综复杂不便于识读，也不便于标注尺寸。而且在土建工程中，通常还要表达出构件所采用的材料，为此国家制图标准规定可以采用剖面图来表达。

2. 剖面图的形成

用假想剖切面将形体剖开，将位于观察者和剖切面之间的部分移去，将剩余部分向投影面作正投影，被剖切面切到部分的轮廓线用粗实线绘制，未剖切到但沿投影方向可以看到的部分用中实线绘制，所得到的视图称为剖面图。原来不可见的内部构造就能在剖面图中显示出来。作剖面图时，一般使剖切平面平行于基本投影面，从而使断面的投影反映实形。

如图 3 - 3 所示为一台阶的剖切示意图。侧面投影图中，由于踏步被侧面栏板遮住而不可见，所以在侧面投影图中要画成虚线，如图 3 - 3(a)所示。现假想用一侧平面作为剖切平面，把台阶沿着踏步剖开，如图 3 - 3(b)所示，移去观察者和剖切平面之间的那部分台阶，如图 3 - 3(c)所示，然后作出台阶剩下部分的投影，则得到如图 3 - 3(d)所示的 1—1 剖面图。

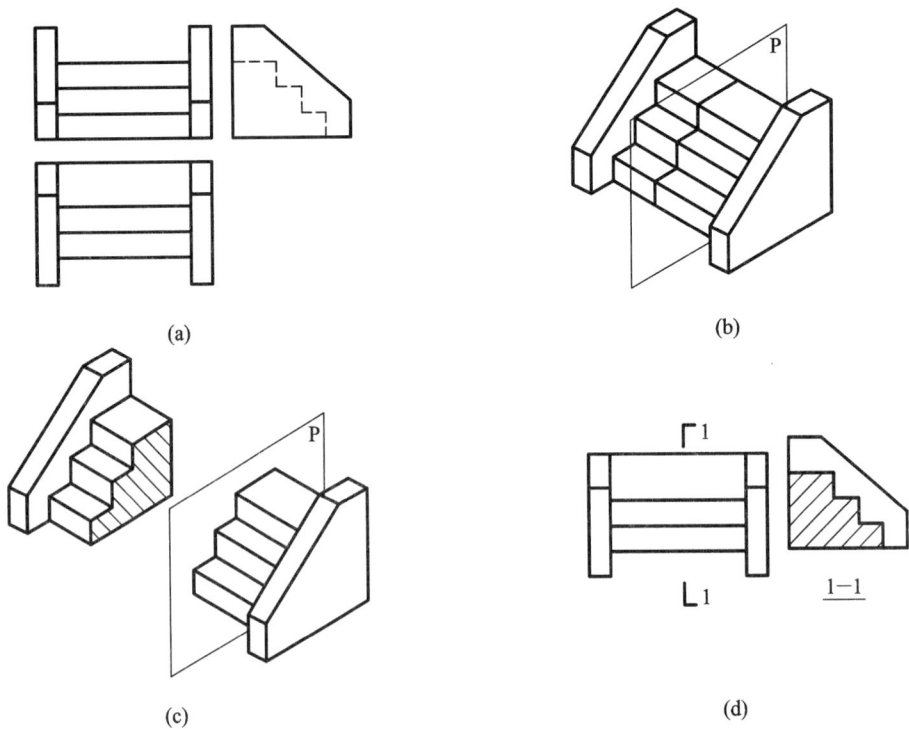

(a) (b)

(c) (d)

图 3 - 3 剖切示意图

(a)三视图；(b)剖切轴测图；(c)剖开轴测图；(d)剖切标注与剖面图

3. 剖面图的标注

为便于识读、查找剖面图与其他图样之间的对应关系，剖面图应标注如下内容，如图3－3(d)所示的符号。

(1) 剖切位置线

剖切平面为投影面平行面，与之垂直的投影面上的投影则积聚成一直线，此直线表示剖切位置，称为剖切位置线，简称剖切线。投影图中用断开的一对短粗实线表示，长度为6~10 mm，并且不应与其他图线相接触。

(2) 剖视方向线

为表明剖切后剩余形体的投影方向，在剖切线两端的同侧用粗实线绘制剖视方向线。剖视方向线应垂直于剖切位置线，长度应短于剖切位置线，宜为4~6 mm，不应与其他图线相接触。

(3) 剖切编号

为了区分清楚，对每一次剖切都要进行编号。制图标准规定，用一对英文字母(如A—A)或阿拉伯数字(如1—1)表示，写在剖视方向线端部，并在所得相应的剖面图的下方居中写上对应的剖切编号作为剖面图图名。对同一形体进行多次剖切，剖切编号按剖切顺序由左至右、由下向上连续编排。

4. 剖面图的画法

①作剖面图就是作物体被剖切后的正投影图，分析剖切平面所切到的内部构造之后画出剖面图。一般情况下剖面图就是将原来未剖切之前的投影图中的虚线改成实线，去掉不可见外轮廓线，再在断面上画出材料图例即可。

②材料图例。剖面图中包含了形体的断面，在断面图上必须画上表示建筑材料的图例；如果没有指明材料，可在断面处画上间距相等的45°细实线(相当于砖的材料图例)表示，称为剖面线，如图3－4(a)所示。当一个形体有多个断面时，所有剖面线的方向应一致，间距均应相等。常用建筑材料图例见表3－1。

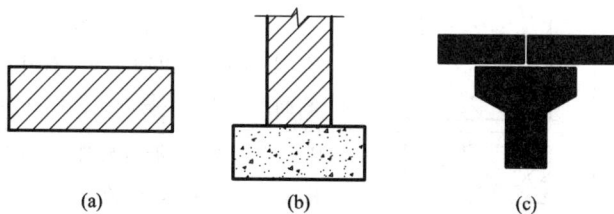

(a)　　　　　　(b)　　　　　　(c)

图3－4　图例画法示意

由不同材料组成的同一物体，剖开后，在相应的断面上应画不同的材料图例，并用粗实线将处在同一平面上的两种材料图例隔开，如图3－4(b)所示。

物体剖开后，当断面的范围很小时，材料图例可涂黑表示，在两个相邻断面的涂黑图例间，应留有空隙，其宽度不得小于0.5 mm，如图3－4(c)所示。

在钢筋混凝土构件详图中，当剖面图主要用于表达钢筋分布时，构件被切开部分，不画材料符号，而改画钢筋(相当于将混凝土材料视为透明，可直接看到钢筋)。

表 3－1　常用建筑材料图例

序号	名称	图例	备注
1	自然土壤		包括各种自然土壤
2	夯实土壤	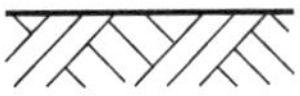	—
3	砂、灰土		—
4	砂砾石、碎砖三合土	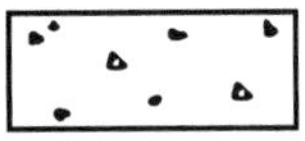	—
5	石材	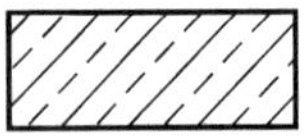	—
6	毛石		—
7	普通砖	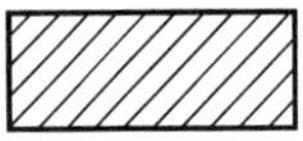	包括实心砖、多孔砖、砌块等砌体。断面较窄不易绘出图例线时，可涂红，并在图纸备注中加注说明，画出该材料图例
8	耐火砖	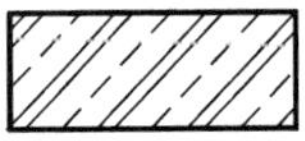	包括耐酸砖等砌体
9	空心砖		指非承重砖砌体
10	饰面砖		包括铺地砖、马赛克、陶瓷锦砖、人造大理石等
11	焦渣、矿渣	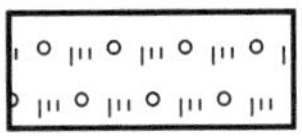	包括与水泥、石灰等混合而成的材料
12	混凝土	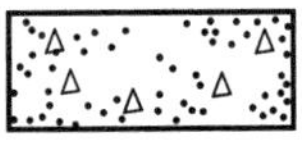	1. 本图例指能承重的混凝土及钢筋混凝土 2. 包括各种强度等级、骨料、添加剂的混凝土 3. 在剖面图上画出钢筋时，不画图例线 4. 断面图形小，不易画出图例线时，可涂黑
13	钢筋混凝土	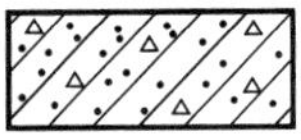	
14	多孔材料		包括水泥珍珠岩、沥青珍珠岩、泡沫混凝土、非承重加气混凝土、软木、蛭石制品等
15	纤维材料		包括矿棉、岩棉、玻璃棉、麻丝、木丝板、纤维板等
16	泡沫塑料材料	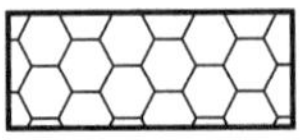	包括聚苯乙烯、聚乙烯、聚氨酯等多孔聚合物类材料
17	木材		1. 上图为横断面，上左图为垫木、木砖或木龙骨 2. 下图为纵断面

序号	名称	图例	备注
18	胶合板	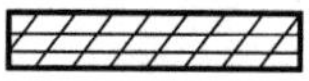	应注明为×层胶合板
19	石膏板	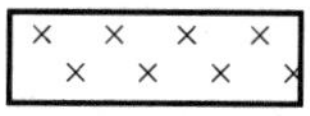	包括圆孔、方孔石膏板、防水石膏板、硅钙板、防火板等
20	金　属	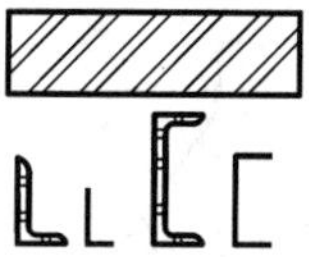	1. 包括各种金属 2. 图形小时，可涂黑
21	网状材料		1. 包括金属、塑料网状材料 2. 应注明具体材料名称
22	液　体	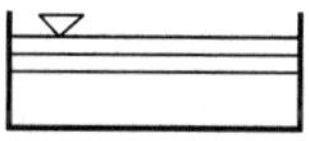	应注明具体液体名称
23	玻　璃	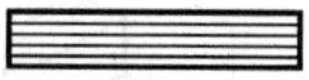	包括平板玻璃、磨砂玻璃、夹丝玻璃、钢化玻璃、中空玻璃、夹层玻璃、镀膜玻璃等
24	橡　胶		—
25	塑　料		包括各种软、硬塑料及有机玻璃等
26	防水材料		构造层次多或比例大时，采用上图例

注：序号1、2、5、7、8、13、14、16、17、18 图例中的斜线、短斜线、交叉斜线等均为45°。

5. 画剖面图时应注意的几个问题

①剖切平面的选择：一般选择投影面平行面进行剖切，这样在剖面图中能反映截断面的实形，且剖面图与各投影图仍能保持正投影应有的对应关系，各视图之间仍满足"长对正、高平齐、宽相等"的投影规律。

②剖切是假想的：除剖面图是剩余"体"的正投影，物体的其他面投影不受剖切的影响，仍然按完整的物体来考虑。若同一个物体需要进行两次以上剖切，在每次剖切前，都应按整个物体进行考虑，不同的剖切之间不相互影响。

③剖切平面一般应通过形体的对称面、内部孔等结构的轴线，并且平行于基本投影面。

④剖面图中不可见的虚线，当配合其他图形能够表达清楚时，一般省略不画。没有表达清楚的部分，必要时可画出虚线。

6. 全剖和半剖

（1）全剖面图

用一个假想的剖切平面将形体全部剖开所画出的剖面图即为全剖面图，如图 3 - 3 所示，主要用于外形结构比较简单而内部结构比较复杂的形体或非对称结构的形体。全剖面图一般都要标注剖切线，只有当剖切平面与形体的对称平面重合，且全剖面图又置于基本投影图的位置时，剖切平面位置和视图关系比较明确，可以省去标注。

（2）半剖面图

对于轴对称物体，可沿对称轴假想将物体切开移除四分之一，保留四分之三，所作出的正投影图称为半剖面图，如图 3 – 5 所示。

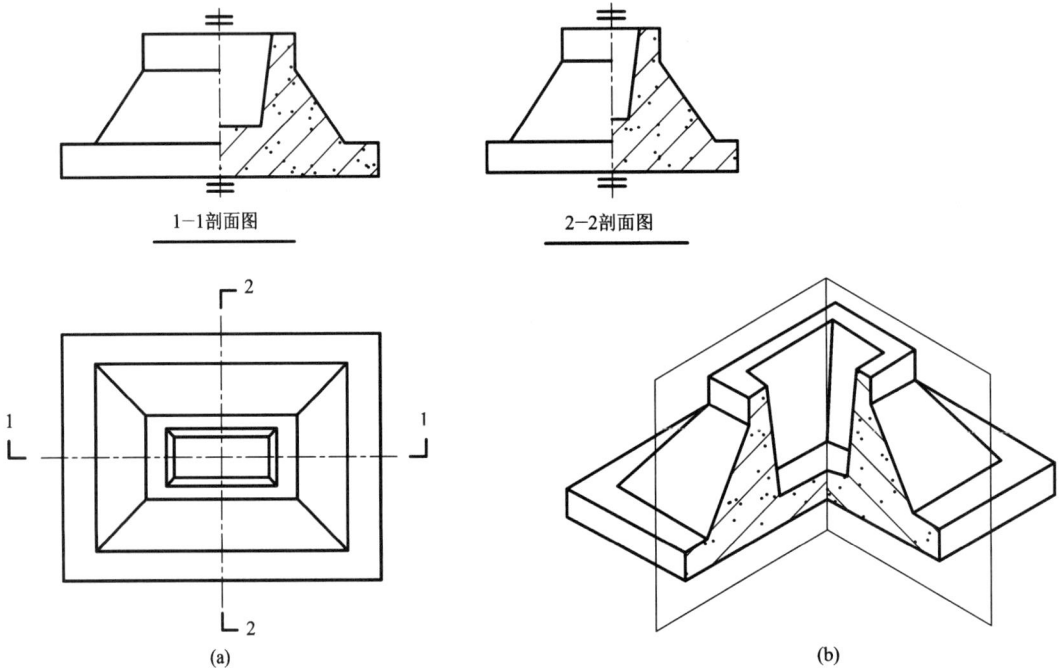

图 3 – 5　杯形基础半剖面图

画半剖面图时应当注意：

①半个剖面图与半个视图之间要画对称符号，如图 3 – 5 所示。国标规定对称符号由对称线和两端的两对平行线组成。对称线用细单点长画线绘制；平行线用细实线绘制，其长度宜为 6 ~ 10 mm，每对的间距宜为 2 ~ 3 mm；对称线垂直平分于两对平行线，两端超出平行线宜为 2 ~ 3 mm。如果物体的轮廓线与对称中心线重合，则不能采用半剖视图。

②半剖面图中一般虚线均省略不画，如图 3 – 5 所示，两个半剖面图中都未用虚线画出不可见的轮廓线。

③当对称中心线竖直时，剖面图部分一般画在中心线右侧；当对称线水平时，剖面图部分一般画在中心线下方。

④半剖面图的标注方法同全剖面图。

【例 3 – 1】　根据如图 3 – 6 所示盥洗池的三面投影图和剖切标注，用 1:1 的比例绘制其 1—1 半剖面图和 2—2 全剖面图，池体部分为钢筋混凝土浇筑，支撑板为砖砌。

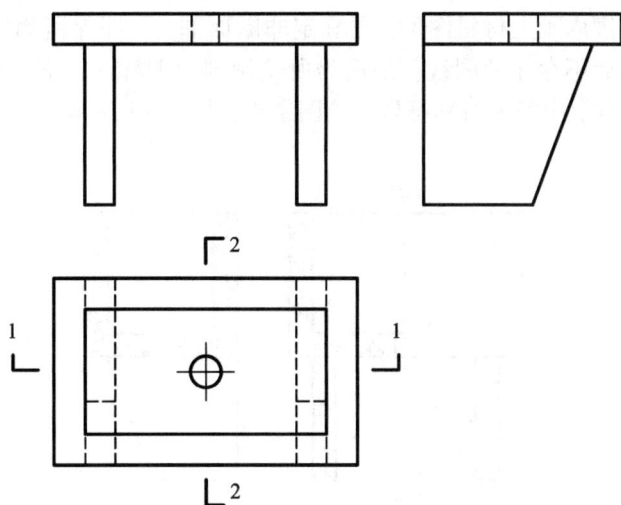

图 3-6　盥洗池三面投影图

　　分析：识读该三面投影图可知，该盥洗池上部为方形无盖箱体结构，池底中央有一圆形排水孔，下部支撑为直角梯形板。

　　由剖切标注可知，1—1 和 2—2 剖切平面均通过排水孔中心线。1—1 剖切平面平行于正立面，如图 3-7(a)所示，剖切到了左右池壁、池底和支撑板，剖视方向为由前往后(同正立面投影图投影方向)；2—2 剖切平面平行于侧立面，如图 3-7(b)所示，剖切到了前后池壁和池底，剖视方向为从左至右(同侧立面投影图投影方向)。

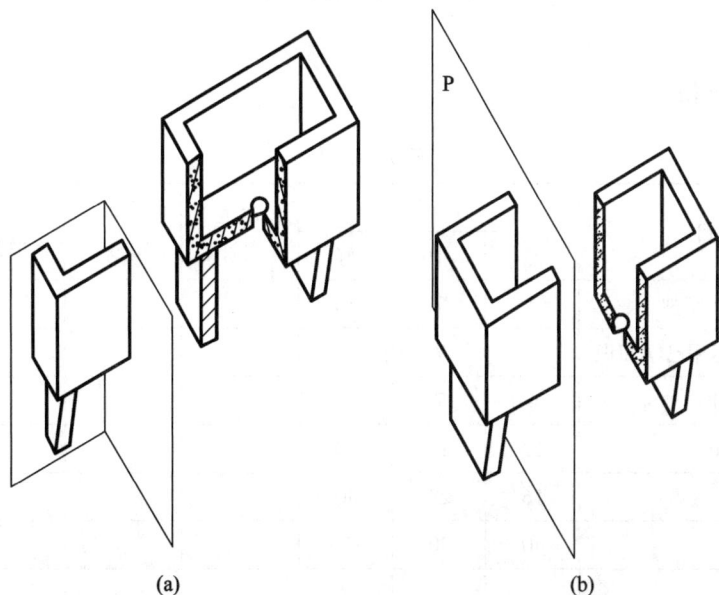

(a)　　　　　　　　　　　　　　　　(b)

图 3-7　盥洗池剖切示意图

(a)1—1 半剖示意；(b)2—2 全剖示意

作图：根据剖切位置和剖视方向，将相应的投影图改造成剖面图。先确定断面部分，加粗轮廓线并在断面轮廓内画上材料图例。再确定非断面部分，即保留物体上的可见轮廓线，擦除原投影图中剖切后不存在的图线。最后为所绘制剖面图标注图名。1—1 半剖面图绘制在正立面投影图的右侧，中间为对称符号。绘图结果如图 3-8 所示。

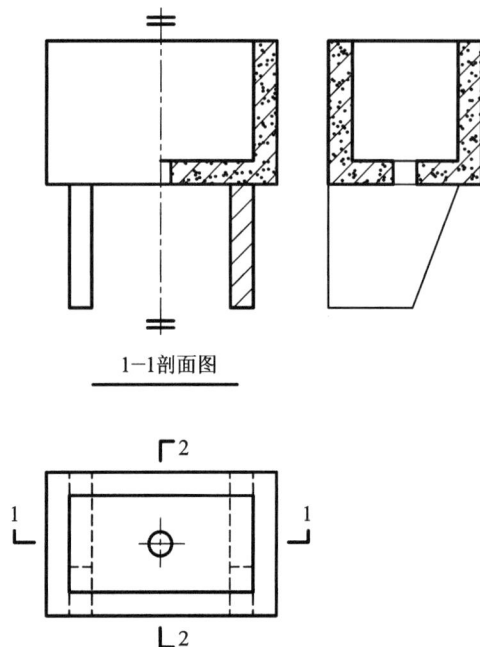

1—1剖面图

图 3-8　盥洗池剖面图

四、任务评价

任务评价表

考核项目	分　数			学生自评	小组互评	教师评价	小计
	差	中	好				
是否具备团队合作精神	4	7	10				
是否正确、灵活运用已学知识	4	7	10				
是否遵守劳动纪律	4	7	10				
图线绘制是否规范	12	21	30				
作图是否准确	16	28	40				
总计	40	70	100				
教师签字：							

任务二 绘制双面清洗池阶梯剖面图

一、任务提出

识读如图 3 −9 所示双面清洗池三面投影图，在 A3 图纸上绘制双面清洗池 1—1 全剖面图和 2—2 阶梯剖面图，比例自定。

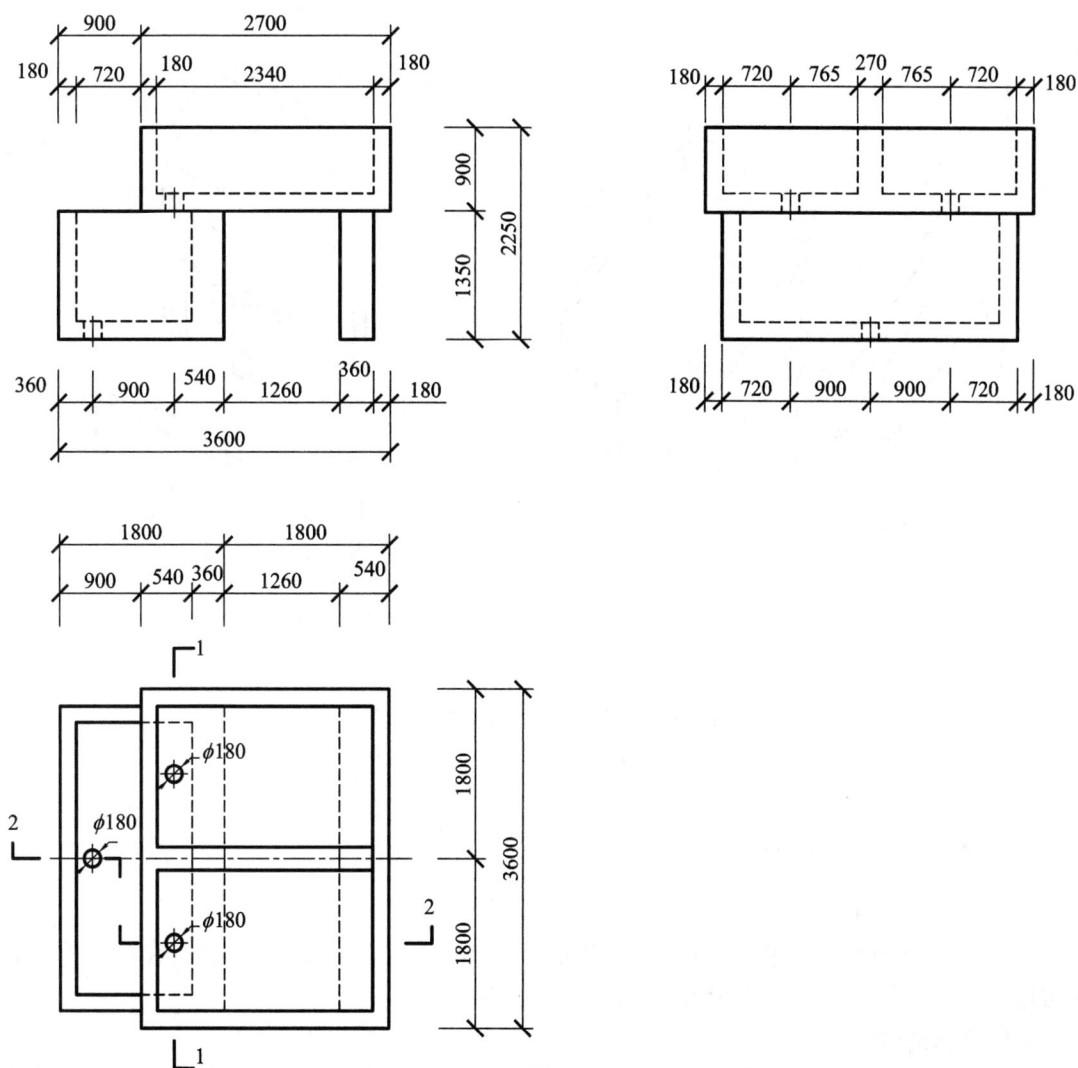

图 3 −9 双面清洗池三视图

二、任务分析

识读图 3 - 9 可知,该双面清洗池组成部分有左下方一个较大水池、右上方两个连壁水池及其右下方的支撑板三部分。绘制其 2—2 剖面图,必须了解阶梯剖面图的概念、绘制方法和表达规则,能根据所标注的剖切符号,熟练应用制图标准绘制出剖面图。

分析图 3 - 9 双面清洗池的三面投影图和剖切符号可知,1—1 全剖如图 3 - 10(a)所示,剖切平面为侧平面经过右上方两个水池的下水孔中心线,保留右边部分往侧立面投影;2—2 阶梯剖如图 3 - 10(b)所示,剖切平面为两个正平面,分别通过左下方和右上前方水池下水孔的中心线,保留后面部分往正立面投影。

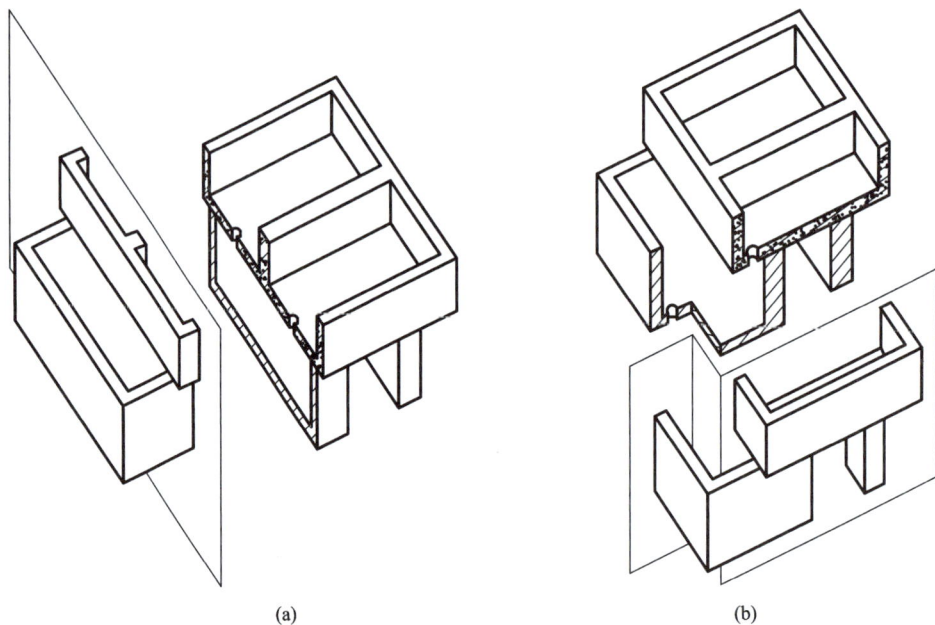

(a)   (b)

图 3 - 10 双面清洗池剖切轴测示意

(a)1—1 全剖示意;(b)2—2 阶梯剖示意

三、必备知识和技能

1. 剖面图的其他类型

为了更清晰地表达形体的外形和内部构造,剖面图除了全剖面图和半剖面图外,还有阶梯剖面图、旋转剖面图、局部剖面图,共五种剖切方式。

(1)阶梯剖面图

当形体内部构造层次较多,采用一个剖切平面不能把形体内部结构表达清楚时,可以采用两个或两个以上相互平行的剖切平面来剖切,即为阶梯剖面。适用于形体需要表达的内部结构的轴线或对称面不在同一平面内,但相互平行,宜采用几个平行的剖切平面剖切。如图 3 - 11(b)所示房屋模型,若要绘制侧立面剖面图,既要剖切到门窗和台阶,又要剖切到两个室内空间,一个与侧立面平行的剖切平面不能兼顾,必须采用两个与侧立面平行剖切平面转折剖切。如图3-11(a)平面图剖切标注所示,1—1阶梯剖第一个侧平面剖切面从右后方的窗户剖切进入,剖切到内部的小房间,第二个侧平面剖切面折至左前方的门洞,由台阶剖切出来,剖切到前面的墙体,移走剖切平面左侧部分,保留右侧部分,如图3-11(d)所示,从左往右投影得到1—1剖面图,如图3-11(c)所示。

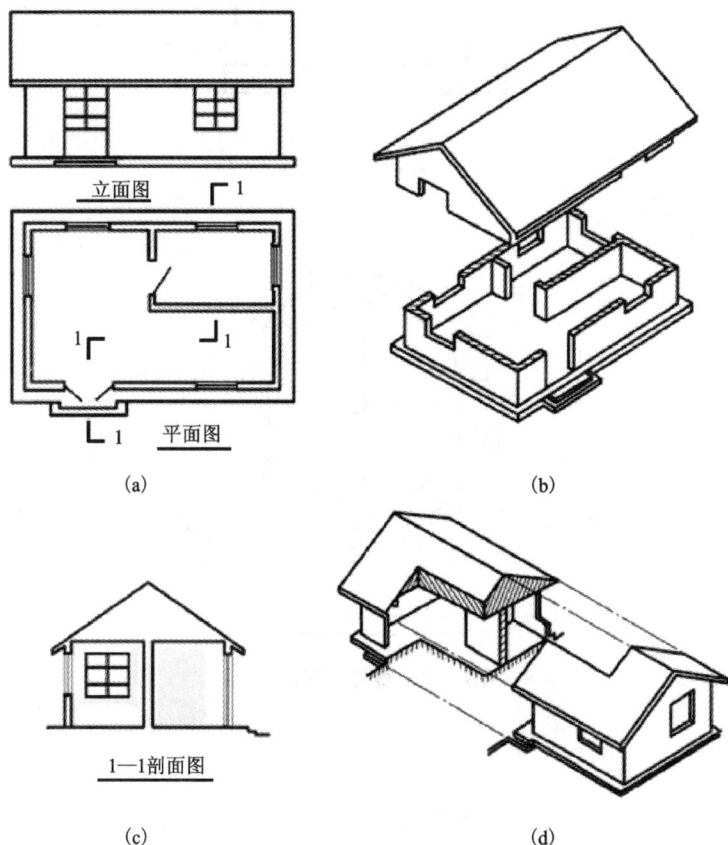

图3-11 阶梯剖面图示意

(2)旋转剖面图

采用两个相交平面剖切形体,以两个切平面的交线为轴,将其旋转到正平面的位置再进行投射,所得到的剖面图,称为旋转剖面图。如图3-12所示,将该形体沿所示位置剖切,将两剖切平面沿交线旋转至与V面平行后向正立面投影,即得到旋转剖面图。

当形体结构的两部分在一基本投影面上的投影成一定的角度,用一个剖切平面无法将各部分的形状、尺寸真实表达出来时,常采用两个相交的平面进行剖切,并沿剖切平面交线旋转展开拉直形体,绘制出其剖面图,称为展开剖面图。如图3-13(b)所示的转角楼梯,水平面投影图两个梯段成转折角度,剖切时一个剖切平面平行于正立面剖切第一个梯段,另一个剖切平面与第二个梯段平行,并以两个剖切平面的交线为轴旋转展开,使两个梯段都平行于正立面,这样往正立面投影即可绘制出如图3-13(a)所示的1—1剖面图(展开)。

注意:旋转剖面图的图名后面应加注"展开"字样。

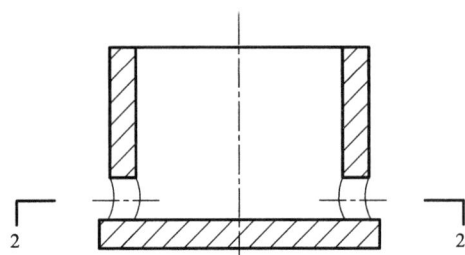

1—1剖面图(展开)

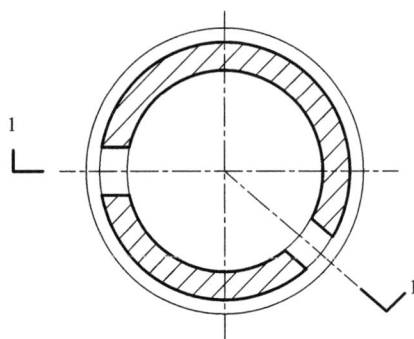

2—2剖面图(展开)

图 3 – 12　旋转剖面图示意

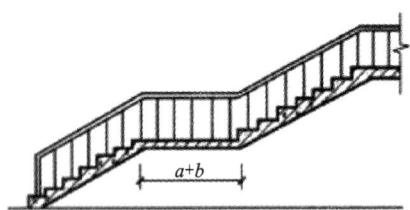

1—1剖面图(展开)

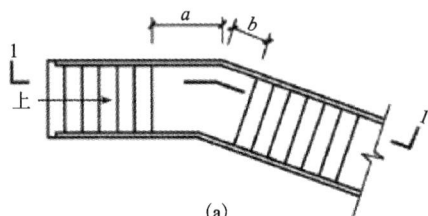

(a)

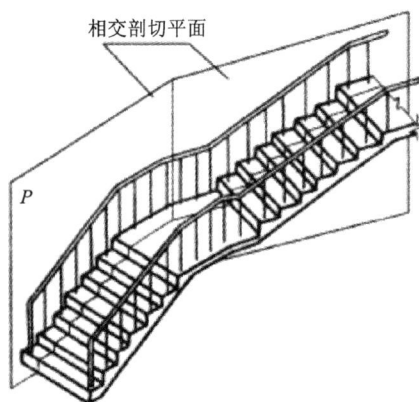

(b)

图 3 – 13　转角楼梯展开剖面图示意

（3）局部剖面图

用剖切平面局部剖切开形体后所得到的剖面图称为局部剖面图。局部剖面图常用于外部形状比较复杂，仅需要表达某局部内部形状的形体。如图 3－14 所示，杯形基础的水平面投影图即为局部剖面图表示法，假想剖切掉杯形基础左前角的部分混凝土，露出钢筋，则可以表达出基础钢筋的配置方式。

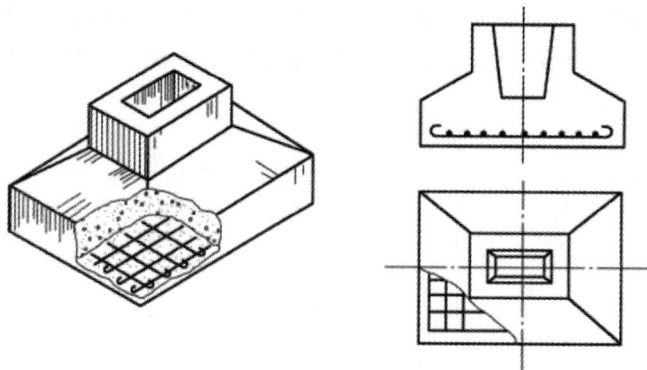

图 3－14　局部剖面图

局部剖面图大部分投影表达外形，局部表达内形，剖开与未剖开处以徒手画的波浪线为界。波浪线不得与图样上的其他图线重合，画在形体表面投影图形内。局部剖面图只是形体整个外形投影中的一部分，不需标注。

有些时候按实际需要，用分层剖切的方法表示其内部构造得到的剖面图称为分层局部剖面图。对一些具有多层构造层次的建筑构配件，可按实际需要，用分层剖切的方法表示其内部构造。在房屋工程图中，常用分层局部剖面图来表示墙面、楼地面和屋面的构造做法。如图 3－15 所示为一楼面的构造情况，以三条波浪线为界，分别把四层构造表达清楚。

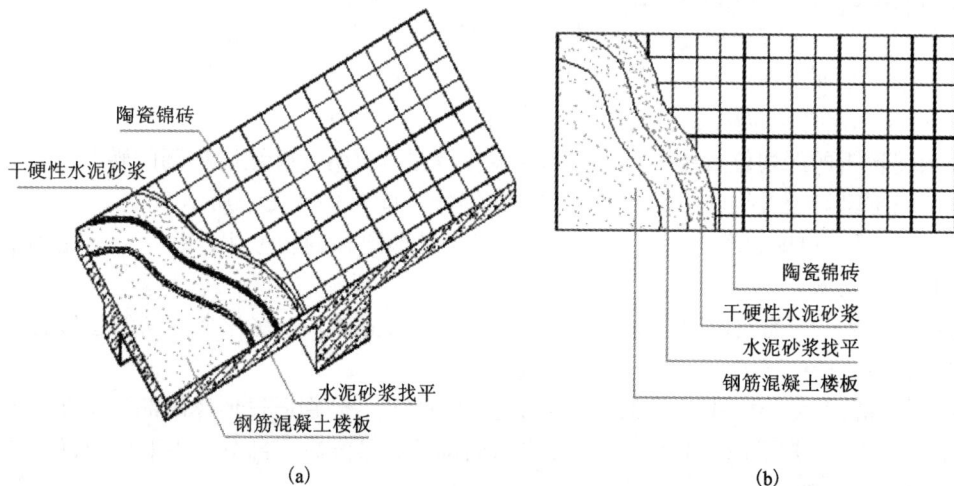

（a）

（b）

图 3－15　分层局部剖面图示意

（a）立体图；（b）平面图

阶梯剖面图、旋转剖面图和局部剖面图都是用两个或两个以上的平面剖切物体得到的。

2. 阶梯剖面图的标注与画法

(1)阶梯剖面图的标注

阶梯剖切平面由两个或两个以上相互平行且平行于投影面的平面组成，各剖切平面分别通过形体的不同内部空间，使内部构造能更清晰地表达出来。阶梯剖剖切符号与全剖剖切符号一样，由剖切位置线、剖视方向线和剖切编号三部分组成，区别是要在形体内部用相互垂直的剖切位置线作为剖切转折符号，来表示不同的剖切平面位置以及它们之间的转折过渡关系，如图3-16所示，两个剖切平面的阶梯剖需要在转折处标注一对反向的剖切转折符号来表示阶梯剖的位置和转折关系。

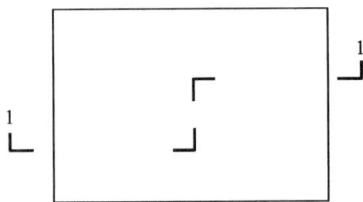

图3-16　阶梯剖标注示意图

(2)阶梯剖面图的画法

与全剖面图一样，确定剖切位置和剖视方向以后，移除去观察者和阶梯剖切平面之间的部分，将剩余形体的投影往投影面进行正投影绘制阶梯剖面图，剖切到的断面轮廓用粗实线绘制并画材料图例或剖面线，没剖切到但可以看到的轮廓线用中实线绘制。阶梯剖面图也用剖切编号来标注图名。在绘制时，阶梯剖面图也可以由对应投影面的投影图改画而成。

(3)阶梯剖面图绘制注意事项

采用阶梯剖画剖面图应注意以下几点：

①为使断面投影反映真实，各剖切平面应平行于投影面。

②阶梯剖的转折宜选择在无内部轮廓线的部位且不能与形体内部轮廓线相交。

③因剖切平面是假想的，画剖面图时，应把几个平行的剖切平面视为一个剖切平面，在图中，不可画出剖切平面在转折处的交线，如图3-17(d)所示。

④为使转折的剖切位置线不与其他图线发生混淆，应明确标注阶梯剖的转折关系，还可以在形体内部剖切位置线转折处外侧加注剖切编号，如图3-17(b)所示。

【例3-2】　根据如图3-18所示形体的三面投影图和剖切标注，用1:1的比例绘制其1—1阶梯全剖面图。

分析：识读该三面投影图可知，该形体外形为一长方体块，在三个不同的位置分别有三个不同的孔洞，且孔洞中心轴均不在同一直线上。

由剖切标注可知，1—1阶梯剖有三个正立剖切平面，分别通过形体内部三个孔洞的对称中心轴，如图3-19所示。剖切完后，移走前面部分，保留后面部分，往正立面进行正投影即可绘制出1—1剖面图，如图3-20所示。

作图：根据剖切位置和剖视方向，将正立面投影图改造成剖面图。先确定断面部分，加粗轮廓线；再确定非断面部分，即保留物体上的可见轮廓线，擦除原投影图中剖切后不存在的图线。最后在断面轮廓内画上45°剖面线并为剖面图标注图名。绘图结果如图3-20所示。

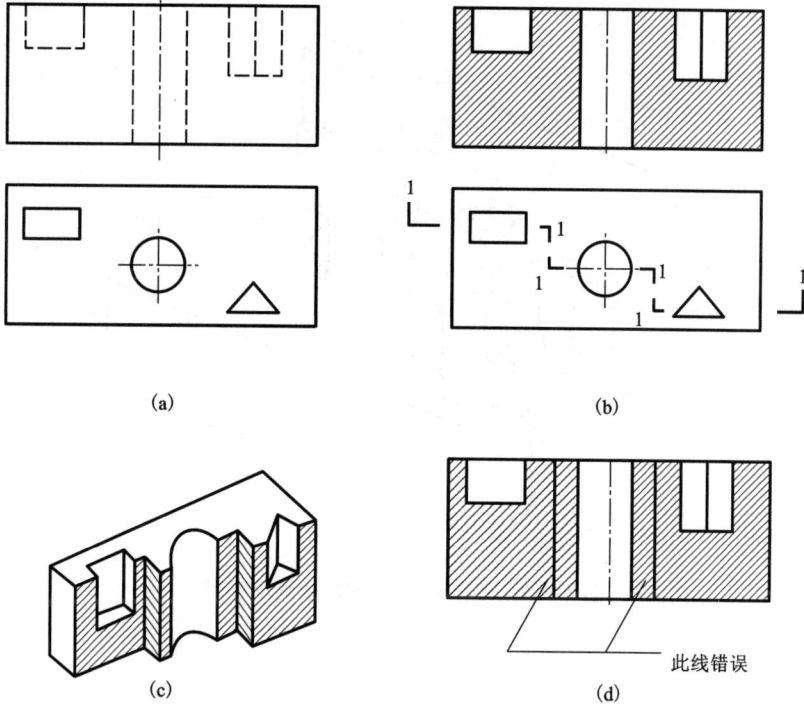

(a)

(b)

(c)

(d)　此线错误

图 3 – 17　三个平行剖切平面阶梯剖

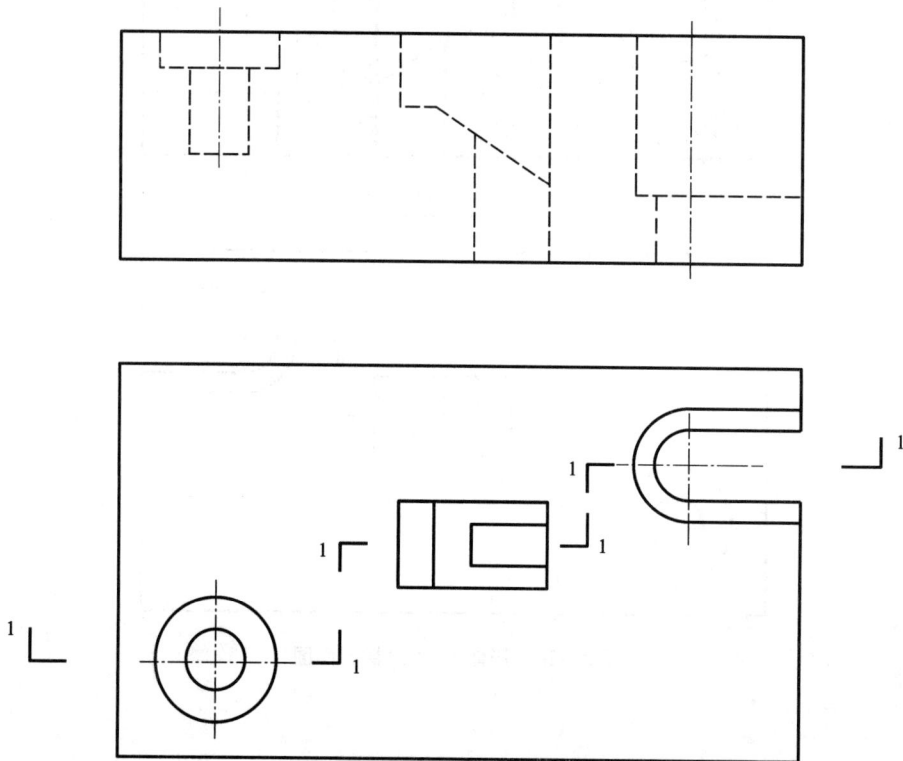

图 3 – 18　形体阶梯剖示意

73

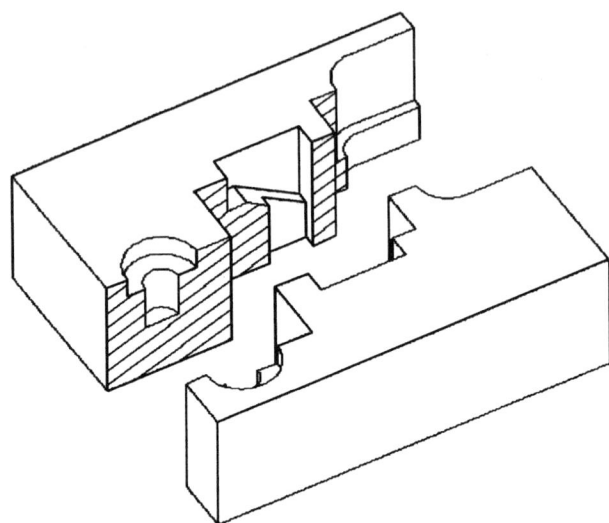

图 3 - 19　形体 1—1 阶梯剖轴测示意图

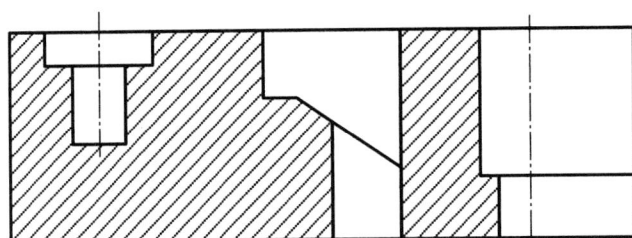

1—1剖面图

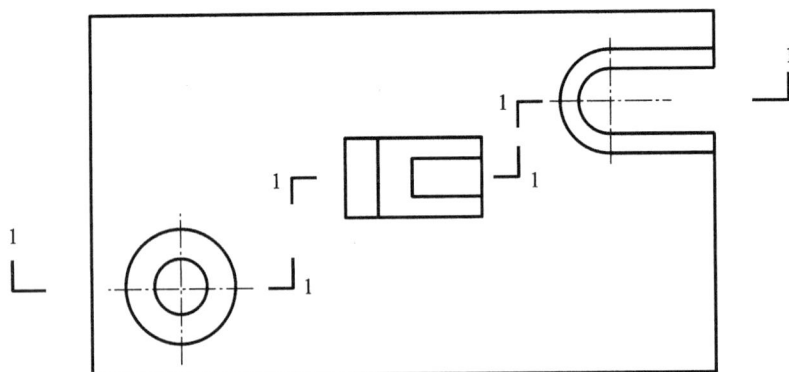

图 3 - 20　形体 1—1 阶梯剖面图

四、任务评价

任务评价表

考核项目	分　数			学生自评	小组互评	教师评价	小计
	差	中	好				
是否具备团队合作精神	4	7	10				
是否正确、灵活运用已学知识	4	7	10				
是否遵守劳动纪律	4	7	10				
图线绘制是否规范	12	21	30				
作图是否准确	16	28	40				
总计	40	70	100				
教师签字：							

任务三　绘制楼盖断面图

一、任务提出

识读如图 3-21 所示钢筋混凝土梁板柱单元三面投影图，绘制其 1—1 侧立面全剖面图、水平面 X、Y 双向重合断面图（绘图比例 1:50），2—2、3—3、4—4 移出断面图（绘图比例 1:10）。

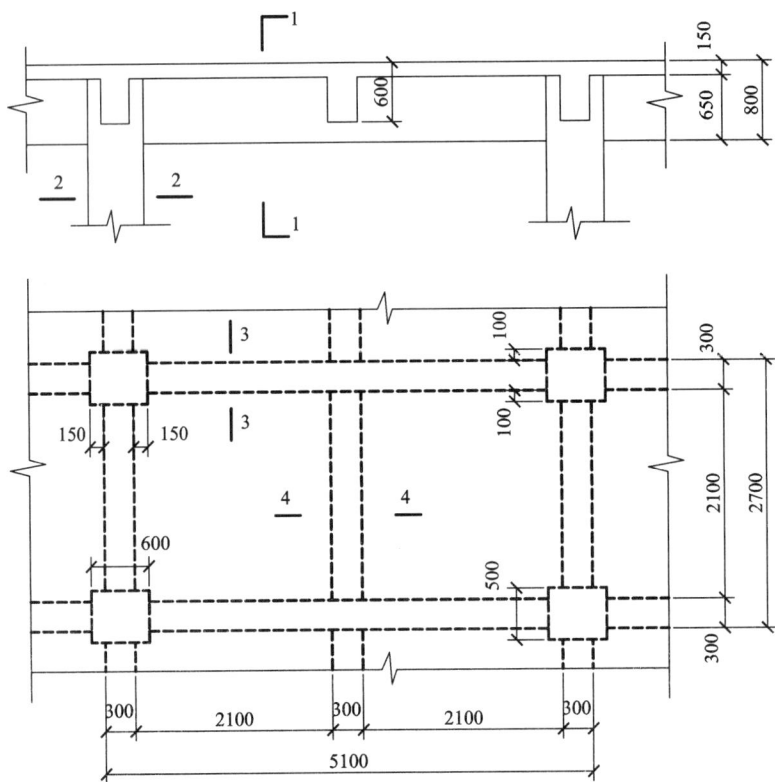

图 3-21　梁板柱单元三视图

二、任务分析

读图可知，该构件表达了钢筋混凝土梁板柱单元柱、主梁、次梁和板之间的构造关系。绘制其剖面图和断面图，必须掌握断面图的概念、绘制方法和表达规则以及剖面图和断面图的区别。

该楼盖结构立体图如图 3-22 所示。重合断面图无须标注，为梁板结构断面，水平面重合断面图分别表示 X 和 Y 两个方向梁板的断面关系，直接在平面图上以相同比例绘制，成相互垂直关系布置；2—2 移出断面图为柱断面，3—3 移出断面图为高 800 mm 的主梁断面（按矩形截面绘制），4—4 移出断面图为高 600 mm 的次梁断面（按矩形截面绘制）。

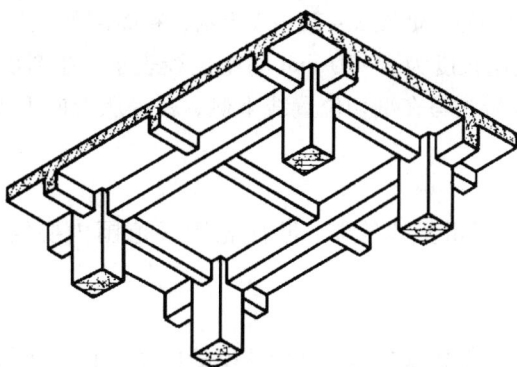

图 3 – 22　楼盖结构轴测示意

三、必备知识和技能

1. 断面图的形成

对于某些单一的杆件或需要表示某一部位的截面形状时，可以只画出形体与剖切平面相交的那部分图形，即假想用剖切平面将形体剖切后，仅画出该剖切面与形体接触部分的正投影称为断面图。

断面图常用于表达形体上某一部分的断面形状，如建筑及装饰工程中梁、板、柱、造型等某一部位的断面真形，如图 3 – 23 所示。

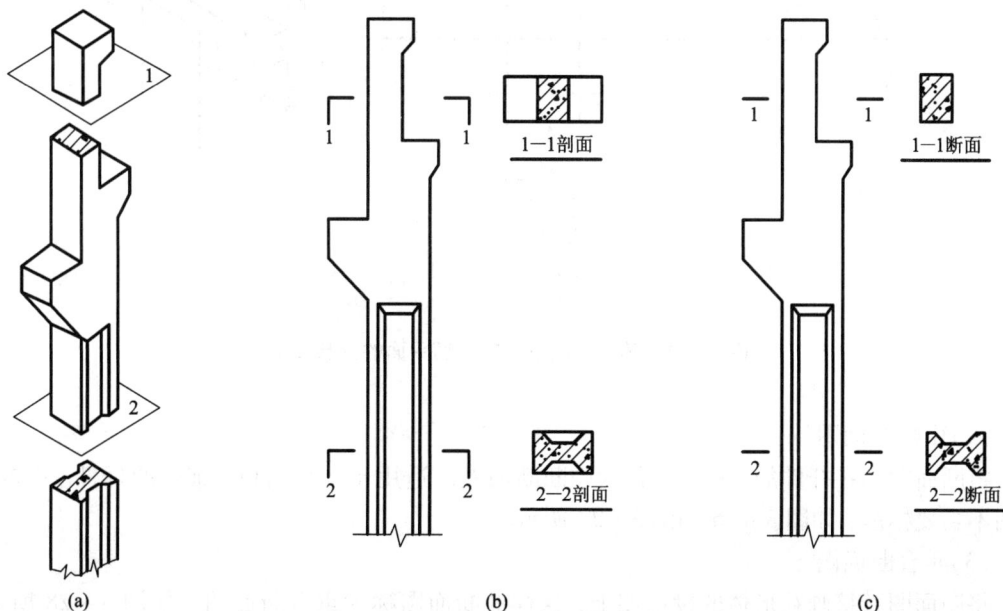

(a)　　　　　　　　　　(b)　　　　　　　　　　(c)

图 3 – 23　断面图的形成

2. 断面图的标注

断面图也要标注剖切符号。如图 3 - 23(c)所示,断面图的剖切符号由剖切位置线和剖切编号组成,剖切位置线用长度为 6 ~ 10 mm 的粗短线表示,在剖切位置线旁边注写编号来表示该侧为投射方向。编号注写在剖切位置线下侧,表示从上向下投影;注写在左侧,表示从右向左投影。

3. 断面图的画法

断面图的断面轮廓线用粗实线绘制,断面轮廓线范围内要绘出材料图例,画法同剖面图。

(1)移出断面图

将断面图画在物体投影轮廓线之外,称为移出断面图。移出断面图一般应标注剖切位置线、投射方向和断面名称。移出断面图可以用相同的比例画在剖切平面的延长线上,如图 3 - 24 所示;也可以用较大的比例绘制在其他适当位置,如图 3 - 25 所示。

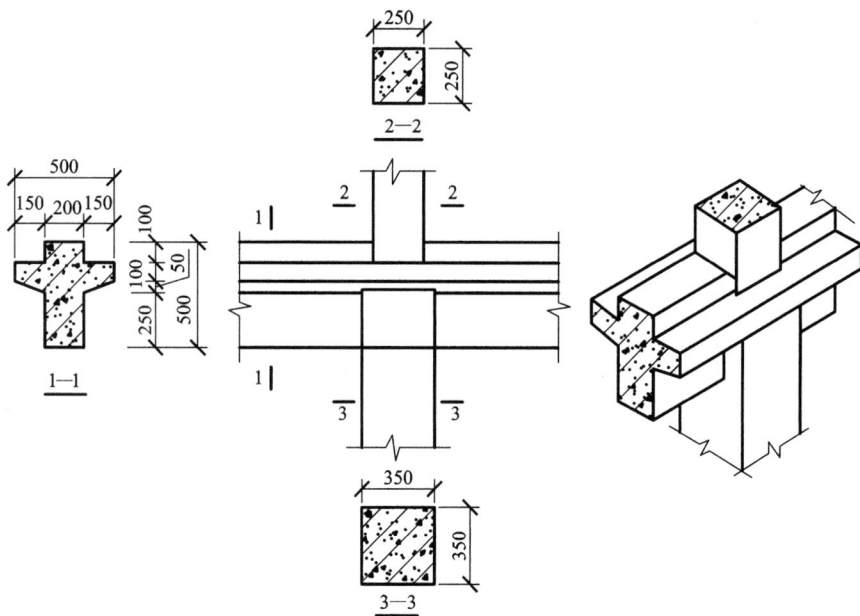

图 3 - 24 移出断面图画在剖切平面的延长线上

(2)中断断面图

将断面图画在杆件的中断处,称为中断断面图。适用于外形简单、细长的杆件。中断断面图不需要标注,如图 3 - 26 和图 3 - 27 所示。

(3)重合断面图

将断面图直接画在形体的投影图上,这样的断面图称为重合断面图。如图 3 - 28 所示。重合断面图一般不需要标注。重合断面图的比例应与原投影图一致,应于断面轮廓线内加画图例符号。

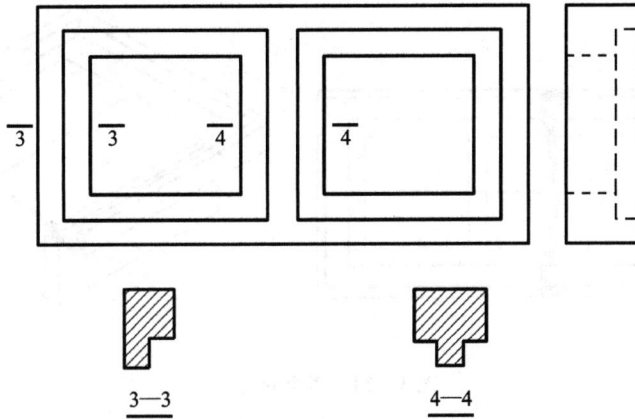

图 3 – 25 移出断面图画在原投影图下方

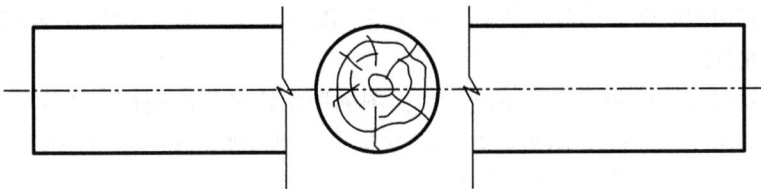

图 3 – 26 中断断面图的画法

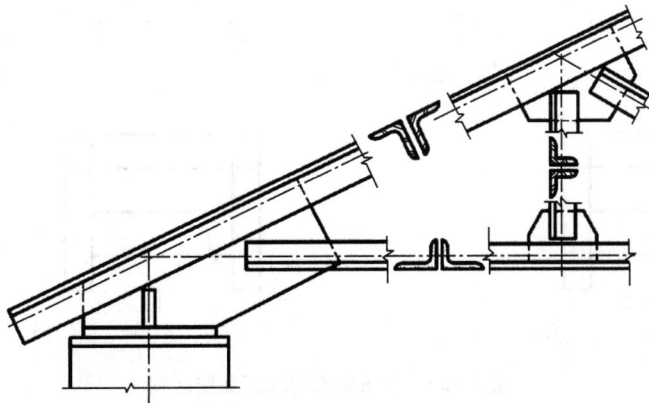

图 3 – 27 钢屋架大样图

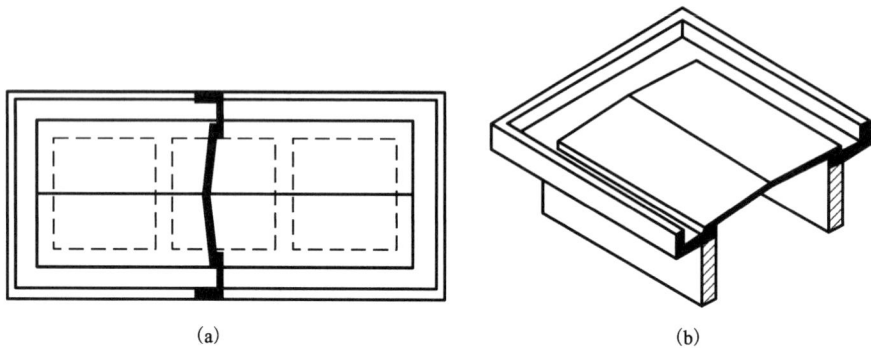

图3-28 重合断面图

(a)厂房屋顶重合断面图；(b)立体图

4.断面图与剖面图的区别

①剖面图是被剖开形体的投影，是体的投影；而断面图只是一个截口的投影，是面的投影。断面图只画出物体被剖切后剖切平面与形体接触的那部分，即只画出截断面的图形，而剖面图则画出被剖切后剩余部分的投影，如图3-29所示。因此，剖面图里包含了断面图，但断面图要单独画出。

②断面图和剖面图的剖切符号不同。断面图的剖切符号只画剖切位置线(长度6~10 mm的粗实线)，不画剖视方向线，编号写在投影方向的一侧。如图3-29(b)所示台阶的1—1断面图为剖切后保留右侧部分向侧立面投影。

③剖面图中的剖切平面可转折(如阶梯剖和旋转剖)，断面图中的剖切平面则不可转折。

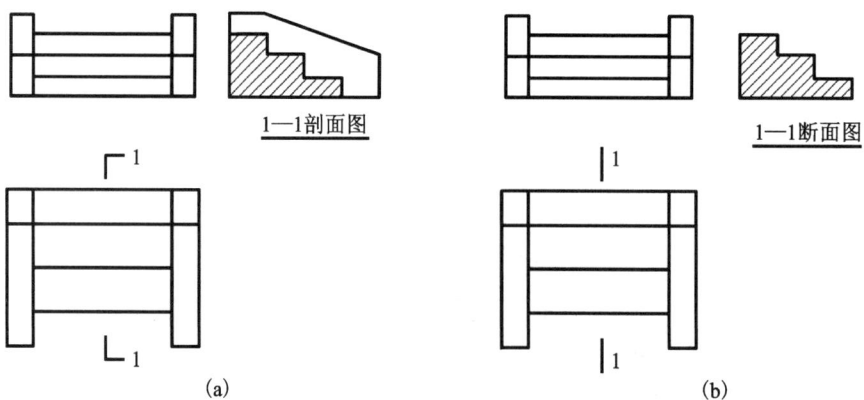

图3-29 台阶剖面图和断面图区别

(a)剖面图；(b)断面图

四、任务评价

任务评价表

考核项目	分　　数			学生自评	小组互评	教师评价	小计
	差	中	好				
是否具备团队合作精神	4	7	10				
是否正确、灵活运用已学知识	4	7	10				
是否遵守劳动纪律	4	7	10				
图线绘制是否规范	12	21	30				
作图是否准确	16	28	40				
总计	40	70	100				
教师签字：							

模块四　识读和绘制建筑施工图

【知识目标】
- 了解建筑施工图的基本概念和分类
- 掌握建筑平面图的形成和分类
- 理解并掌握建筑平面图的识读和绘制方法
- 掌握建筑立面图的形成和分类
- 理解并掌握建筑立面图的识读和绘制方法
- 理解并掌握建筑剖面图的形成、识读和绘制方法

【能力目标】
- 能熟练准确地识读简单建筑施工图
- 能正确绘制简单建筑形体的平面图、立面图和剖面图
- 能按照《房屋建筑制图统一标准》(GB/T50001—2010)的要求进行符号与尺寸标注

任务一　绘制建筑平面图

一、任务提出

绘制如图 4 - 1 所示房屋的建筑平面图，图中房屋门、窗样式自定，采用 A3 图幅，比例自定。

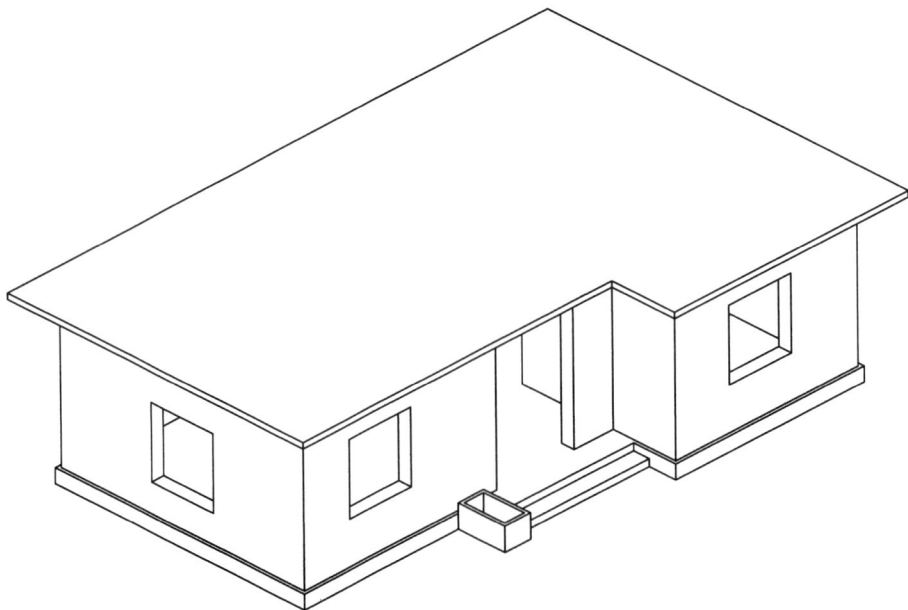

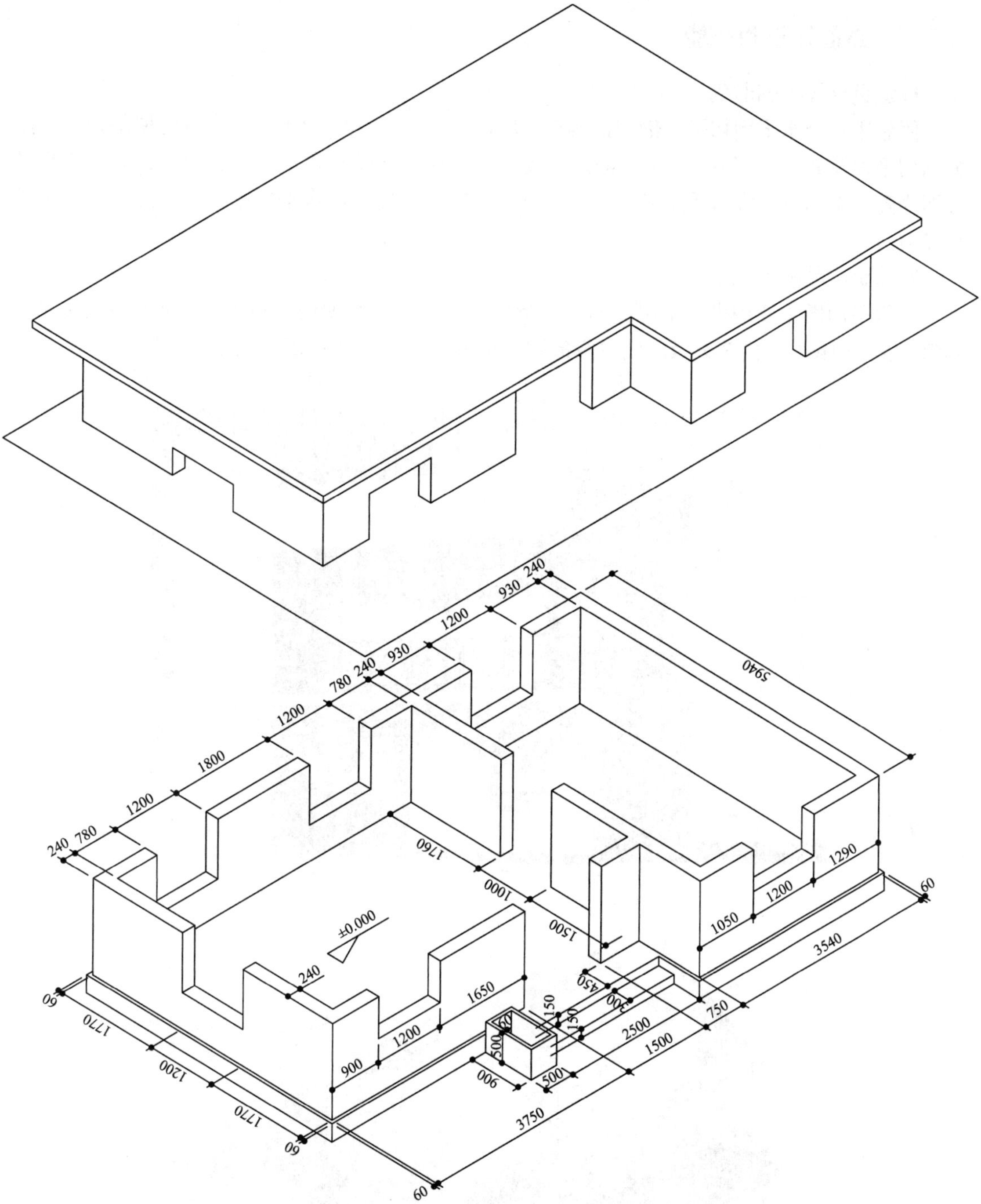

图 4 - 1　房屋立体图

二、任务分析

如图 4 - 1 所示为房屋立体图。该房屋是由两间房间组成的，进门处上两级台阶，墙厚 240 mm，墙下部勒脚伸出墙 60 mm。以一个水平剖面将该房屋剖开，画出房屋的平面图，掌握绘制建筑平面图基本知识。

三、必备知识和技能

1. 建筑平面图的形成

假想用一个水平剖切平面沿门窗洞口(指窗台以上、过梁以下的空间)将房屋剖切开,移去剖切平面及其以上部分,将余下的部分按正投影的原理投射在水平投影面上,所得到的图形即为建筑平面图,简称平面图。各层平面图只是相应"段"的水平投影,平面图的形成如图4-2所示。

2. 建筑平面图的用途

建筑平面图主要用来表示房屋的平面形状,内部布置及朝向。在施工过程中它是放线、砌筑、安装门窗、室内装修及编制预算的重要依据,是施工图中最重要的图纸之一。

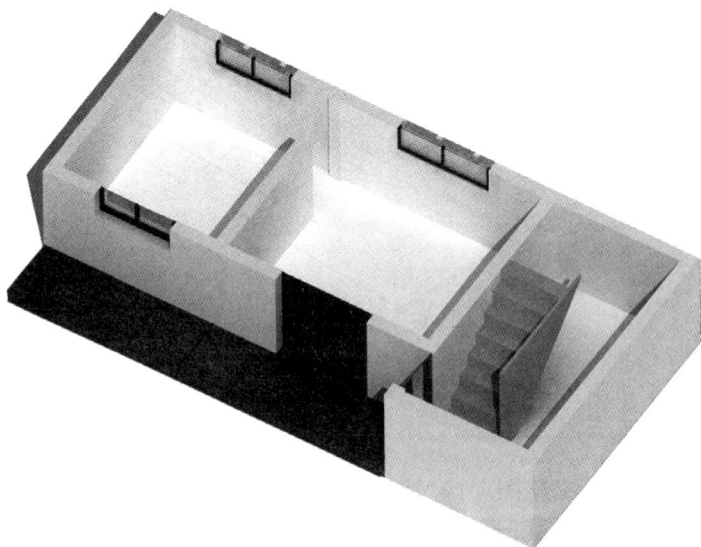

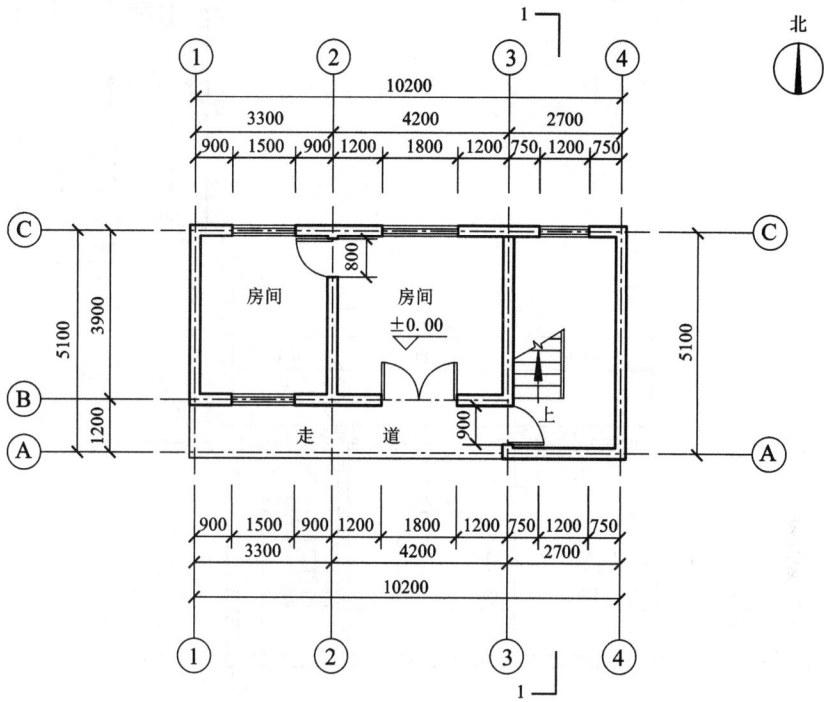

底层平面图 1:100

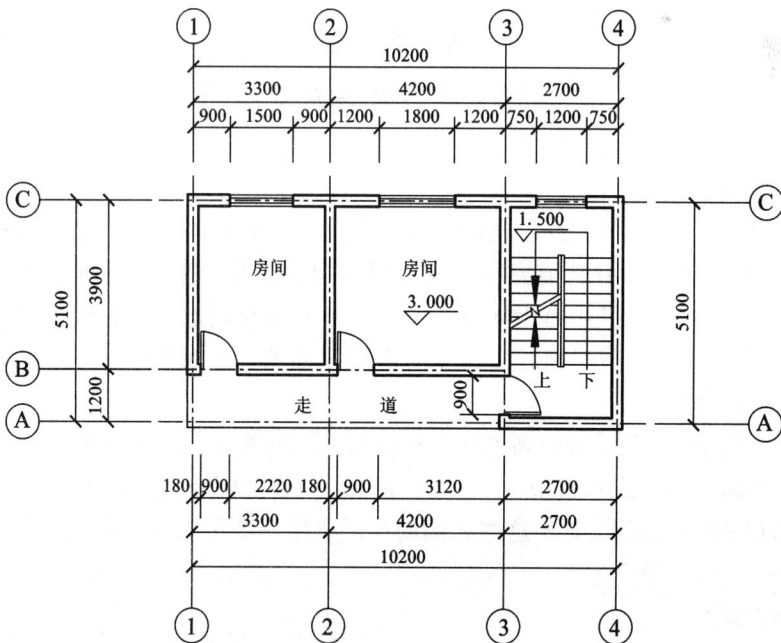

二层平面图 1:100

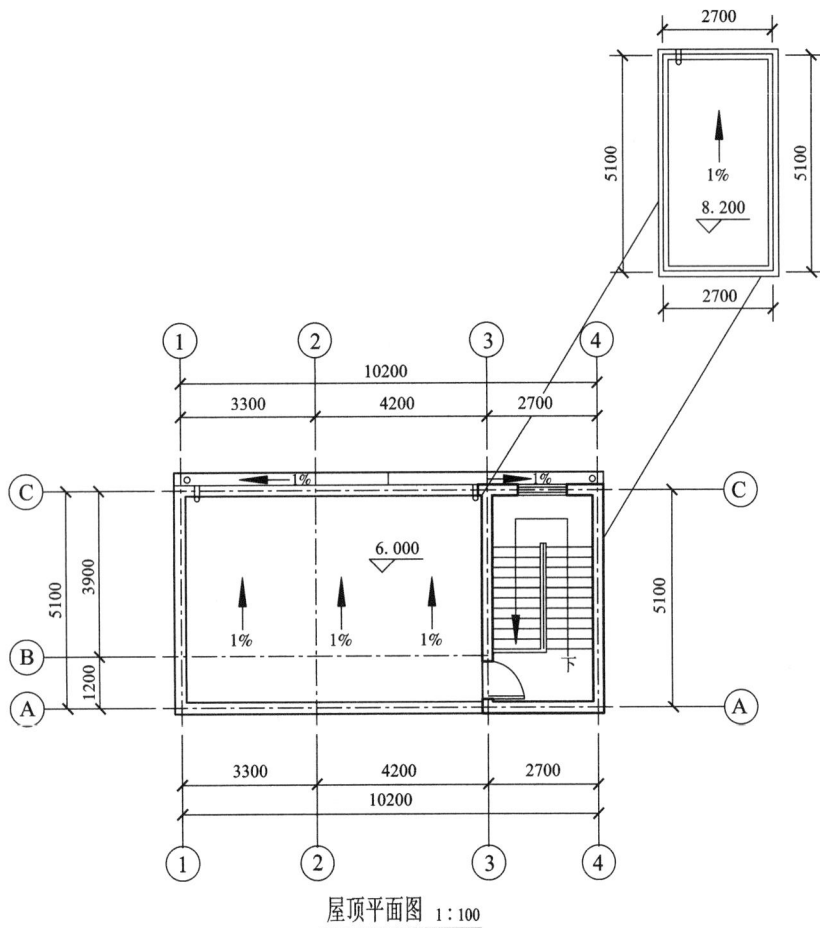

屋顶平面图 1:100

图 4-2　平面图的形成

3. 建筑平面图的分类

（1）底层平面图

底层平面图又称一层平面图或首层平面图，是指 ±0.000 地坪所在的楼层的平面图。它除表示该层的内部形状外，还画有室外的台阶（坡道）、花池、散水和雨水管的形状和位置，以及剖面的剖切符号，以便与剖面图对照查询。为了更加精确地确定房屋的朝向，在底层平面图上应加注指北针。剖切符号和指北针在其他层平面图上可以不再标出。

（2）标准层平面图

一般来说，房屋有几层，就应画出几个平面图，并在图的下方注明该层的图名，如底层平面图、二层平面图、三层平面图……屋顶平面图。但在实际建筑设计中，多层建筑往往存在许多平面布局相同的楼层，对于这些相同的楼层可用一个平面图来表示，称为"标准层平面图"或"×—×层平面图"。

（3）顶层平面图

顶层是指建筑最顶层的平面图。对于顶层来说，楼梯不再向上或者楼梯的做法与标准层不一样。构造上，屋顶可能有女儿墙、构架和水箱等；结构上，板厚、配筋有顶层的要求。另外，有一些建筑，顶层的层高也不同，甚至有些顶层是复式建筑。

（4）屋顶平面图

屋顶平面图是指房屋的顶部单独向下所做的俯视图。主要是用来表达屋顶形式、排水方式及其他设施的图样。

4.建筑平面图的内容及规定画法

（1）比例

建筑平面图通常用1:50、1:100、1:150、1:200、1:300 的比例绘制。

（2）定位轴线及编号

在建筑工程施工图中，凡是主要的承重构件如墙、柱、梁的位置都要用轴线来定位。根据《房屋建筑制图统一标准》的规定，定位轴线用细点划线绘制。

轴线编号应写在轴线端部的圆圈内，圆圈的圆心应在轴线的延长线上或延长线的折线上，圆圈直径为8 mm，详图上用10 mm。平面图定位轴线的编号宜标注在图样的下方及左侧。

横向编号应用阿拉伯数字标写，从左至右按顺序编号；纵向编号应用大写拉丁字母标写，从前至后按顺序编号。拉丁字母中的 I、Q、Z 不能用于轴线号，以避免与1、0、2混淆。

除了标注主要轴线之外，还可以标注附加轴线。附加轴线编号用分数线表示。两根轴线之间的附加轴线，以分母表示前一根轴线的编号，分子表示附加轴线的编号。

通用详图的定位轴线只画圆圈，不标注轴线号。

（3）图例

在建筑平面图中，由于所用比例较小，所以对平面图中的建筑配件和卫生设备，如门窗、楼梯、烟道、通风道、洗脸盆和大小便器等无法按真实投影画出，对此采用国标中规定的图例来表示。常用图例如表4-1所示。

表4-1 常用构造及配件图例

序号	名 称	图 例	说 明
1	墙 体	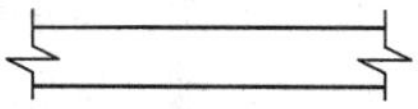	应加注文字或填充图例表示墙体材料，在项目设计图纸说明中列材料图例表给予说明
2	隔 断		1.包括板条抹灰、木制、石膏板、金属材料等隔断 2.适用于到顶与不到顶隔断
3	栏 杆		
4	楼 梯	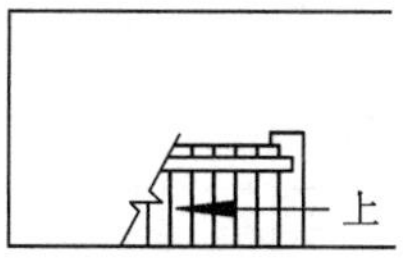	1.图4为底层楼梯平面，图5为中间层楼梯平面，图6为顶层楼梯平面 2.楼梯及栏杆扶手的形式和梯段踏步数应按实际情况绘制
5		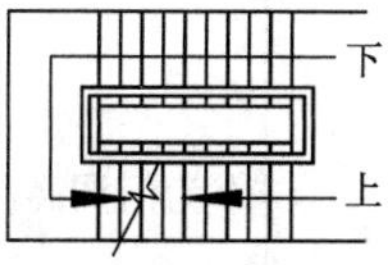	
6		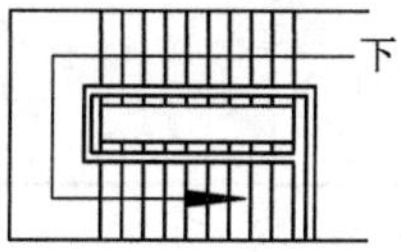	

序号	名 称	图 例	说 明
7	坡 道	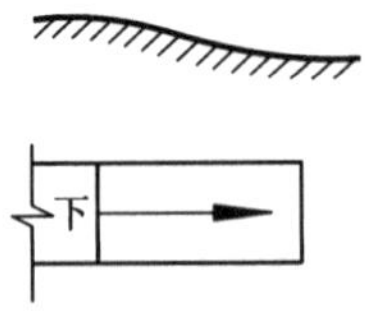	图 7 为长坡道,图 8 为门口坡道
8		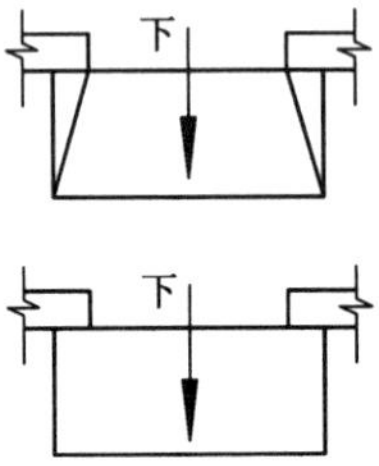	
9	墙预留槽	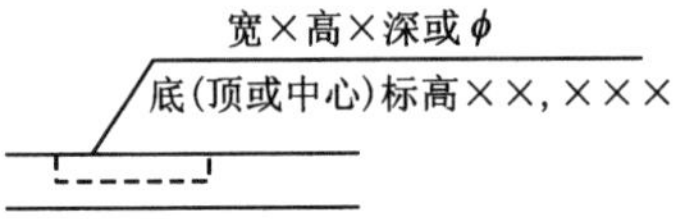 宽×高×深或 ϕ 底(顶或中心)标高××,×××	1. 以洞中心或洞边定位 2. 宜以涂色区别墙体和留洞位置
10	烟 道	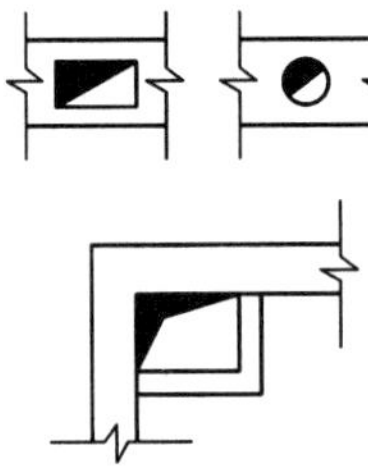	1. 阴影部分可以涂色代替 2. 烟道与墙体为同一材料,其相接处墙身线应断开
11	通风道	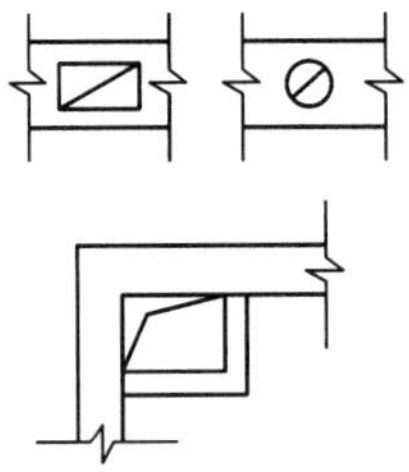	
12	空门洞	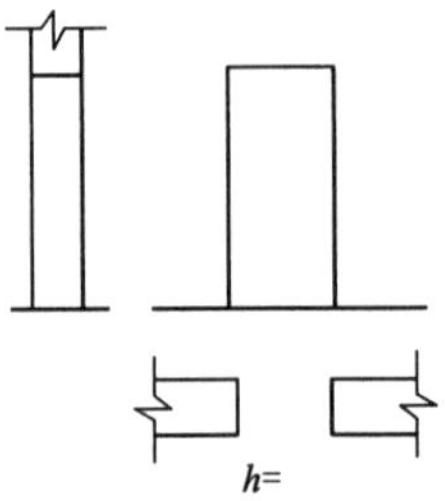 $h=$	h 为门洞高度

续表 4 – 1

序号	名　称	图　例	说　明
13	单扇门（包括平开或单面弹簧）	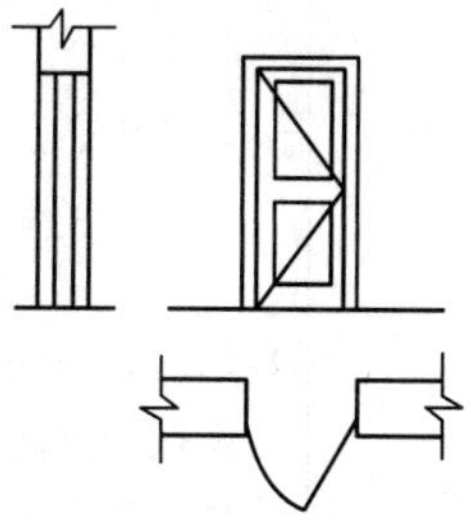	1.门的名称代号用 M 2.图例中剖面图左为外、右为内，平面图下为外、上为内 3.立面图上开启方向线交角的一侧为安装合页的一侧，实线为外开，虚线为内开
14	双扇门（包括平开或单面弹簧）		4.平面图上的开启线应90°或45°开启，开启弧线宜绘出 5.立面图上的开启线在一般设计图中可不表示，在详图及室内设计图上应表示 6.立面形式应按实际情况绘制
15	墙中双扇推拉门		
16	墙外单扇推拉门	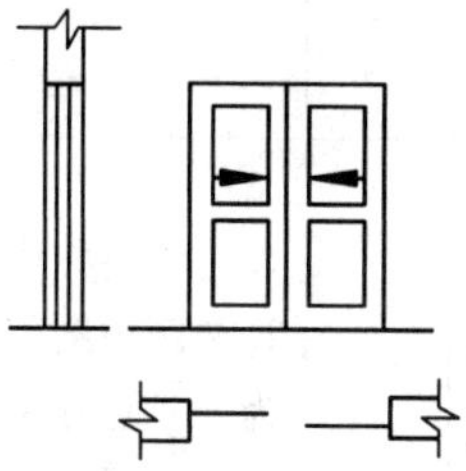	1.门的名称代号用 M 2.图例中剖面图左为外、右为内，平面图下为外、上为内 3.立面形式应按实际情况绘制
17	墙外双扇推拉门		

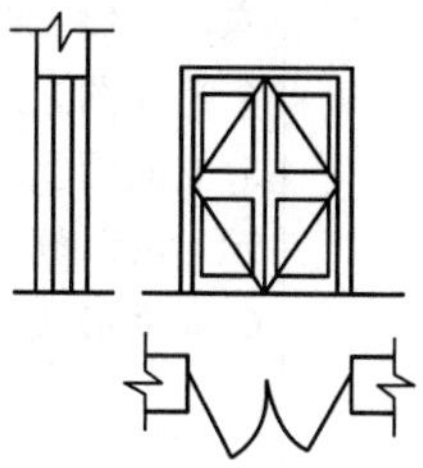

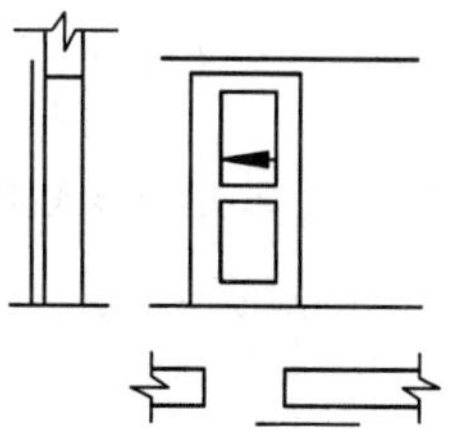

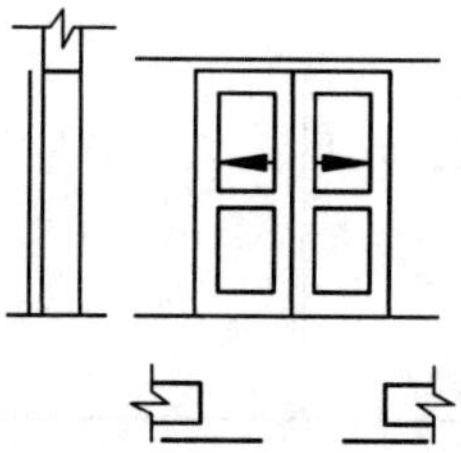

序号	名 称	图 例	说 明
18	单扇双面弹簧门	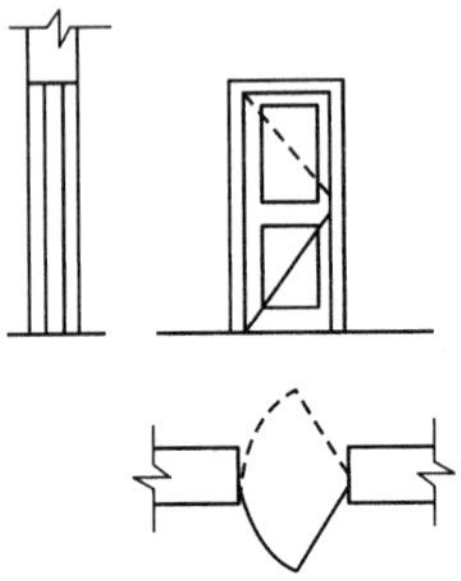	1.门的名称代号用 M 2.图例中剖面图左为外、右为内,平面图下为外、上为内 3.立面图上开启方向线交角的一侧为安装合页的一侧,实线为外开,虚线为内开 4.平面图上的开启线在一般设计图上应表示 5.立面图上的开启线在一般设计图中可不表示,在详图及室内设计图上应表示 6.立面形式应按实际情况绘制
19	单扇内外开双层门(包括平开或单面弹簧)	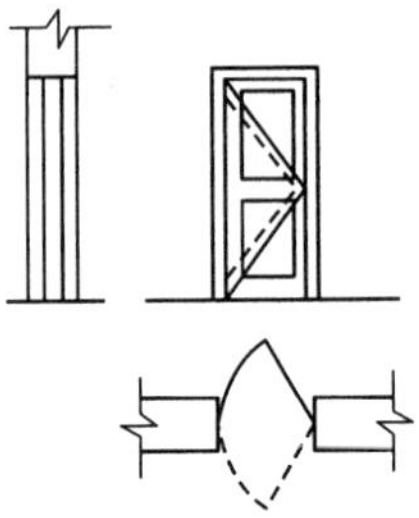	
20	转 门	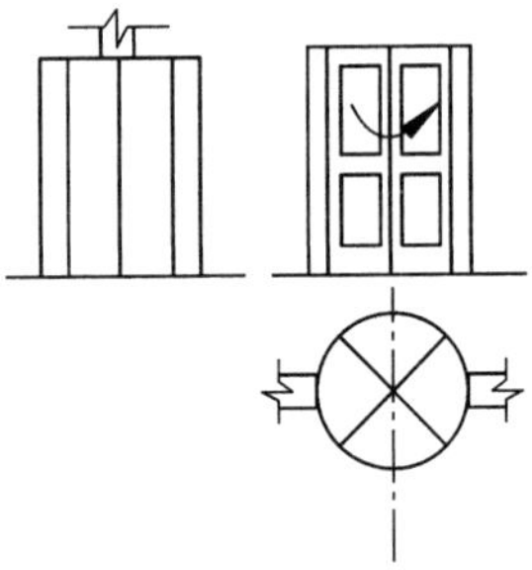	1.门的名称代号用 M 2.图例中剖面图左为外、右为内,平面图下为外、上为内 3.平面图上开启线应 90°或 45°开启,开启弧线宜绘出 4.立面图上的开启线在一般设计图中可不表示,在详图及室内设计图上应表示 5.立面形式应按实际情况绘制
21	竖向卷帘门	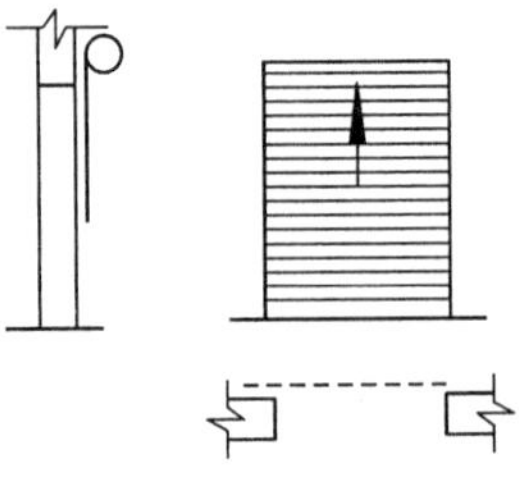	

续表 4 – 1

序号	名　称	图　例	说　明
22	单层固定窗		
23	单层外开平开窗	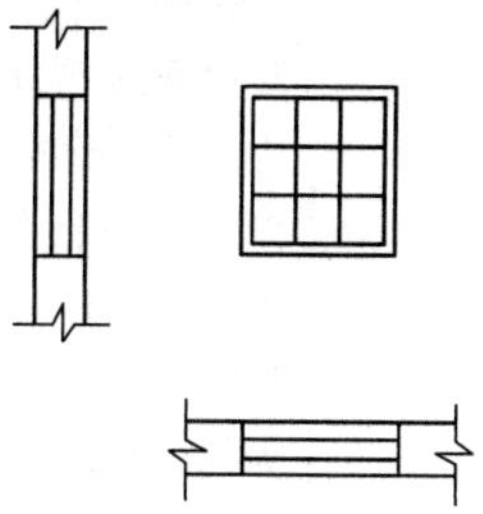	1.窗的名称代号用 C 表示 2.立面图中的斜线表示窗的开启方向,实线为外开,虚线为内开;开启方向线交角的一侧为安装合页的一侧,一般设计图中可不表示 3.图例中剖面图左为外、右为内,平面图下为外、上为内 4.平面图和剖面图上的虚线仅说明开关方式,在设计图中无须表示 5.窗的立面形式应按实际情况绘制 6.小比例绘图时平面、剖面图的窗线可用单粗实线表示
24	单层内开平开窗		
25	双层内外开平开窗		
26	推拉窗	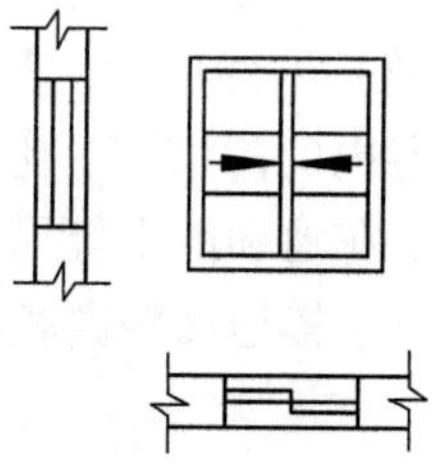	1.窗的名称代号用 C 表示 2.图例中剖面图左为外、右为内,平面图下为外、上为内 3.窗的立面形式应按实际情况绘制 4.小比例绘图时平面、剖面图的窗线可用单粗实线表示

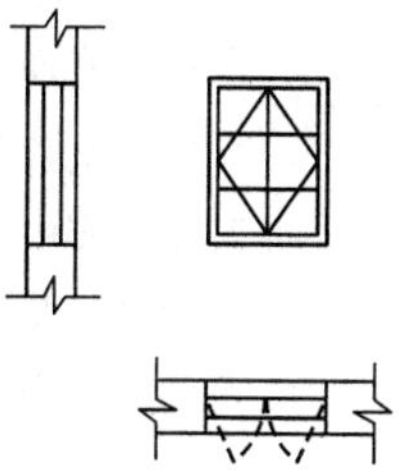

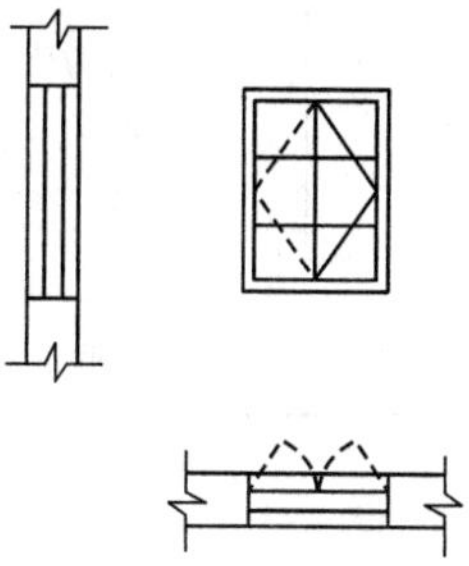

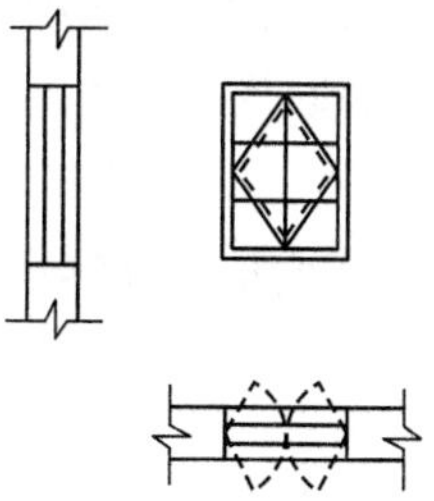

序号	名　称	图　例	说　明
27	百叶窗	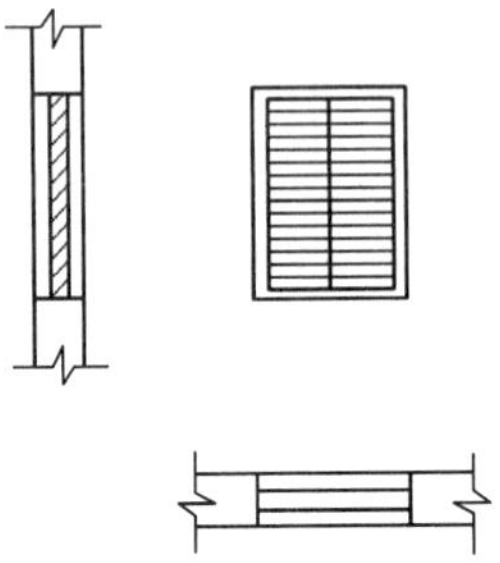	1. 窗的名称代号用 C 表示 2. 立面图中的斜线表示窗的开启方向，实线为外开，虚线为内开；开启方向线交角的一侧为安装合页的一侧，一般设计图中可不表示 3. 图例中剖面图左为外、右为内，平面图下为外、上为内 4. 平面图和剖面图上的虚线仅说明开关方式，在设计图中无须表示 5. 窗的立面形式应按实际情况绘制
28	高　窗	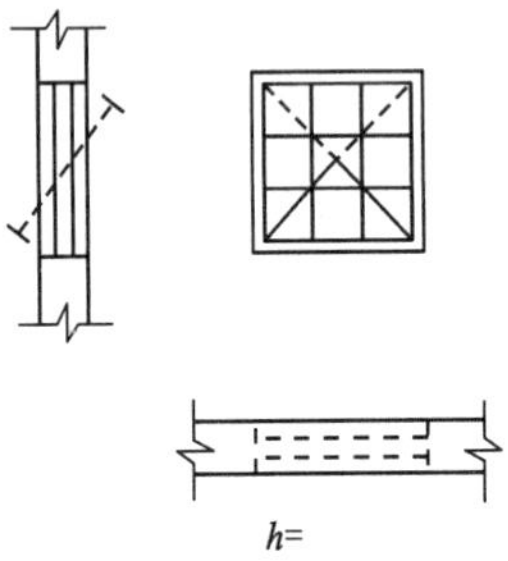 *h=*	1. 窗的名称代号用 C 表示 2. 立面图中的斜线表示窗的开启方向，实线为外开，虚线为内开；开启方向线交角的一侧为安装合页的一侧，一般设计图中可不表示 3. 图例中剖面图左为外、右为内，平面图下为外、上为内 4. 平面图和剖面图上的虚线仅说明开关方式，在设计图中无须表示 5. 窗的立面形式应按实际情况绘制 6. h 为窗底距本层楼地面的高度

（4）图线

在建筑平面图上，需要选用不同的线宽、线型，来清晰表示平面图的内容。按国标规定：对于被剖切到的主要建筑构配件，如承重墙、柱的断面轮廓线及剖切符号用粗实线；被剖切到的次要建筑构配件的轮廓线（如墙身、台阶、散水、门窗开启线）用中实线；建筑构配件不可见轮廓线用中虚线；其余可见轮廓线及图例、尺寸标注等线用细实线；较简单的图样可用粗实线和细实线两种线宽。

（5）尺寸标注及标高

在建筑工程平面图中，用轴线和尺寸线表示各部分的长、宽尺寸和准确位置。平面图的外部尺寸一般分三道尺寸：最外面一道是外包尺寸，表示建筑物的总长度和总宽度；中间一道是轴线间距，表示开间和进深；最里面的一道是细部尺寸，表示门窗洞口、孔洞和墙体等详细尺寸。在平面图内还注有内部尺寸，表明室内的门窗洞、孔洞、墙体及固定设备的大小和位置。在首层平面图上还需要标注室外台阶、花池和散水等局部尺寸。

在各层平面图上还注有楼地面标高，表示各层楼地面距离相对标高零点（即正负零）的高差。一般规定，首层地面的标高为 ±0.000。

（6）门窗编号

在施工图中，门用代号 M 表示，窗用代号 C 表示，同一编号代表同一类型的门或窗。

（7）剖切符号、指北针及房屋名称的标注

剖切符号、指北针只在底层标注。指北针的外圆直径为 24 mm，用细实线绘制，针尾的宽度为 3 mm。平面图应标注房间名称。

四、任务评价

任务评价表

考核项目	分　数			学生自评	小组互评	教师评价	小计
	差	中	好				
是否具备团队合作精神	4	7	10				
是否正确、灵活运用已学知识	4	7	10				
是否遵守劳动纪律	4	7	10				
图线绘制是否规范	12	21	30				
作图是否准确	16	28	40				
总计	40	70	100				
教师签字：							

任务二　绘制建筑立面图

一、任务提出

根据图4-1的建筑平面图尺寸,绘制如图4-3所示房屋的正立面图。房屋门、窗样式自定,采用A3图幅,比例自定。

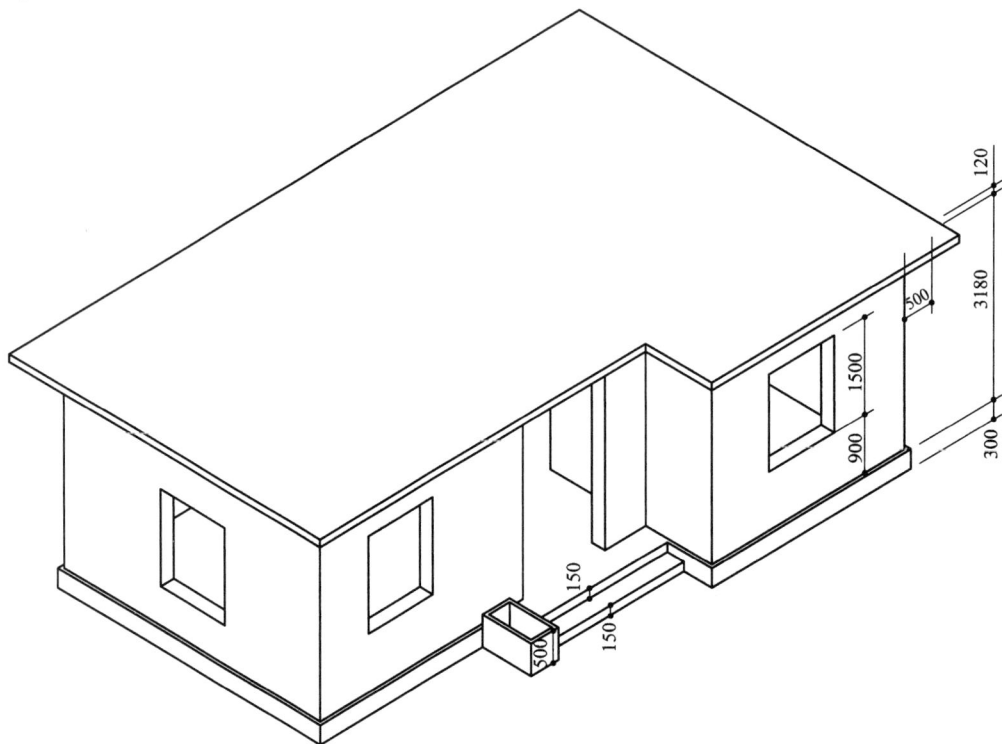

图4-3　房屋立体图

二、任务分析

如图4-3所示房屋的平面尺寸可参考图4-1,此房屋总高3600 mm,底部勒脚高300 mm,窗台高900 mm,窗高1500 mm,门洞高2700 m。要绘制建筑立面图就必须掌握建筑立面图的形成以及建筑立面图的绘制方法。

三、必备知识和技能

1.建筑立面图的形成

在与房屋立面平行的投影面上所作出房屋的正投影图,称为建筑立面图,简称立面图。

2.建筑立面图的用途

立面图主要用于表示建筑物的体形和外貌,表示立面各部分的形状及相互关系;表示立面装饰要求及构造做法等。因此,立面图是设计师表达立面设计效果的重要图纸,在施工中是外墙面造型、外墙面装修、工程概预算及备料等的依据。

3.建筑立面图的命名

表示建筑物正立面特征的正投影图称为正立面图；表示建筑物背立面特征的正投影图称为背立面图；表示建筑物侧立面特征的正投影图称为侧立面图，侧立面图又分为左侧立面图和右侧立面。立面图的名称也可按房屋的朝向分别称为东立面图、南立面图、西立面图和北立面图。还可按房屋两端轴线的编号来命名，如①-③立面图、A-C立面图，如图4-4所示。

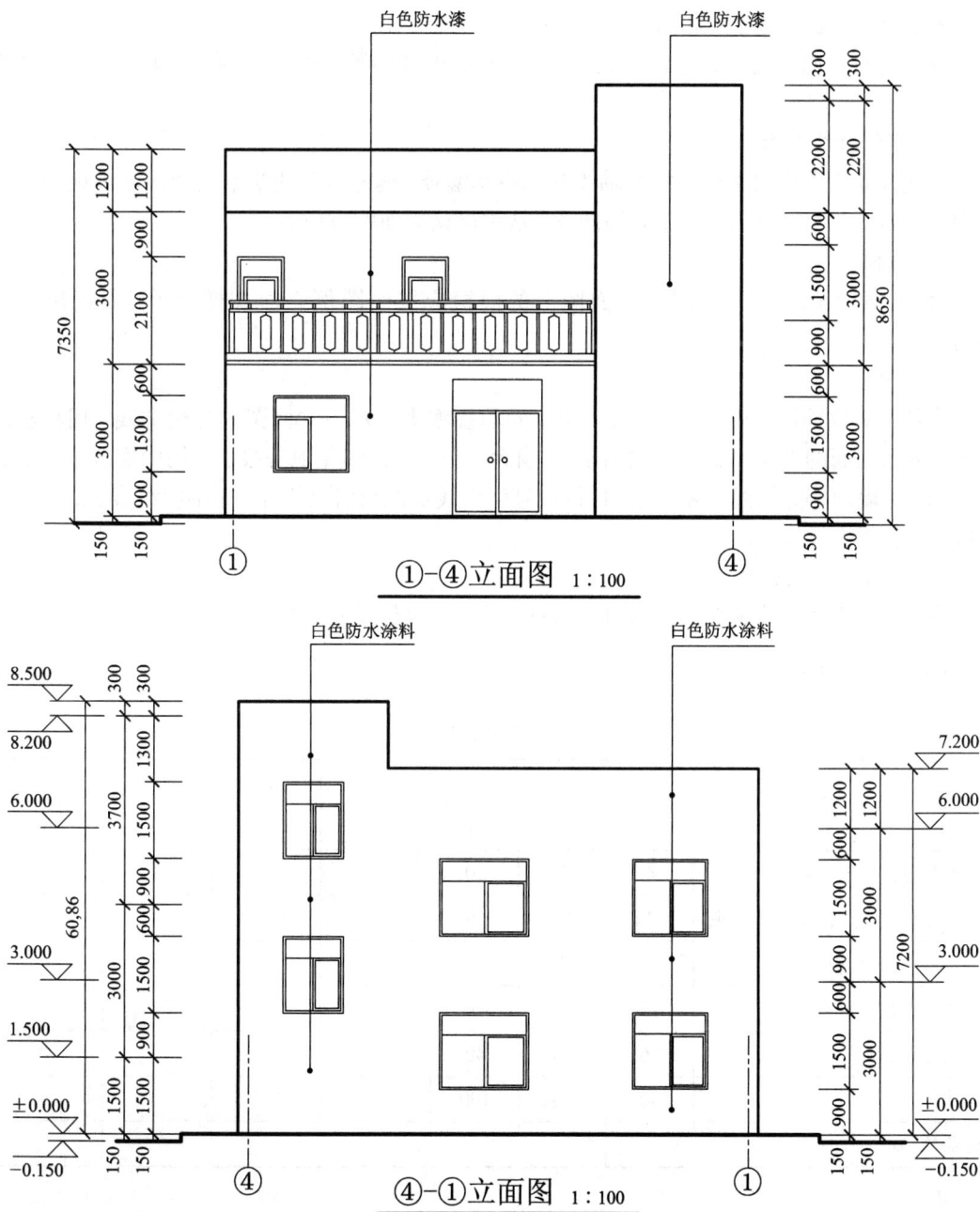

图4-4 建筑立面图

4.建筑立面图的内容及规定画法

建筑立面图表现建筑物外形上可以看到的全部内容，如散水、台阶、雨水管、遮阳措施、花池、勒脚、门头、门窗、雨罩、阳台、檐口；屋顶上面可以看到的烟囱、水箱间、通风道；还可以看到外楼梯等可看到的其他内容和位置；以及表明外墙各主要部位的标高，表明外墙各部位建筑装饰材料做法。

（1）图名及比例

图名可按立面的主次、朝向、轴线来命名。

建筑立面图通常用1:50、1:100、1:150、1:200、1:300的比例绘制，一般与其平面图相对应。

（2）定位轴线及编号

在建筑立面图中只画出两端的轴线并标注其编号，编号应与建筑平面图该立面两端的轴线编号一致，以便与建筑平面图对照阅读，从中确认立面的方位。

（3）图例

由于立面图的比例小，因此立面图上的门窗应按照图例立面式样表示，并画出开启方向。

（4）图线

为使建筑立面图清晰、美观，应采用不同的线型来表示。立面图的外轮廓线，用粗实线表示；突出墙面的雨篷、阳台、门窗洞口、窗台、台阶、柱和花池等投影，用中实线表示；其余如门窗、墙面等分格线、落水管、材料符号引出线及说明引出线等，用细实线表示；室外地坪线，用特粗实线表示。

（5）尺寸标注及标高

沿立面图高度方向标注三道尺寸，即总高尺寸、定位尺寸、细部尺寸。

四、任务评价

任务评价表

考核项目	分　数			学生自评	小组互评	教师评价	小计
	差	中	好				
是否具备团队合作精神	4	7	10				
是否正确、灵活运用已学知识	4	7	10				
是否遵守劳动纪律	4	7	10				
图线绘制是否规范	12	21	30				
作图是否准确	16	28	40				
总计	40	70	100				
教师签字：							

任务三 绘制建筑剖面图

一、任务提出

根据图4-1的建筑平面图尺寸，绘制如图4-5所示建筑的剖面图，房屋门、窗样式自定，采用A₃图幅，比例自定。

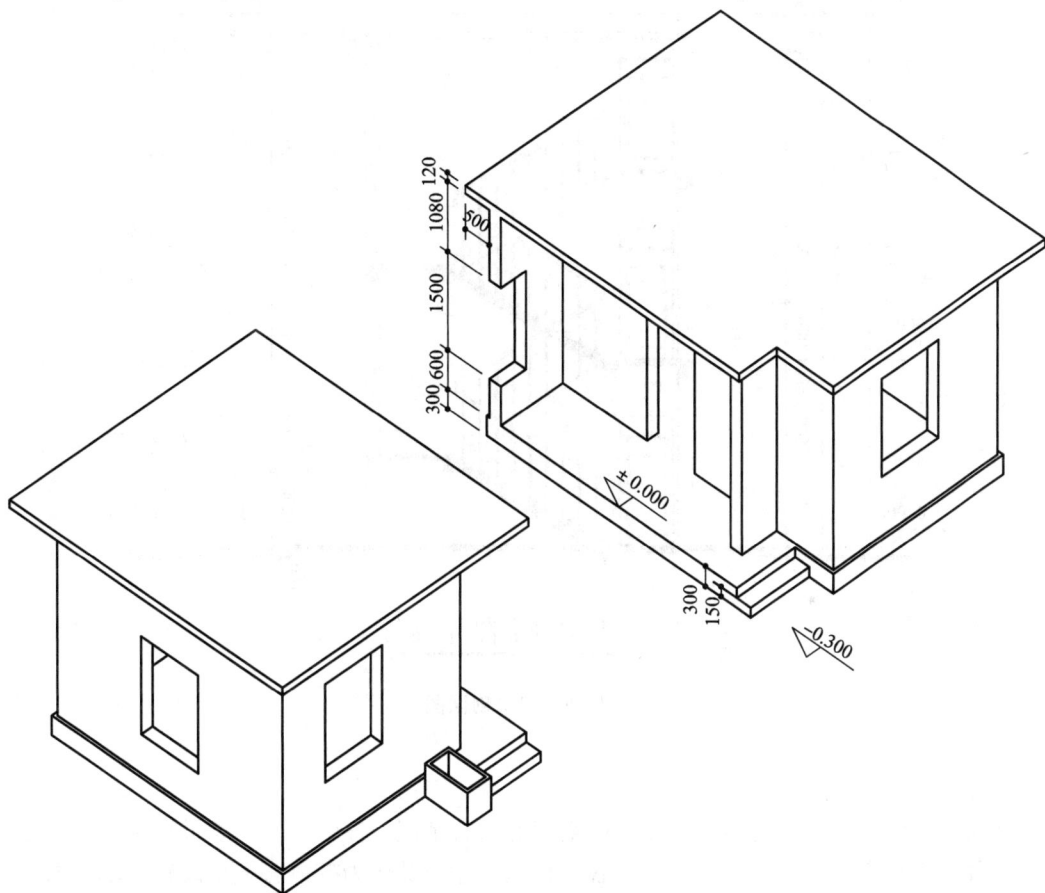

图4-5 房屋立体图

二、任务分析

如图4-5所示房屋的平面尺寸可参考图4-1，以一个垂直剖面将该房屋剖开，进门处上两级台阶，每级台阶高150 mm，房屋总高3600 mm，内门洞高2400 mm，墙厚240 mm，墙下部勒脚伸出墙60 mm。要绘制建筑剖面图就必需掌握建筑剖面图的形成及绘制方法。

三、必备知识和技能

1.建筑剖面图的形成及命名

假想用一个正立投影面或侧立投影面的平行面将房屋剖切开，移去剖切面与观察者之间的部分，将剩下部分按正投影的原理投射到与剖切面平行的投影面上，得到的图形称为剖面图。

用侧立投影面的平行面进行剖切，得到的剖面图称为横剖切图；用正立投影面的平行面进行剖切，得到的剖面图称为纵剖切图。一般在标注剖切符号时，都同时标注了编号，剖面图的名称都用其编号来命名，如1—1剖面图、2—2剖面图，如图4-6所示。

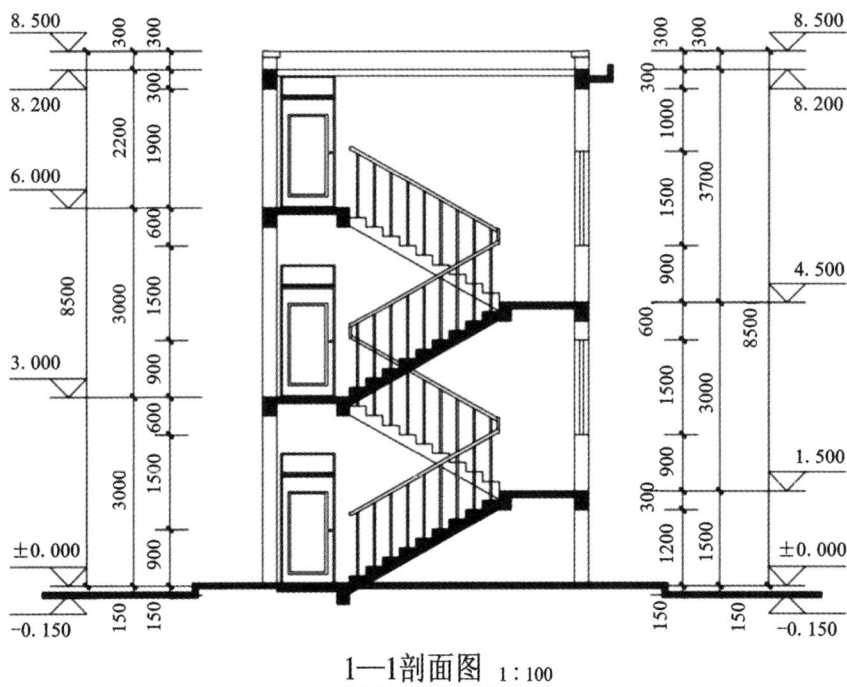

1—1剖面图 1∶100

图4-6 建筑剖面图

2. 建筑剖面图的用途

建筑剖面图主要表示房屋的内部竖向空间的组合情况、各层高度、楼面和地面的构造以及各配件在垂直方向上的相互关系等内容。在施工中，可作为控制标高、砌筑内墙、铺设楼板和屋面板、内装修等工作的依据，是与平、立面图相互配合的不可缺少的重要图样之一。

3. 建筑剖面图的内容及规定画法

剖面图主要表示房屋内部在高度方向上的结构和构造，如表示房屋内部沿高度方向的分层情况、层高、门窗洞口的高度以及各部位的构造形式等，是与房屋平、立面图相互配合的不可缺少的基本图样之一。

（1）图名及比例

建筑剖面图通常用1∶50、1∶100、1∶150、1∶200、1∶300的比例绘制，一般与其平面图、立面图相对应。

（2）定位轴线及编号

在被剖切到的墙、柱及剖面图的两端画出定位轴线并标注编号。

（3）图线

按国标规定：对于被剖切到的主要建筑构造（包括构配件）如承重墙、柱的断面轮廓线及剖切符号用粗实线；对于被剖切到的次要建筑构造（包括构配件）的轮廓线（如墙身、台阶、散水、门窗开启线）、建筑构配件的轮廓线及尺寸起止斜短线用中实线；其余可见轮廓线及图例、尺寸标注等线用细实线；较简单的图样可用粗实线和细实线两种线宽。

（4）尺寸标注及标高

剖面图尺寸标注，是标注被剖切到的墙、柱的轴线间距。沿图形外部高度方向标注三道尺寸（即总高尺寸、定位尺寸、细部尺寸）以及墙段、洞口等高度尺寸。在室外地坪、楼地面、阳台、檐口、女儿墙、台阶及平台等处都应标注标高。

四、任务评价

任务评价表

考核项目	分　数			学生自评	小组互评	教师评价	小计
	差	中	好				
是否具备团队合作精神	4	7	10				
是否正确、灵活运用已学知识	4	7	10				
是否遵守劳动纪律	4	7	10				
图线绘制是否规范	12	21	30				
作图是否准确	16	28	40				
总计	40	70	100				
教师签字：							

任务四　绘制基础结构平面布置图和断面详图

一、任务提出

某建筑底层平面图如图4-2所示，采用如图4-7所示墙下钢筋混凝土条形基础。已知该基础采用现浇 C20 混凝土，基底标高 -1.2 m，断面为坡形，顶面宽360 mm，底面宽 800 mm，底部高 200 mm，总高 400 mm；基础底部为100 mm 厚 C15 混凝土垫层，每边比基础宽出 100 mm；基础配钢筋级别为二级，沿基础长度方向每隔 100 mm 放置直径为 12 mm 钢筋，沿基础宽度方向每隔 150 mm 放置直径为 10 mm 的通长(沿条形基础长度方向)钢筋。基础墙中有截面尺寸为 240 mm×240 mm 的圈梁，梁面标高 -0.060 m，圈梁断面四个角上各配 1 根直径为 12 mm 的通长(沿圈梁长度方向)二级钢筋，并沿圈梁长度方向每隔 200 mm 配置直径为 8 mm 的一级钢筋做箍筋。基础墙体均为 240 mm 厚砖墙。

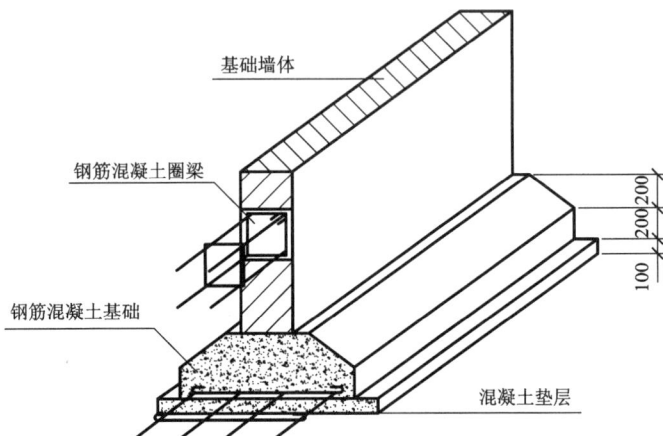

图4-7　墙下钢筋混凝土条形基础示意图

要求：根据建筑结构制图标准和结构施工图要求，在 A3 图纸上按 1∶100 比例绘制该建筑基础平面布置图和断面详图。

二、任务分析

基础是建筑下部的承重结构，其结构平面布置图和断面详图的绘制不仅要符合正投影的原理和建筑制图标准，也要符合结构制图标准，因此，除了了解墙下条形基础的结构形式，还必须了解建筑结构制图标准、掌握基础结构平面布置图的内容要求和钢筋混凝土结构构件详图表达要求。

三、必备知识和技能

1.结构施工图简介

房屋的结构施工图是根据房屋建筑中的承重构件进行结构设计，然后画出的图样。结构设计时要根据建筑要求选择结构类型，并进行合理布置，再通过力学计算确定各承重构件断面形状、大小、材料及构造等。现代建筑普遍为钢筋混凝土结构，承重构件基本有基础、柱、梁、板等，因此结构施工图主要表达这些主要承重构件的平面布置和构件形状、大小、材料、构造及其相互关系的图样，主要用来作为施工放线、开挖基槽、支模板、绑扎钢筋、设置预埋件、浇捣混凝土和安装梁、板、柱等构件及编制预算和施工组织计划等的依据。

结构施工图通常应包括结构设计总说明、结构平面布置图、结构构件详图三部分。

结构设计总说明是带全局性的文字说明，它包括：选用材料的类型、规格、强度等级，地基情况，施工注意事项，选用标准图集等。

结构平面布置图是表示房屋中各承重构件总体平面布置的图样。它包括：

①基础平面图；

②楼层结构布置平面图；

③屋盖结构平面图。

结构构件详图包括：

①梁、柱、板及基础结构详图；

②楼梯结构详图；

③屋架结构详图；

④其他详图，如天窗、雨篷、过梁等。

2.《建筑结构制图标准》有关规定

（1）常用构件代号

结构承重构件较多，为了便于在建筑结构施工图中表示各构件的名称，常用构件代号用各构件名称的汉语拼音的第一个字母表示，详见表4-2。

表4-2 常见构件代号

序号	名 称	代号	序号	名 称	代号	序号	名 称	代号
1	板	B	19	圈梁	QL	37	承台	CT
2	屋面板	WB	20	过梁	GL	38	设备基础	SJ
3	空心板	KB	21	连系梁	LL	39	桩	ZH
4	槽形板	CB	22	基础梁	JL	40	挡土墙	DQ
5	折板	ZB	23	楼梯梁	TL	41	地沟	DG
6	密肋板	MB	24	框架梁	KL	42	柱间支撑	ZC
7	楼梯板	TB	25	框支梁	KZL	43	垂直支撑	CC
8	盖板或沟盖板	GB	26	屋面框架梁	WKL	44	水平支撑	SC
9	挡雨板或檐口板	YB	27	檩条	LT	45	梯	T
10	吊车安全走道板	DB	28	屋架	WJ	46	雨篷	YP
11	墙板	QB	29	托架	TJ	47	阳台	YT
12	天沟板	TGB	30	天窗架	CJ	48	梁垫	LD
13	梁	L	31	框架	KJ	49	预埋件	M
14	屋面梁	WL	32	刚架	GJ	50	天窗端壁	TD
15	吊车梁	DL	33	支架	ZJ	51	钢筋网	W
16	单轨吊车梁	DDL	34	柱	Z	52	钢筋骨架	G
17	轨道连接	DGL	35	框架柱	KZ	53	基础	J
18	车挡	CD	36	构造柱	GZ	54	暗柱	AZ

（2）常用钢筋等级和符号（表4-3）

钢筋按其强度和品种分成不同的等级，并用不同的符号表示，如表4-3所示。

表4-3 常用钢筋等级和符号

牌号	类别	符号	屈服强度标准值
HPB300	热轧光圆钢筋	Φ	300 MPa
HRB335	热轧带肋钢筋	Φ	335 MPa
HRB400	热轧带肋钢筋	Φ	400 MPa
HRB500	热轧带肋钢筋	Φ	500 MPa

说明：H、P、R、B分别为热轧（hotrolled）、光圆（plain）、带肋（ribbed）、钢筋（bars）四个词的英文首字母。

（3）常用钢筋图例（表4-4）

表4-4 常用钢筋图例

序号	名称	图例	说明
1	钢筋横断面	●	
2	无弯钩的钢筋端部	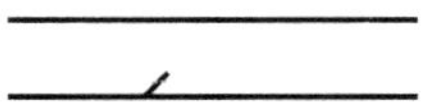	下图表示长、短钢筋投影重叠时，短钢筋的端部用45°斜划线表示
3	带半圆形弯钩的钢筋端部		
4	带直钩的钢筋端部		
5	带丝扣的钢筋端部		

（4）钢筋的画法（表4-5）

表4-5 钢筋的画法

序号	说　明	图例
1	在结构平面图中配置双层钢筋时，底层钢筋的弯钩应向上或向左，顶层钢筋的弯钩则向下或向右	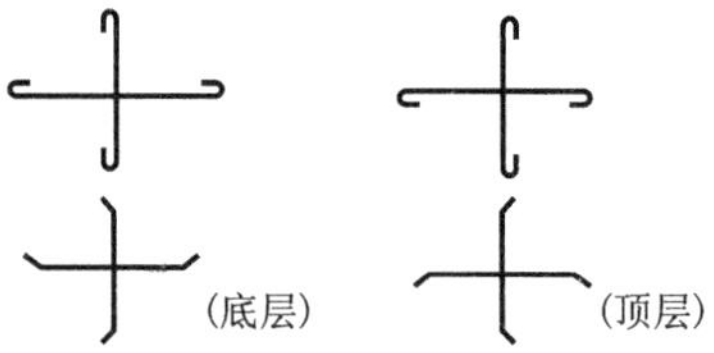 （底层）　（顶层）
2	钢筋混凝土墙体配双层钢筋时，在配筋立面图中，远面钢筋的弯钩应向上或向左，而近面钢筋的弯钩向下或向右（JM近面；YM远面）	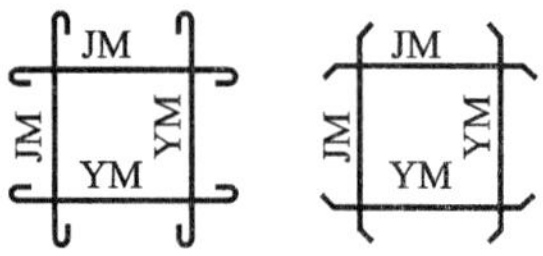 JM YM JM YM
3	若在断面图中钢筋布置不能表达清楚，应在断面图外增加钢筋大样图（如：钢筋混凝土墙、楼梯等）	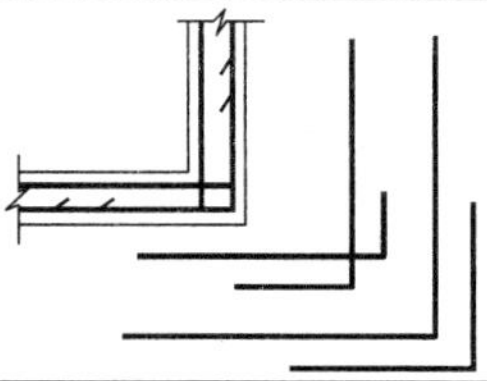

102

续表 4 – 5

序号	说　　明	图例
4	图中所表示的箍筋、环筋等若布置复杂时，可加画钢筋大样及说明	或
5	每组相同的钢筋、箍筋或环筋，可用一根粗实线表示，同时用一两端带斜短画线的横穿细线，表示其余钢筋及起止范围	

（5）钢筋的名称

钢筋混凝土构件中混凝土和钢筋协同受力，混凝土耐压，钢筋耐拉，配置在混凝土中的钢筋，主要作用是协助混凝土承受拉应力。如图4-8所示，以钢筋混凝土简支梁为例，在荷载作用下，构件上部为受压区，下部为受拉区，因此一般需在构件下部配置受力钢筋。此外，钢筋骨架在构件里能起到约束混凝土的作用。

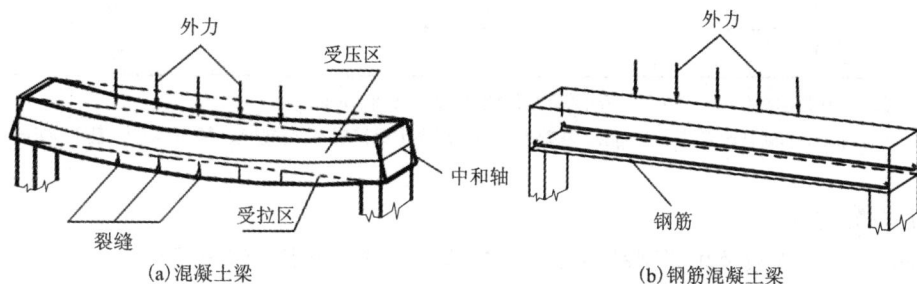

(a)混凝土梁 　　　　　　(b)钢筋混凝土梁

图4－8　简支梁受力示意图

因此，钢筋按其作用和位置可分为以下几种，如图4-9所示。

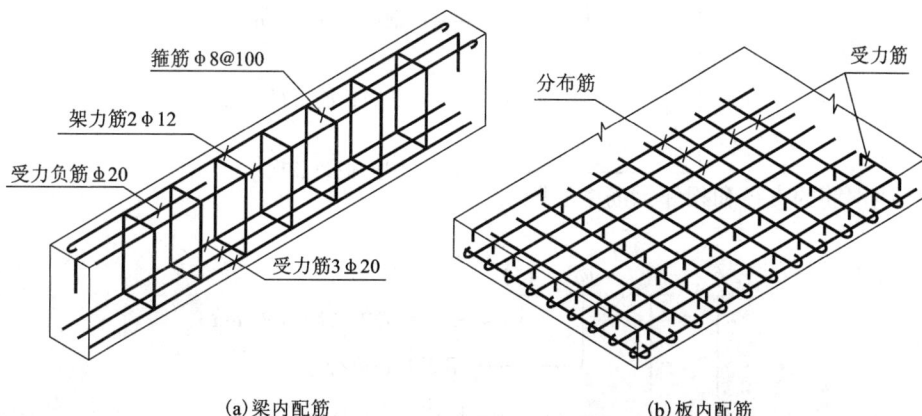

(a)梁内配筋 　　　　　　(b)板内配筋

图4－9　梁板钢筋配置示意图

①受力筋：承受拉、压应力的钢筋。

②箍筋：承受一部分斜拉应力，并固定受力筋的位置，多用于梁和柱内。

③架立筋：用以固定梁内箍筋的位置，构成梁内的钢筋骨架。

④分布筋：用于屋面板、楼板内，与板的受力筋垂直布置，将承受的重量均匀地传给受力筋，并固定受力筋的位置，以及抵抗热胀冷缩所引起的温度变形。

⑤构造筋：因构件构造要求或施工安装需要而配置的构造筋。如腰筋、预埋锚固筋、环等。

（6）保护层

钢筋外缘到构件表面的距离称为钢筋的保护层。其作用是保护钢筋免受锈蚀，提高钢筋与混凝土的黏结力。混凝土保护层最小厚度见表 4 - 6。

表 4 - 6　混凝土保护层最小厚度　　　　　　　　　　　　（mm）

环境类别	板、墙、壳	梁、柱、杆
一	15	20
二 a	20	25
二 b	25	35
三 a	30	40
三 b	40	50

注：1. 混凝土强度等级不大于 C25 时，表中保护层厚度数值应增加 5 mm；
　　2. 钢筋混凝土基础宜设置混凝土垫层，基础中钢筋的混凝土保护层厚度应从垫层顶面算起，且不应小于 40 mm。

（7）钢筋的标注

钢筋的直径、根数及相邻钢筋中心距在图样上一般采用引出线方式标注，其标注形式有下面两种：

①标注钢筋的根数和直径。

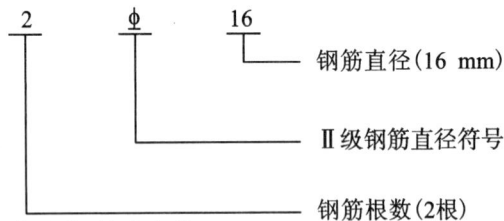

2　φ　16
钢筋直径（16 mm）
Ⅱ级钢筋直径符号
钢筋根数（2根）

②标注钢筋的直径和相邻钢筋中心距。

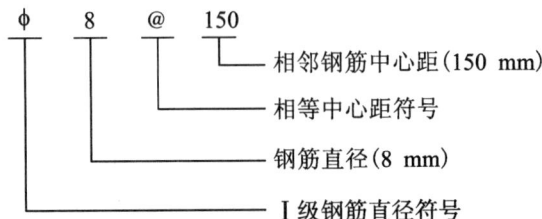

φ　8　@　150
相邻钢筋中心距（150 mm）
相等中心距符号
钢筋直径（8 mm）
Ⅰ级钢筋直径符号

构件中对不同形状、不同规格的钢筋应进行编号。规格、直径、形状、尺寸完全相同的钢筋编同一个号，任一项不同则需分别编号，按先主后次的顺序逐一编号，编号数字写在直径为 6 mm 的细实线圆内。简单构件可不编号。

(8)钢筋混凝土构件图示方法

为了清楚地表明构件内部的钢筋，可假设混凝土为透明体，这样构件中的钢筋在施工图中便可看见。钢筋在结构图中其长度方向用单根粗实线表示，断面钢筋用黑圆点表示，构件的外形轮廓线用中实线绘制。

3. 基础平面图与基础详图绘制要求

基础平面图是表示基础平面布置的图样，是假想用一个水平面在房屋的底层室内地面以下适当位置剖切，移去上部房屋和基坑内的泥土所作的水平剖面图。

这样，剖切到基础墙或地垄墙的墙身，并看到它们的大放脚(基础墙下端加宽墙厚，加宽部分的构造叫大放脚，如图 4-10 所示)以及基础宽度。但在表示基础平面图时，只画出基础墙和基础底面；梁和墙身的投影重合时，梁可用单线结构构件画出；而基础、大放脚等细部的可见轮廓线都省略不画。在基础平面图中，剖切到的基础墙画中实线，基础底面画细实线，可见的梁画粗实线(单线)，不可见的梁画粗虚线(单线)；如果剖切到钢筋混凝土柱，则用涂黑表示。

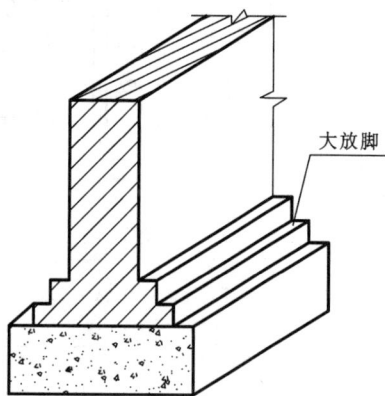

图4-10　条形基础大放脚示意图

基础平面图应标注出各部分的尺寸，轴线编号应和建筑施工图中底层平面图一致。基础平面图的比例一般采用1:50、1:100、1:150 或1:200。

基础的细部形状和尺寸用基础详图表示。基础详图是垂直剖切的断面图，以表示基础的形状、大小、构造及埋置深度，通常在基础平面图相应位置标注剖切符号，并以剖切编号作为基础断面详图的图名。基础详图常用1:20、1:30 等较大比例画出。

4、工程图例

(1)基础平面图和基础详图

某传达室一层建筑平面图如图 4-11 所示，其基础平面布置图如图 4-12 所示，墙下条形基础断面详图如图 4-13 所示。由基础平面布置图可知，该房屋采用墙下条形基础，所有基础均为 1—1 断面形式，基础墙厚240 mm，基底宽840 mm，基底标高 -1.000 m，基础大放脚标高范围为 -1.000 m 至 -0.560 m。由 1—1 基础断面图可知，该条形基础由素混凝土基础和砖基础组合而成，底部为200 mm 高的 C20 素混凝土，混凝土基础比砖基础每边宽出180 mm；上部砖基础为两步大放脚，每步为每120 mm 高收60 mm。基础砖墙在 -0.060 m 标高处有圈梁(QL)，圈梁配筋有两种，分别为角部①号钢筋，4 根直径14 mm 的一级钢筋位于圈梁四角，平行于圈梁长度方向布置；②号钢筋为箍筋，直径为8 mm 的一级钢筋，沿圈梁长度方向中心间距每200 mm 布置一根。

(2)钢筋混凝土梁构件详图

如图 4-14 所示，该梁的详图由立面图、钢筋移出详图、梁支座 1—1 和跨中 2—2 剖切

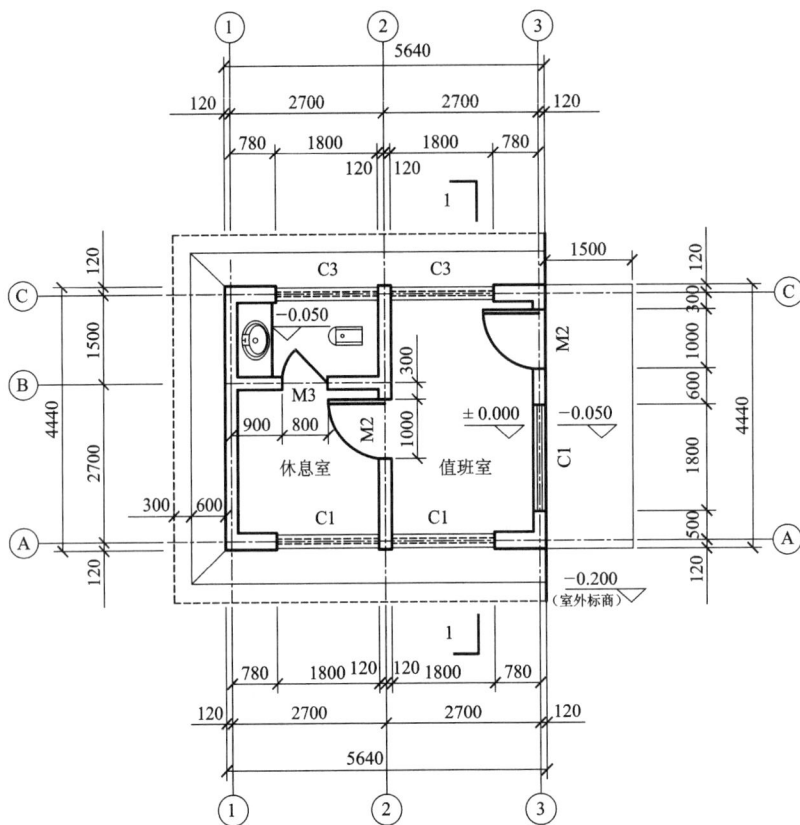

图 4-11　某传达室一层建筑平面图

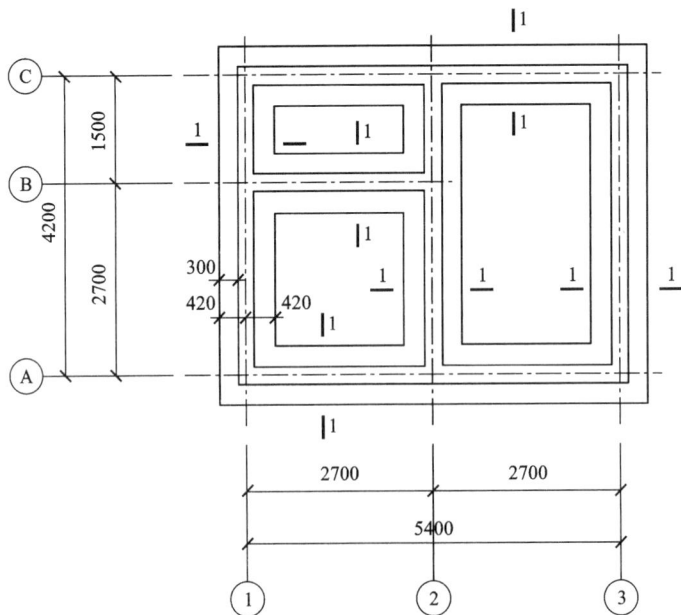

基础平面布置图1:100

图 4-12　某传达室基础平面布置图

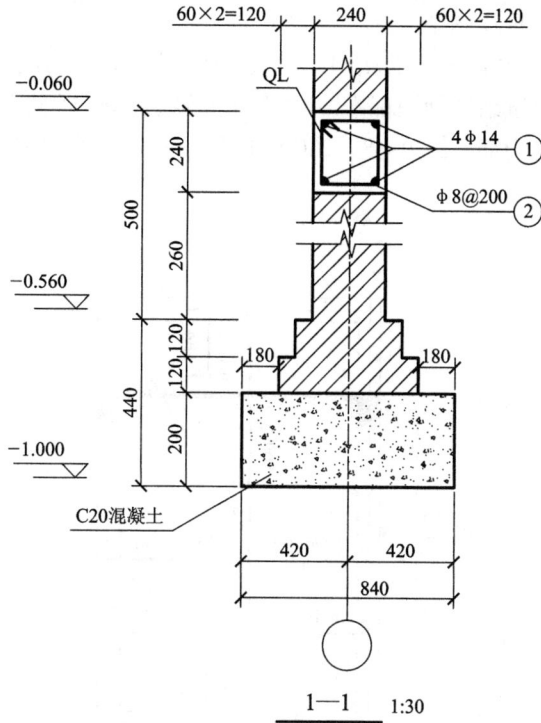

图 4 - 13 墙下条形基础断面详图

断面详图组成。由图可知梁的两端搁置在砖墙上,共有四种钢筋。其中,①②号钢筋为受力筋,①号筋位于梁下部,贯通梁全长,②号筋在支座端设 90°弯钩,位于梁上部中间,只在梁的支座两侧布置,梁跨中没有;③号筋为架立筋,两端设 180°圆弯钩,位于梁上部两角,贯通梁全长;④号筋为箍筋。

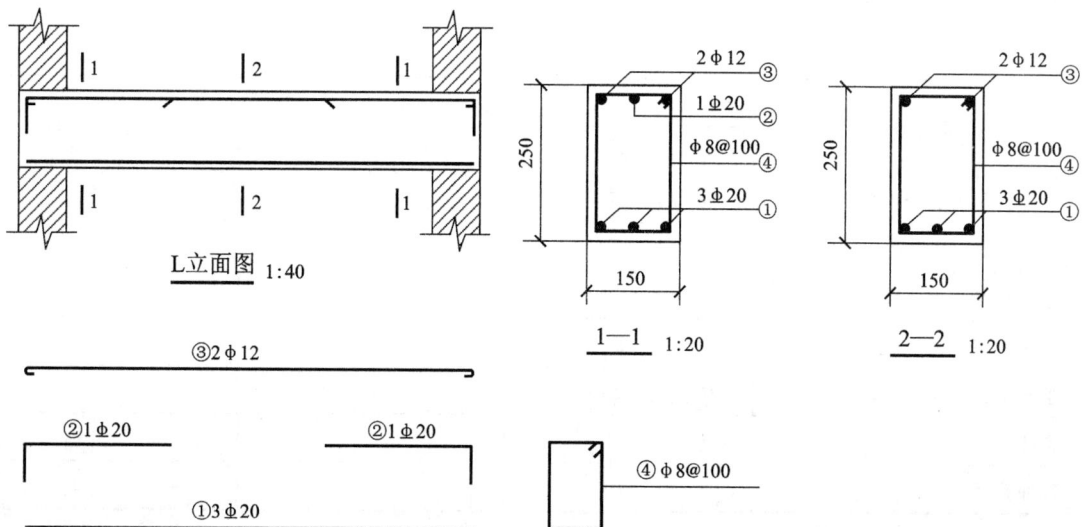

图 4 - 14 钢筋混凝土梁构件详图

（3）钢筋混凝土现浇板详图

如图 4 - 15 所示，该楼板的编号为 B1，由重合断面图的表达方法可知，在 2 号和 3 号轴线处板下为梁。根据《建筑结构制图标准》中"钢筋的画法"规定（见表 4 - 5），板下部配筋为短边 φ10@150 的通长受力筋、长边 φ8@200 的通长分布筋，上部配筋为 φ8@200 的支座边缘受力筋。

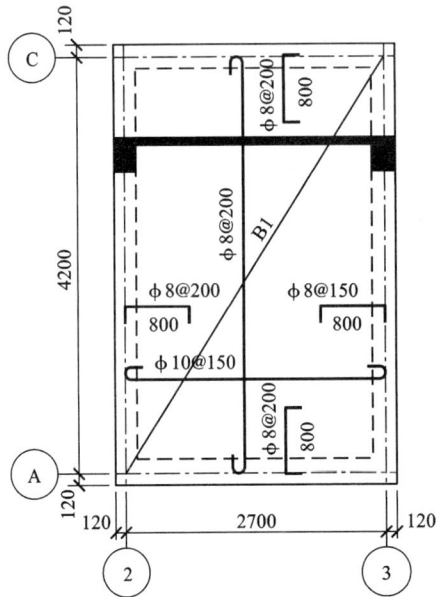

图 4 - 15　钢筋混凝土现浇板详图

四、任务评价

任务评价表

考核项目	分 数			学生自评	小组互评	教师评价	小计
	差	中	好				
是否具备团队合作精神	4	7	10				
是否正确、灵活运用已学知识	4	7	10				
是否遵守劳动纪律	4	7	10				
图线绘制是否规范	12	21	30				
作图是否准确	16	28	40				
总计	40	70	100				
教师签字：							

模块五 CAD 绘制建筑图样

【知识目标】
- 了解 CAD2010 软件的工作界面及图形文件的管理
- 理解并掌握 CAD 中点的坐标输入法
- 掌握 CAD 基本绘图命令
- 掌握 CAD 常用图形编辑命令
- 掌握 CAD 中对图形进行尺寸标注的方法
- 掌握 CAD 创建建筑构件三维造型和编辑命令
- 掌握建筑施工图的作图步骤及绘制方法

【能力目标】
- 能用 CAD 软件熟练绘制各种平面图形
- 能按照《房屋建筑制图统一标准》(GB/T50001—2010)的要求,用 CAD 软件准确绘制建筑施工图并对其进行尺寸标注
- 能用 CAD 软件制作建筑构件的三维造型

　　随着计算机技术的进步,计算机辅助设计软件及绘图技术得到了前所未有的发展。目前,国内大众化的 CAD 软件是 AutoCAD(全称为 Auto Computer Aided Design)。

　　AutoCAD 是由美国 AutoDesk 公司 1982 年开发的、目前广泛应用于机械、建筑、航天、轻工业及军事等设计领域的一种计算机辅助设计软件。它的广泛使用彻底改变了传统的绘图模式,替代了图板、直尺、绘图笔等绘图工具,极大地提高了设计效率,把设计人员真正从趴图板画图的时代解放出来,从而将更多的精力投入到提高设计质量上。作为建筑设计、制图等相关工作者,要想使 AutoCAD 成为得力的助手,必须熟练掌握其基本操作技能和使用方法。

　　我国的 CAD 技术起步较晚,但发展却非常快,经过几十年的推广和各专业的商品化,CAD 技术已经深入到国民经济的各行各业中,成为推动设计和工程产业发展的有力工具。建筑设计行业是应用 CAD 技术的排头兵,较早实现了 CAD 的专业化,在 AutoCAD 平台的基础上又开发了自己的绘图软件,如建筑行业的天正软件、建筑 ABD 软件等,使得 AutoCAD 的发展空间更为广阔。

　　总之,AutoCAD 以其绘制图形"准确、清晰、高效"三大特点成为建筑行业工作者必须掌握的基本技能之一。

任务一　CAD 绘制直线图形

一、任务提出

绘制如图 5 - 1 所示的直线图形，并将其保存在"D：\CAD 练习"文件夹中。

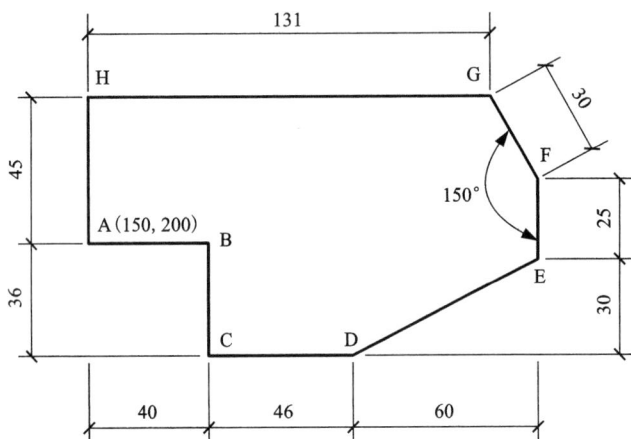

图 5 - 1　直线图形

二、任务分析

如图 5 - 1 所示简单平面图形，由水平线、竖直线和斜线组成，要精确绘制该图形首先要熟悉 CAD 绘图界面，掌握 CAD 的基本操作命令，如直线命令和点的坐标输入法等。

三、必备知识和技能

1. AutoCAD2010 窗口界面组成

初次启动 AutoCAD2010 后，将打开程序窗口界面。用户可单击屏幕右下方的

⚙初始设置工作空间▼ 按钮，在快捷菜单中选择"AutoCAD 经典"选项，将界面恢复为 Auto-CAD 经典模式，如图 5 - 2 所示。本节将介绍 AutoCAD 经典模式界面组成。

该界面主要由标题栏、菜单栏、工具栏、绘图窗口、命令提示窗口、状态栏和滚动条等部分组成。

（1）标题栏

标题栏在界面窗口的最上方，在它上面显示了 AutoCAD2010 的程序图标及当前操作的图形文件名和路径。和一般 Windows 应用程序相似，用户可通过右边的 3 个按钮最大化或关闭 CAD 程序。除此之外还包括应用程序菜单和快速访问工具栏，为 AutoCAD2010 新增功能。利用其可进行以下主要操作：访问常用工具（如新建文件、打开现有文件、保存图形、打印、发布图形等）、搜索命令、浏览文档、对选项内容进行设置等。

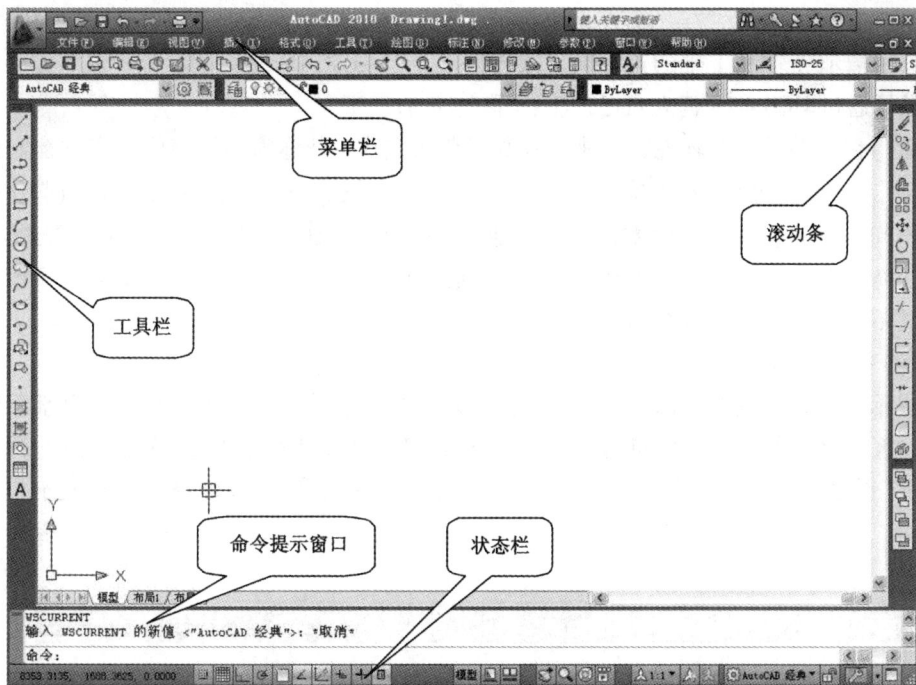

图 5 – 2 AutoCAD2010 窗口界面

（2）菜单栏

单击菜单栏中的各选项卡，会弹出相应的下拉菜单。下拉菜单中包含了 AutoCAD 的核心命令和功能，通过鼠标选择菜单中的某个选项，系统就会执行相应的命令，菜单选项有三种形式：

①单独的菜单项。

②菜单项后面带三角形标记。选择该菜单项后，将弹出新菜单，可进一步选择。

③菜单项后面带省略标记。选择该菜单项后，系统将打开一个对话框，通过对话框可进一步设置。

（3）工具栏

工具栏中提供访问 CAD 命令的快捷方式，它包含了许多命令按钮，只需单击某个按钮，CAD 就会执行相应的命令。

AutoCAD2010 提供了 40 多个工具栏供用户选择，在缺省状态下，系统仅显示标准、样式、图层、对象特性、绘图、修改等几个工具栏，分别在绘图窗口的上方和左右侧显示。如果用户想将工具栏移动到其他位置，可移动光标箭头到工具栏边缘，然后按下鼠标左键，此时工具栏框变成灰色虚线框，按下左键移动光标，工具栏就会随光标移动。

此外，用户还可根据需要打开或关闭工具栏，操作方法如下：

移动光标至任意一个工具栏上，然后单击鼠标右键，弹出快捷菜单。在此菜单上列出了工具栏的名称，若名称前带有"√"标记，则表示该工具栏已打开。单击选择菜单上的某一项，就会打开或关闭相应的工具栏。

（4）绘图窗口

绘图窗口是用户绘图的区域，图形将显示在窗口中，在绘图窗口中有一个随鼠标移动的

111

十字形光标。在区域左下方有一个表示坐标的图标，它指示了绘图区的方位。图标中"X"、"Y"字母分别指示 X 轴和 Y 轴的正方向。缺省情况下，AutoCAD 使用世界坐标系；如果有必要，用户也可通过 UCS 命令建立自己的坐标系。

绘图窗口包含两种作图环境，一种称为模型空间，另一种称为图纸空间。在此窗口底部有三个选项卡╲ 模型 ╱布局1╱╱布局2╱，缺省情况下【模型】选项卡是按下的，表示当前作图环境是模型空间，在这里一般要按实际尺寸绘制二维或三维图形。但单击【布局 1】或【布局 2】，将会切换到图纸空间，可以将图纸空间想象成一张图纸，用户可在这张图纸上将模型空间的图样按不同缩放比例布置在图纸上。

(5)命令提示窗口

命令提示窗口在界面的底部，用户从键盘输入的命令、系统的提示及相关信息都反映在此窗口中，该窗口是用户与系统进行命令交互的窗口。初学者应特别注意命令提示行的文字。按下 F2 键可打开或关闭命令提示文本窗口，如图 5 - 3 所示，在此窗口中将显示出更多的命令记录。

图 5 - 3　文本窗口

(6)状态栏

状态栏中包含 10 个控制按钮，下面介绍常用的按钮功能如下。

①捕捉模式▦：当打开此模式时，光标只能沿 X 或 Y 轴移动，每次移动的距离可在【草图设置】对话框中设置。右键单击▦，弹出快捷菜单，选择【设置】选项，打开【草图设置】对话框，如图 5 - 4 所示，在【捕捉和栅格】选项卡的【捕捉间距】分组框中可以设置光标位移的距离。

112

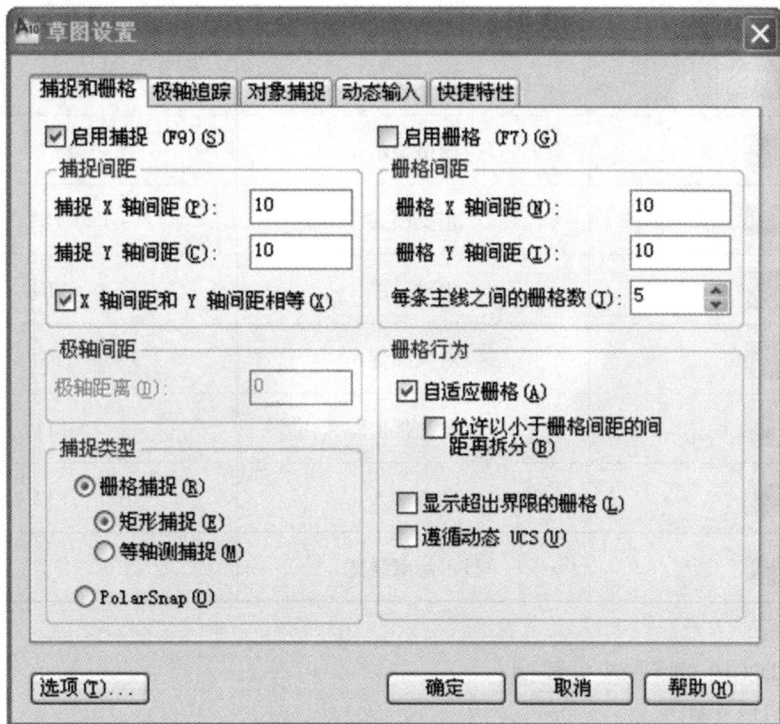

图5-4 【草图设置】对话框

②栅格显示▦：当显示栅格时，在屏幕上某个矩形区域内将出现一系列规则的小点，这些点的作用类似于手工作图时的方格纸，将有助于绘图定位。小点所在的区域由绘图区域（Limits）命令设定，其沿 X、Y 轴的间距可在【草图设置】对话框【捕捉和栅格】选项卡的【捕捉间距】分组框中设定。

③正交模式▙：打开此模式，用户只能绘制水平或竖直的直线。

④极轴追踪☑：用于打开或关闭极坐标捕捉模式，详细内容见任务四介绍。

⑤对象捕捉▢：用于打开或关闭自动捕捉模式。如打开此模式，在绘图工程中系统会自动捕捉圆心、端点、中点等几何点。用户可在【草图设置】对话框的【对象捕捉】选项卡中设定自动捕捉方式。

⑥对象捕捉追踪☑：对象捕捉追踪功能一般在对象捕捉模式打开情况下配合使用，可提高作图的精度和效率。

⑦动态输入▙：用于打开或关闭动态输入或动态提示。当打开此功能，在光标附近就会显示出命令提示信息、点的坐标值、线段的长度及角度等。此外，可直接在命令提示信息中输入命令选项或输入坐标、长度及角度参数。

⑧显示隐藏线宽➕：用于控制是否在图形中显示线条的宽度。

一些控制按钮的打开或关闭可通过相应的快捷键来实现。控制按钮及相应的快捷键见表5-1。

表5-1 控制按钮及相应的快捷键

	捕捉模式	F9
	栅格显示	F7
	正交模式	F8
	极轴追踪	F10
	对象捕捉	F3
	对象捕捉追踪	F11
	动态输入	F12
	显示隐藏线宽	

2. AutoCAD2010 的图形文件管理

(1)新建图形文件

- 菜单命令：【文件】→【新建】
- 工具栏按钮：【标准】工具栏上的 ▢ 按钮
- 键盘命令：New 或简写 Ctrl + N

启动该命令后，可以打开【选择样板】对话框，如图 5-5 所示，选中相应的样板文件，单击【打开】按钮。

图5-5 【选择样板】对话框

114

（2）打开图形文件

- 菜单命令：【文件】→【打开】
- 工具栏按钮：【标准】工具栏上的 ⬦ 按钮
- 键盘命令：Open 或简写 Ctrl + O

（3）保存图形文件

由于计算机硬件故障、电压不稳、用户操作不当或软件问题都会导致错误，使用户无法继续编辑或打印输出图形。因此，经常保存工作中的文件，可以确保系统发生故障时，将数据丢失降到最低限度。

①保存。

- 菜单命令：【文件】→【保存】
- 工具栏按钮：【标准】工具栏上的 ⬛ 按钮
- 键盘命令：Save 或简写 Ctrl + S

若当前图形已命名存盘，则系统自动覆盖原文件；如果当前图形还没有命名，则系统将弹出【图形另存为】对话框，如图 5 - 6 所示，提示用户指定保存的文件名称、类型和路径。本例中要求将绘制的图形文件名保存为【直线图形】，以 dwg 文件形式保存于"D：\CAD 练习"文件夹中。

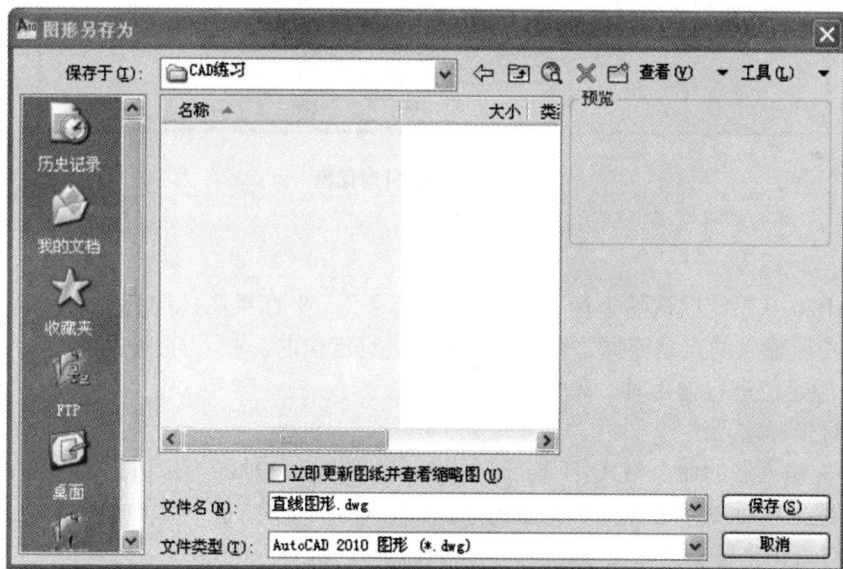

图 5 - 6　【图形另存为】对话框

②另存为。

- 菜单命令：【文件】→【另存为】
- 键盘命令：Saveas 或简写 Ctrl + Shift + S

将弹出"图形另存为"对话框。操作方法与初次保存时一致

③自动保存。

● 菜单命令：【工具】→【选项】

打开【选项】对话框，如图5-7所示，单击【打开和保存】选项卡，在【文件安全措施】分组框中，选择"自动保存"复选项，并在【保存间隔分钟数】输入框内输入数值。单击【确定】按钮，完成自动保存设置。

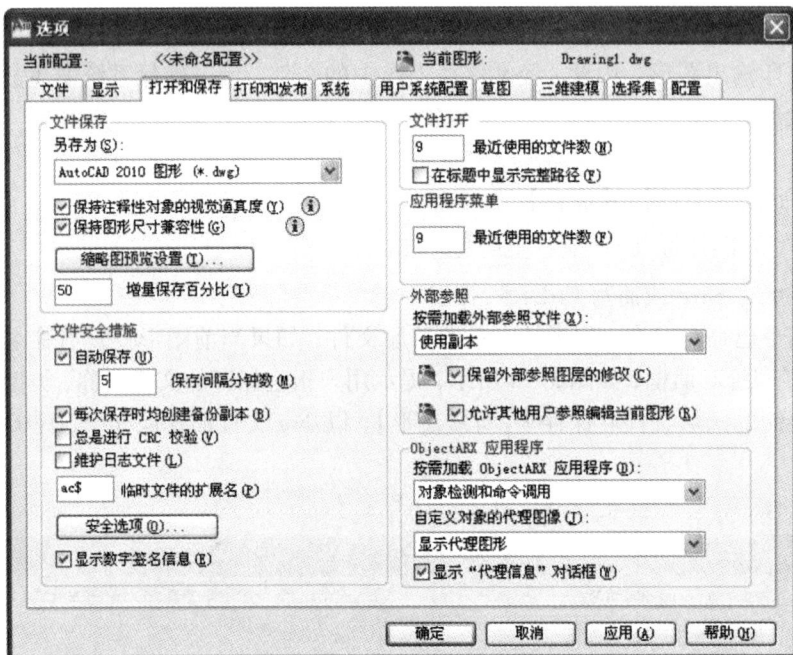

图 5-7 【选项】对话框

3. 点的坐标输入

AutoCAD2010系统默认的坐标系是"世界坐标系"。坐标系图标中标明了 X 轴和 Y 轴的正方向，用户所输入的点是依据这两个正方向来进行定位的。

采用坐标定位进行输入时，常用三种输入方法：

（1）绝对坐标输入法

绝对坐标输入法的命令格式：(X, Y)。前一数字代表 X 轴的坐标值，后一数字代表 Y 轴的坐标值。绝对坐标的基准点是坐标系的原点$(0, 0)$。

（2）相对直角坐标输入法

相对直角坐标输入法的命令格式：$(@ \triangle X, \triangle Y)$。此命令是根据某参考点而确定坐标，再相对于这一参考点作 X 和 Y 方向的位移来确定另外一点的坐标。其中：$\triangle X$ 的值为正时，表示向 X 轴正方向偏移；$\triangle X$ 的值为负时，表示向 X 轴反方向偏移；$\triangle Y$ 的值为正时，表示向 Y 轴正方向偏移；$\triangle Y$ 的值为负时，表示向 Y 轴反方向偏移。

例：已知前一点的坐标是"5, 10"，输入相对直角坐标值"@65, 20"，则该点的绝对坐标值为"70, 30"。

（3）相对极坐标输入法

相对极坐标命令格式：（@极径＜极角）。此命令是指参考点到某一点的距离和与 X 轴正方向的夹角来确定坐标点的表示方法。其中：某参考点到某一点的距离为极径，与 X 轴正方向的夹角为极角，其中正角度表示沿逆时针方向旋转，负角度表示沿顺时针方向旋转。

例：已知前一点的坐标是"10,5"，输入相对极坐标值"@15＜45"，则表示该点与前一点的距离为 15 个单位，与 X 轴正方向的夹角为45°。

4. 直线命令(Line)

(1)执行方式

* 菜单命令：【绘图】→【直线】

* 工具栏按钮：【绘图】工具栏上的 按钮

* 键盘命令：Line 或简写 L

(2)操作步骤

用直线命令结合点的坐标输入法绘制如图 5－1 所示的图形。

在命令行提示下做如下操作：

命令：Line 指定第一点：150,200　　　　　　//输入 A 点的绝对坐标

指定下一点或［放弃(U)］：@40,0　　　　　　//输入 B 点的相对直角坐标

指定下一点或［放弃(U)］：@0,-36　　　　　//输入 C 点的相对直角坐标

指定下一点或［闭合(C)/放弃(U)］：@46,0　　//输入 D 点的相对直角坐标

指定下一点或［闭合(C)/放弃(U)］：@60,30　//输入 E 点的相对直角坐标

指定下一点或［闭合(C)/放弃(U)］：@0,25　　//输入 F 点的相对直角坐标

指定下一点或［闭合(C)/放弃(U)］：@30＜120//输入 G 点的相对极坐标

指定下一点或［闭合(C)/放弃(U)］：@-131,0//输入 H 点的相对直角坐标

指定下一点或［闭合(C)/放弃(U)］：C　　　　//使线框闭合

四、任务评价

任务评价表

考核项目	分　数			学生自评	小组互评	教师评价	小计
	差	中	好				
是否具备团队合作精神	4	7	10				
是否正确、灵活运用已学知识	4	7	10				
是否遵守劳动纪律	4	7	10				
图线绘制是否规范	12	21	30				
作图是否准确	16	28	40				
总计	40	70	100				
教师签字：							

任务二　CAD 绘制平面图形

一、任务提出

用 CAD 绘制平房一层平面图，如图 5-8 所示。（标注文字）

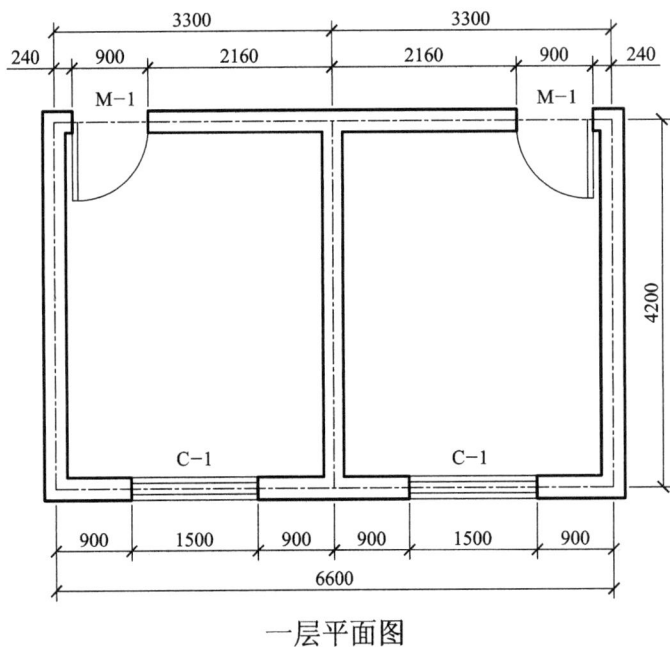

一层平面图

图 5-8　平房一层平面图

二、任务分析

如图 5-8 所示，该一层平面图共两间房，每间开设一居中 1500 mm 的窗和 900 mm 宽的平开门，该图的绘制需要掌握 CAD 绘图命令中的矩形命令、圆命令和编辑命令中的偏移命令、分解命令、延伸命令、修剪命令、镜像命令等。

三、必备知识和技能

1. 矩形命令(Rectang)

使用该命令可创建矩形形状的闭合多段线，可以通过指定面积、尺寸和旋转位置来确定其形状，同时还可以指定矩形的线条宽度、倒角、圆角，此外还可用于绘制具有一定标高和一定厚度的矩形。

(1) 执行方式

- 菜单命令：【绘图】→【矩形】
- 工具栏按钮：【绘图】工具栏上的 ▢ 按钮

● 键盘命令：Rectang 或简写 REC

（2）选项说明

【倒角（C）】：设置矩形的倒角距离，指定矩形的第一个和第二个倒角距离，以后默认此值将成为当前倒角距离。

【标高（E）】：确定矩形所在的平面高度。缺省情况下，矩形是在 XY 平面（Z 坐标值为 0）。

【圆角（F）】：指定矩形各顶点的倒圆角半径。

【厚度（T）】：设置矩形的厚度，在三维绘图时常使用该选项。

【宽度（W）】：为要绘制的矩形指定多段线的宽度，以后默认此值成为当前多段线宽度。注意若输入的宽度大于矩形内部尺寸时，则会绘制出矩形填充黑块。

【面积（A）】：先输入矩形面积，再输入矩形的长度或宽度值创建矩形。

【尺寸（D）】：输入矩形的长宽尺寸创建矩形。

【旋转（R）】：按指定的旋转角度创建矩形。

（3）操作示例

如绘制如图 5-9 所示的一间房间的定位轴线。

命令：RECTANG

指定第一个角点或［倒角（C）/标高（E）/圆角（F）/厚度（T）/宽度（W）］：屏幕上单击一点

指定另一个角点或［面积（A）/尺寸（D）/旋转（R）］：输入@3300,4200,回车结束命令。

2. 偏移命令（Offset）

使用该命令可对选择的直线绘制指定间距的平行线，对选择的弧、圆作指定间距的同心拷贝。

（1）执行方式

● 菜单命令：【修改】→【偏移】

● 工具栏按钮：【修改】工具栏上的 按钮

● 键盘命令：Offset 或简写 O

（2）操作示例

绘制如图 5-10 所示的一间房间的墙线。

命令：OFFSET

当前设置：删除源=否　图层=源　OFFSETGAPTYPE=0

指定偏移距离或［通过（T）/删除（E）/图层（L）］＜120＞：120

选择要偏移的对象，或［退出（E）/放弃（U）］＜退出＞：单击选择轴线框

指定要偏移的那一侧上的点，或［退出（E）/多个（M）/放弃（U）］＜退出＞：在矩形框外侧单击一点

选择要偏移的对象，或［退出（E）/放弃（U）］＜退出＞：单击选择轴线框

指定要偏移的那一侧上的点，或［退出（E）/多个（M）/放弃（U）］＜退出＞：在矩形框内侧单击一点

选择要偏移的对象，或［退出（E）/放弃（U）］＜退出＞：回车结束命令

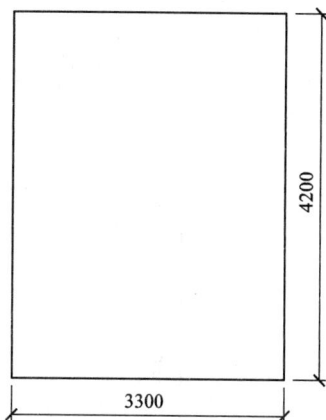

図 5-9　一间房间定位轴线

4200

3300

操作效果如图 5 - 10 所示。

3.分解命令(Explode)

使用该命令可将复合对象分解为单一对象。

(1)执行方式

- 菜单命令:【修改】→【分解】

- 工具栏按钮:【修改】工具栏上的 按钮

- 键盘命令:Explode 或简写 X

(2)操作示例

分解如图 5 - 11(a)所示的矩形内框。

命令:EXPLODE

选择对象:单击矩形框下边 A 点处

选择对象:找到 1 个

选择对象:回车结束命令

分解命令结束后可通过单击选取对象检查分解结果。

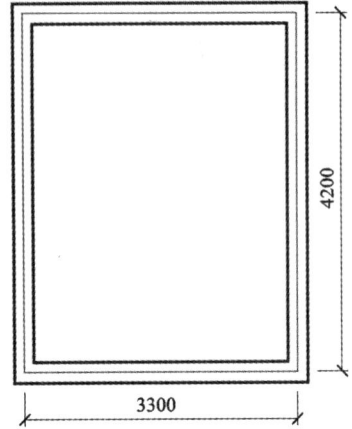

图 5 - 10　绘制墙线

如图 5 - 11 所示,分解前单击 A 点可选取完整的矩形框,执行分解命令后单击 A 点则成为单一的线段。

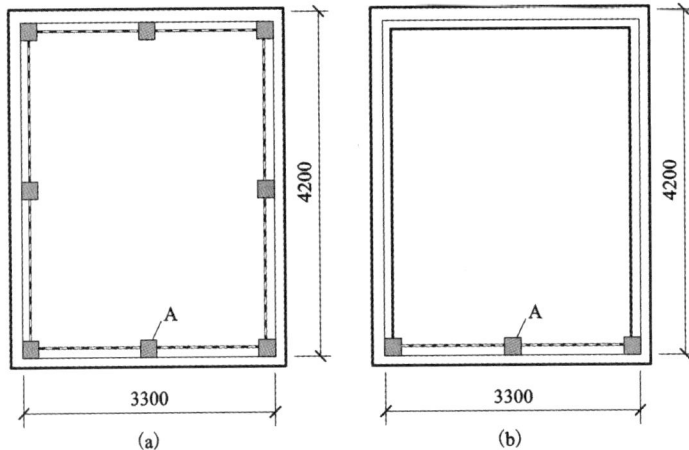

图 5 - 11　分解矩形

4.延伸命令(Extend)

使用该命令可通过确定边界,选择以此边界为界修剪的那一侧的线,将这条线进行修剪。

(1)执行方式

- 菜单命令:【修改】→【延伸】

- 工具栏按钮:【修改】工具栏上的 按钮

- 键盘命令:Extend 或简写 EX

(2)选项说明

120

【栏选(F)】：绘制连续折线，与折线相交的对象将被延伸。

【窗交(C)】：利用交叉窗口选择对象。

【投影(P)】：通过该选项指定延伸操作的空间。对于二维图形来说，延伸操作是在当前用户坐标平面(XY 平面)内进行。在三维空间作图时，可通过单击该选项将两个交叉对象投影到 XY 平面或当前视图平面内执行延伸操作。

【边(E)】：通过该选项控制是否把对象延伸到隐含边界。当边界太短，延伸对象后不能与其直接相交，打开该选项，此时系统假想将边界边延长，然后使延伸边伸长到与边界边相交的位置。

【放弃(U)】：取消上一次操作。

(3)操作示例

绘制门洞线，如图 5-12 所示。

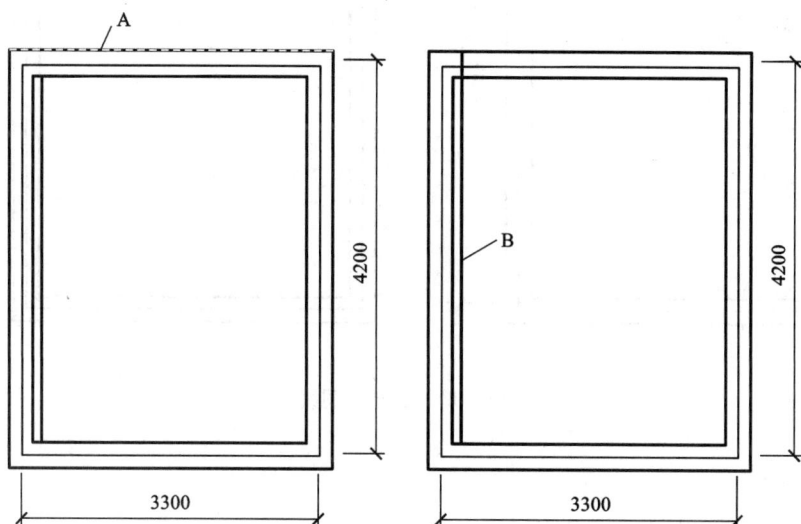

图 5-12 偏移门洞定位线

命令：EXTEND

当前设置：投影 = UCS，边 = 无

选择边界的边...

选择对象或 <全部选择>：选择外墙线 A

选择要延伸的对象，或按住 Shift 键选择要修剪的对象，或

[栏选(F)/窗交(C)/投影(P)/边(E)/放弃(U)]：选择墙线偏移后的线段 B

选择要延伸的对象，或按住 Shift 键选择要修剪的对象，或

[栏选(F)/窗交(C)/投影(P)/边(E)/放弃(U)]：回车结束命令

操作效果如图 5-12 所示。

5.修剪命令(Trim)

使用该命令可通过确定边界，选择要延伸到该边界的线，并将这条线进行延伸。

(1)执行方式

- 菜单命令：【修改】→【修剪】
- 工具栏按钮：【修改】工具栏上的 ⫟ 按钮
- 键盘命令：Trim 或简写 TR

（2）操作示例

修剪形成门洞线，如图 5 – 13 所示。

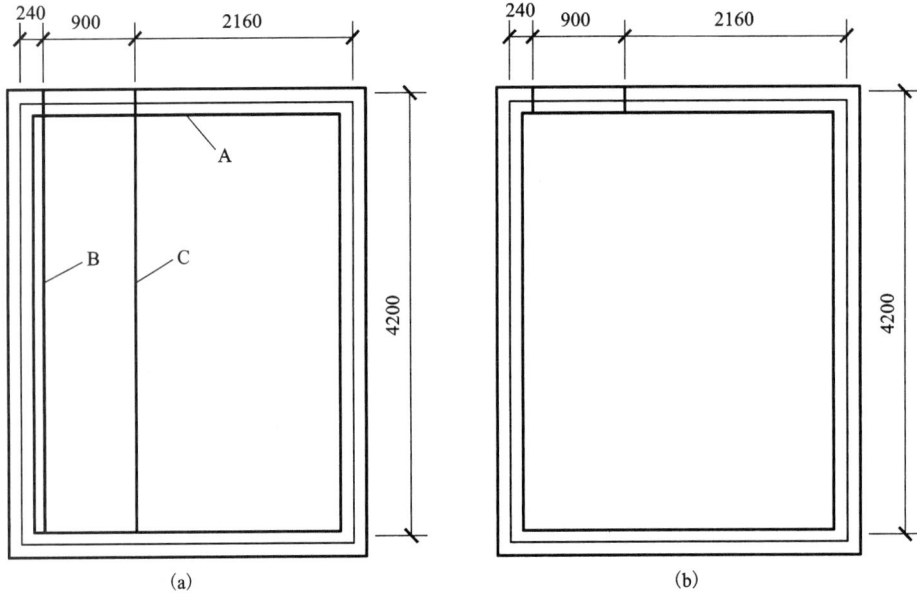

图 5 – 13　绘制门洞线

命令：TRIM

当前设置：投影 = UCS，边 = 无

选择剪切边...

选择对象或 ＜全部选择＞：单击内墙线 A 处，找到 1 个

选择对象：回车确认选择

选择要修剪的对象，或按住 Shift 键选择要延伸的对象，或

［栏选（F）/窗交（C）/投影（P）/边（E）/删除（R）/放弃（U）］：单击线段 B 处

选择要修剪的对象，或按住 Shift 键选择要延伸的对象，或

［栏选（F）/窗交（C）/投影（P）/边（E）/删除（R）/放弃（U）］：单击线段 C 处

选择要修剪的对象，或按住 Shift 键选择要延伸的对象，或

［栏选（F）/窗交（C）/投影（P）/边（E）/删除（R）/放弃（U）］：回车结束命令

操作效果如图 5 – 13（b）所示。初学者可参考以上操作完成窗洞线的绘制。

6.圆命令（Circle）

（1）执行方式

- 菜单命令：【绘图】→【圆】
- 工具栏按钮：【绘图】工具栏上的 ⊘ 按钮

- 键盘命令：Circle 或简写 C

（2）操作示例

利用矩形命令绘制门框，圆命令绘制宽度为 900 mm 的平开门，如图 5 - 14(a)所示。

命令：_circle

指定圆的圆心或［三点(3P)/两点(2P)/切点、切点、半径(T)］：单击门洞边中点 A(打开对象捕捉模式)

指定圆的半径或［直径(D)］ < 900 > : 900

修剪时选择边界对象时选择 B 线段和 C 线框，完成圆的修剪，效果如图 5 - 14(c)所示。

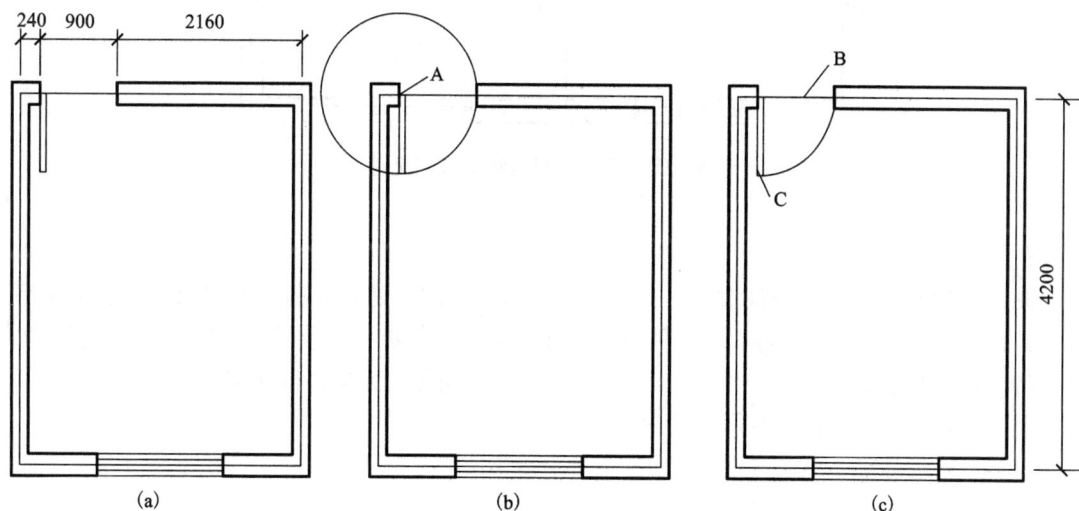

图 5 - 14 绘制门框

7. 镜像命令(Mirror)

（1）执行方式

- 菜单命令：【修改】→【镜像】

- 工具栏按钮：【修改】工具栏上的 按钮

- 键盘命令：Mirror 或简写 MI

（2）操作示例

镜像绘制两间平房平面图，如图 5 - 15 所示。

命令：MIRROR

选择对象：指定对角点：框选一间房的墙线，轴线和门窗找到 20 个

选择对象：指定镜像线的第一点：捕捉 A 点(开启对象捕捉模式)

指定镜像线的第二点：捕捉 B 点

要删除源对象吗？［是(Y)/否(N)］ < N > : 回车

操作效果如图 5 - 15 所示，注意修剪墙体 T 形交接处多余的线段。

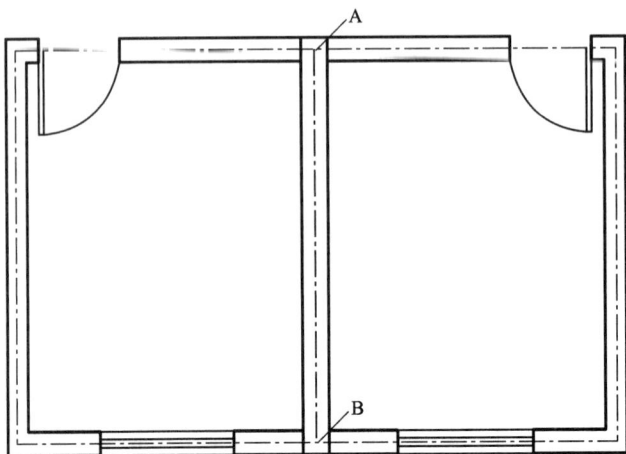

图 5 - 15　镜像绘制两间平房平面图

8. 文字样式

图纸中的文字一般有两种形式，一种是较短的字或词总是在一行出现的文字，称为单行文字，如图名、标题栏信息等；另一种是大段注释文字或带有内部格式（如上、下标或斜体加粗等特殊格式）的较长的输入项，如工程概况、设计说明等，称为多行文字。

书写文字前，需进行文字样式的设置。

（1）执行方式

- 菜单命令：【格式】→【文字样式】

- 工具栏按钮：工具栏上的 按钮

- 键盘命令：Style 或简写 ST

（2）选项说明

【高度】：如果输入大于 0 的值，用该样式输入文字时，文字的高度即为此值，是固定的；如果输入 0，每次使用该样式输入文字时，系统都会提示输入文字高度，可以用一种文字样式输入多种高度的文字。由于建筑图中文字的高度是多样的，一般在高度框中输入 0。

（3）操作示例

命令提示行输入 st，打开【文字样式】对话框，如图 5 - 16 所示。

①在【文字样式】对话框中单击【新建】按钮，打开【新建文字样式】对话框，如图 5 - 17 所示。输入样式名为"长仿宋体"。

②选择【字体名】为"T 仿宋 - GB2312"，【高度】为 0，【宽度因子】为 0.8。

③在预览框中对创建的文字样式效果进行预览，如图 5 - 18 所示，满意后依次单击【应用】和【关闭】按钮。这样在样式列表框中可看到新创建的"长仿宋体"样式。

9. 单行文字标注

用单行文字创建的每行文字都是独立的对象，可以重新定位，调整格式或修改。

（1）执行方式

- 菜单命令：【绘图】→【文字】→【单行文字】

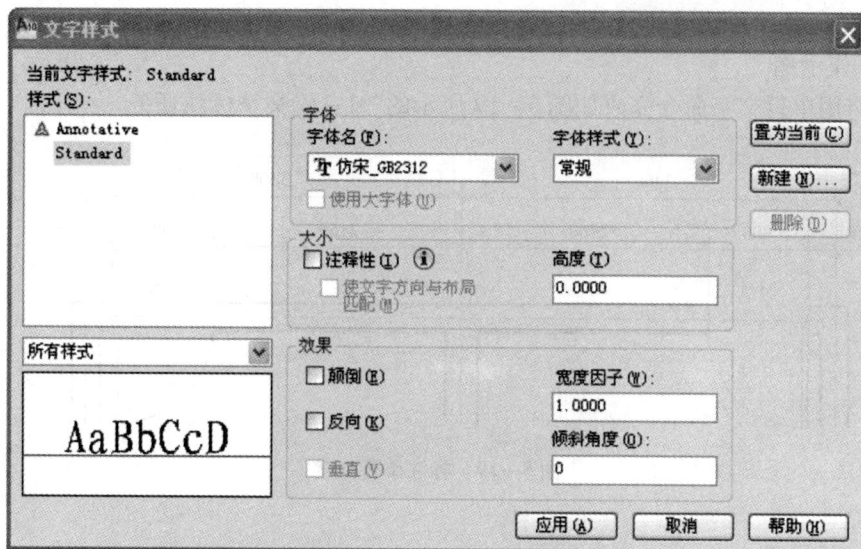

图 5-16　【文字样式】对话框

图 5-17　【新建文字样式】对话框

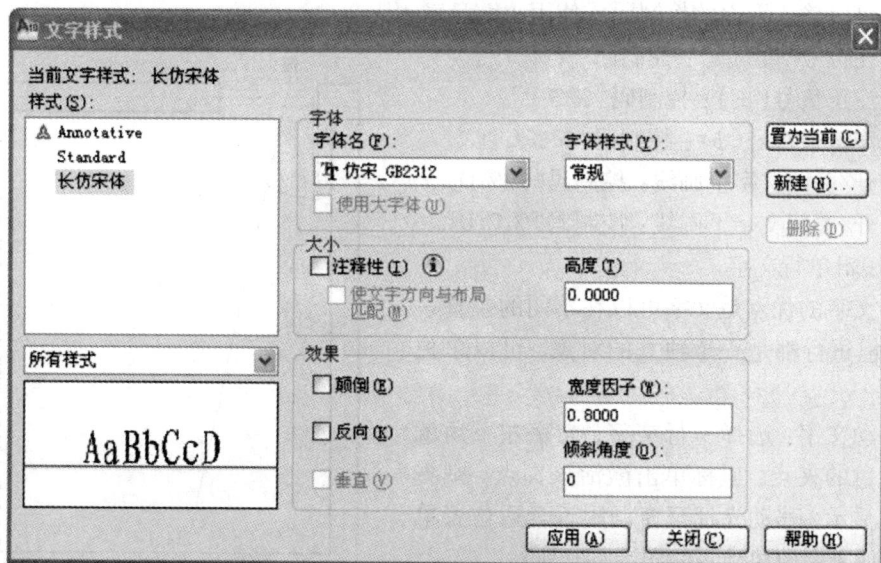

图 5-18　【文字样式】对话框

● 键盘命令：Dtext 或简写 DT

（2）操作示例

下面将用单行文字命令完成如图 5－19 所示的"M－1"文字标注任务。

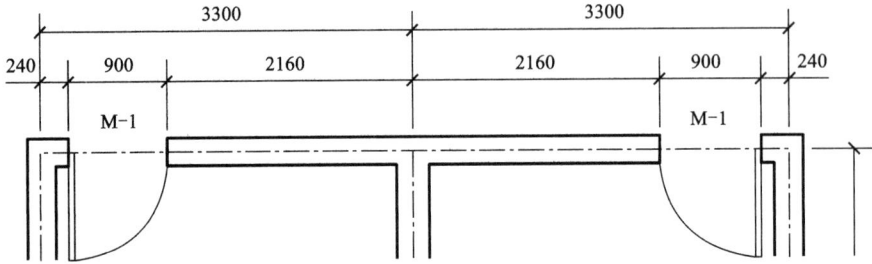

图 5－19　标注单行文字

命令：DTEXT

当前文字样式："样式 1"　文字高度：250　注释性：否

指定文字的起点或［对正（J）/样式（S）］：在屏幕上门洞处单击确定要输入文字的位置

指定高度 ＜250＞：250（指定文字高度为 250 mm）

指定文字的旋转角度 ＜0＞：回车默认文字不选择

此时在屏幕上将出现闪烁的光标，在光标处输入文字"M－1"

移动光标至下一个门洞处，单击定位下一个文字的输入位置，重新输入文字"M－1"，回车即结束单行文字的输入命令。

（3）特殊符号的输入

建筑制图中经常需要输入一些特殊符号，如直径符号（φ）、室内地面标高中的正负号（±）等，可以输入下面的控制码或使用小键盘输入。

①标注符号"度"（°）：控制码"％％D"。

②标注正负号（±）：控制码"％％P"。

③标注直径符号（φ）：控制码"％％C"。

④打开/关闭文字上画线：控制码"％％O"。

⑤打开/关闭文字下画线：控制码"％％U"。

（4）编辑单行文字

单行文字的优点是文字可以在不同的位置一次输入，但每行都是一个独立的对象，可以单独编辑。

①移动文字：选择一行文字，文字左下角就会出现蓝色的夹点，鼠标单击激活该夹点，则夹点呈红色显示，移动光标至窗洞附近合适位置单击，则实现文字的移动。如图 5－20 所示。

②编辑文字内容：对于误输入的文字，或复制的文字需更改其内容，可以先选择单行文字，

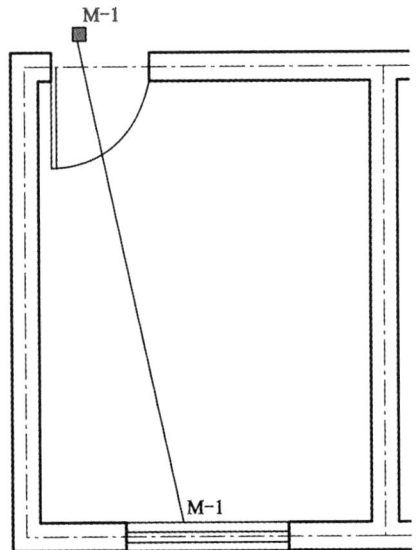

图 5－20　移动单行文字

如选择复制的"M－1"，双击后文字呈高亮蓝色显示，修改文字为"C－1"。如图5－21所示。

　　③修改单行文字的样式、高度及其他特性：选择文字后右击，在弹出的快捷菜单中选择【特性】选项，打开【特性】对话框，如图5－22所示，可根据需要自行修改。

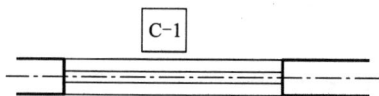

图5－21　编辑单行文字

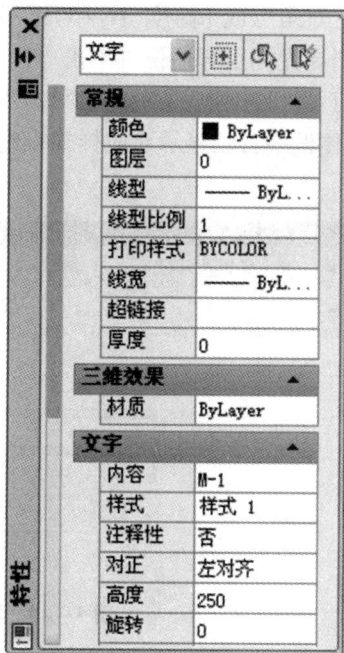

图5－22　【特性】对话框

10.多行文字标注

　　在建筑图中，经常会有一些段落性的文字，如材料说明、做法、施工要求、总说明等，这时用单行文字就不太方便了。需采用多行文字输入法，它能实现文字自动换行且保持整齐的边距。整个多行文字文本是一个对象，作为一个整体进行创建和编辑，输入完成可以任意改变文字块的位置和宽度。

（1）执行方式

● 菜单命令：【绘图】→【文字】→【多行文字】

● 工具栏按钮：工具栏上的 **A** 按钮

● 键盘命令：Mtext或简写MT

（2）操作示例

用多行文字命令完成如图5－23所示多行文字的输入。

<u>说明：</u>

1.建筑面积1200 m^2。

2.砖墙厚度，外墙为370 mm，其余隔墙为240 mm。

3.圈梁纵向钢筋4φ10，箍筋间距φ6@200。

图5－23　输入多行文字

①在命令提示行提示下，完成以下操作。

命令：MTEXT

当前文字样式："长仿宋体"　文字高度：10.0000　注释性：否

指定第一角点：在屏幕上单击一点

指定对角点或［高度（H）/对正（J）/行距（L）/旋转（R）/样式（S）/宽度（W）/栏（C）］：往右下角引导光标至合适位置单击

②打开【文字格式】工具栏和文本输入框，如图 5 - 24 所示。选择文字样式为"长仿宋体"，字体框中自动显示对应样式设定的字体，输入文字高度为 10 mm。

图 5 - 24　【文字格式】工具栏和文本输入框

③在文本框中输入文字，文字达到标尺右侧的边线会自动换行，通过拖动标尺右侧边线可延长一行文字的输入长度，用户也可按 Enter 键强制换行。

④文字输入完毕，单击【确定】按钮，结束多行文字输入命令。

（3）特殊字符的输入

创建堆叠文字，如图 5 - 25 所示。

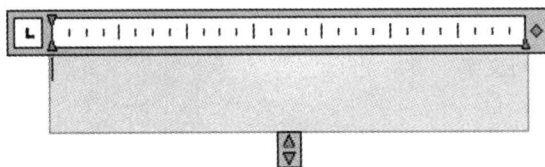

图 5 - 25　创建堆叠文字

输入文字如图 5 - 26 所示，然后在文本框中分别选择"水 200^电 300"、"m2^"、"1/2"、"3#5"，单击工具栏中的 按钮。即可生成如图 5 - 25 所示的堆叠文字。

图 5 - 26　文本框中输入文字

128

（4）编辑多行文字

①移动文字块、改变文字块宽度：选的多行文字，在文字块周围会出现三个夹点，如图 5 – 27 所示。移动左上角的方形夹点即可移动文字块而不改变其宽度，移动右上角三角形夹点即可改变文字块的宽度而不改变其位置。

说明：

1. 建筑面积1200 m^2。

2. 砖墙厚度，外墙为180 mm，其余隔墙为120 mm。

3. 圈梁纵向钢筋4ϕ10，箍筋间距ϕ6@205。

图 5 – 27　移动文字块、改变文字块宽度

②编辑文字块：双击多行文字，会弹出创建文字格式工具栏和编辑文本框，用户可参考多行文字创建的步骤进行修改。也可选择多行文字后右击，打开【特性】对话框，在对话框中修改多行文字的特性。

四、任务评价

任务评价表

考核项目	分　数			学生自评	小组互评	教师评价	小计
	差	中	好				
是否具备团队合作精神	4	7	10				
是否正确、灵活运用已学知识	4	7	10				
是否遵守劳动纪律	4	7	10				
图线绘制是否规范	12	21	30				
作图是否准确	16	28	40				
总计	40	70	100				
教师签字：							

任务三　CAD 绘制平面图形并进行尺寸标注

一、任务提出

绘制洗手盆平面图,如图 5 - 28 所示,完成该图的尺寸标注。

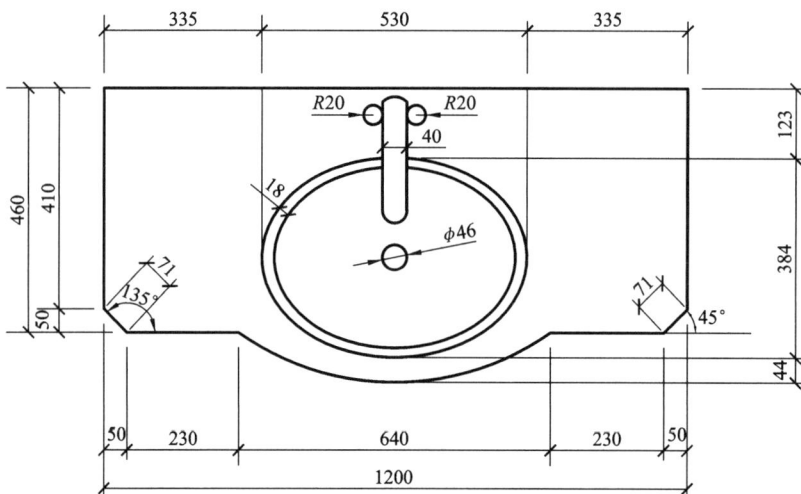

图 5 - 28　洗手盆尺寸标注图

二、任务分析

如图 5 - 28 所示,该洗手盆平面图形由直线、圆、椭圆、圆弧等图形元素组成,用户可用 CAD 基本绘图及修改命令绘制该平面图,并将图形与尺寸标注分层管理,重点练习对平面图形进行尺寸标注。

三、必备知识和技能

1. 图层与对象特性

图层相当于透明的电子图纸,创建图层可以方便管理和控制复杂的建筑图形。如根据图层对几何对象、文字、标注进行归类处理,不仅使图形的各类信息清晰、有序,便于观察,而且也会给图形的编辑、修改和输出带来很大的方便。

(1)创建图层

单击【图层】工具栏上的 ![icon] 按钮或输入命令 LA,打开【图层特性管理器】对话框,再单击 ![icon] 按钮,列表框中将新建出名为"图层 1"的图层。直接输入"尺寸标注",按 Enter 键结束。再次按 Enter 键则又开始创建新图层。图层创建的数目由图形的复杂程度和用户方便管理控制决定,由于本例中的图形比较简单,故可创建如图 5 - 29 所示两个图层。

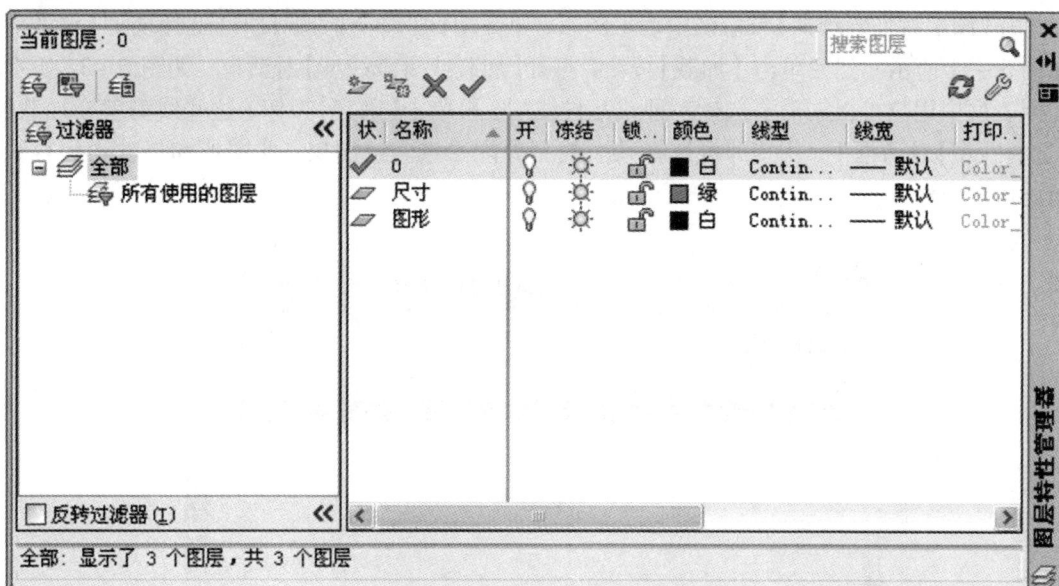

图 5 - 29　【图层特性管理器】对话框

（2）指定图层颜色

在【图层特性管理器】对话框中选定图层，单击图标■白，打开【选择颜色】对话框，如图 5 - 30 所示，在此对话框中选择尺寸层的颜色为"绿"。

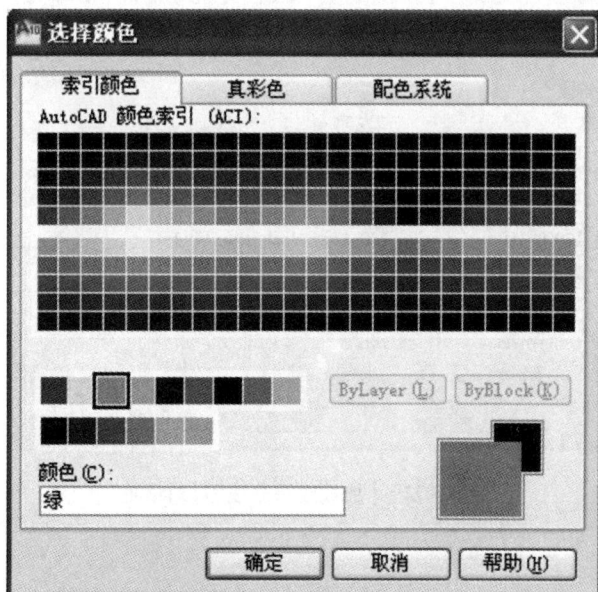

图 5 - 30　【选择颜色】对话框

（3）给层分配线型

在【图层特性管理器】对话框中选定图层，单击图标 Contin... ，打开【选择线型】对话框，如图 5 – 31 所示。然后单击【加载】按钮，打开【加载或重载线型】对话框，如图 5 – 32 所示。在列表框中用户可根据需要选择一种或几种线型，再单击【确定】按钮，这些线型就会加载到【选择线型】对话框中，用户即可选择某一线型分配给选定的图层，此图形和尺寸均为直线，因此可不作修改。

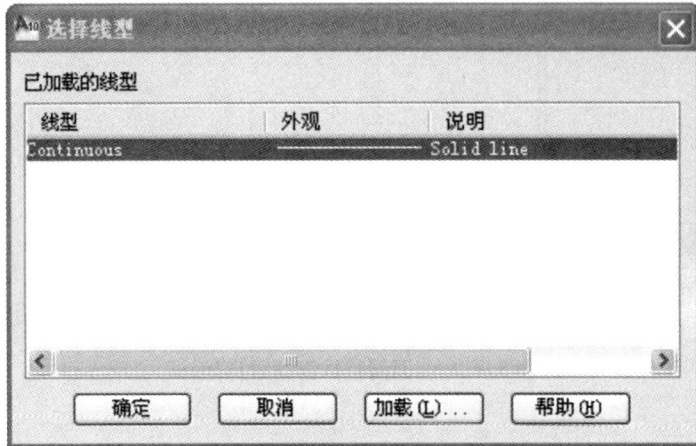

图 5 – 31 【选择线型】对话框

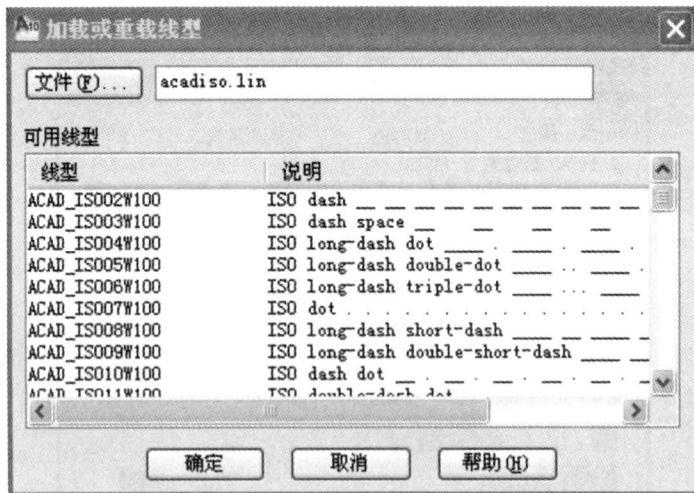

图 5 – 32 【加载或重载线型】对话框

（4）设定线宽

在【图层特性管理器】对话框中选定图层后，单击图标 —— 默认 ，打开【线宽】对话框，如图 5 – 33 所示。通过此对话框，用户可以设置线宽。此例中我们可以设置【尺寸】层线宽为 0.25，【图形】层线宽为 1.0。

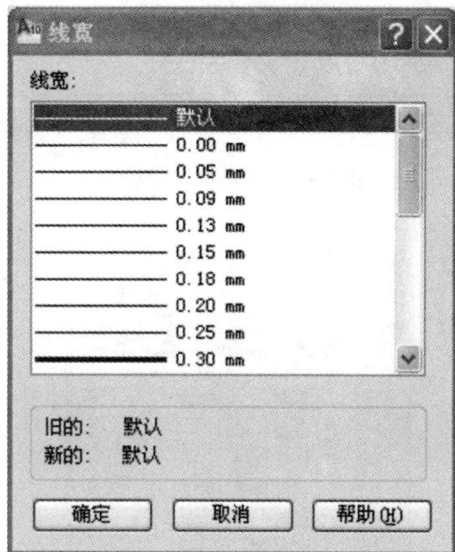

图 5 - 33　【线宽】对话框

（5）控制图层状态

如果工程图中包含大量信息且有很多层，则用户可通过控制图层状态使编辑、绘制和观察等工作变得方便一些。

图层的四种控制状态详细说明如下：

【打开/关闭】：单击 💡 图标关闭或打开某一层，层的开关决定了该层上的对象可见与否，关闭的层不能被打印，但参与图形的重新生成等操作。

【解冻/冻结】：单击 ☼ 图标将冻结或解冻某一层，冻结层上的对象不显示，而且不参与图形的重新生成计算等。因此可暂时冻结不需要处理的图层，这样可以提高命令执行的速度。

【解锁/锁定】：单击 🔓 图标解锁或锁定某一层，锁定图层上的对象可以显示，但不可以修改，因此为避免对不要修改的图形对象的误操作可以锁定某一层。

【打印/不打印】：单击 🖶 图标可以控制是否打印图层上的对象。

绘制复杂图形时，常常需要频繁切换图层，若在【图层特性管理器】对话框中切换则会降低作图效率，可通过窗口界面上的【图层】工具栏，如图 5 - 34 所示，实现快捷的操作。

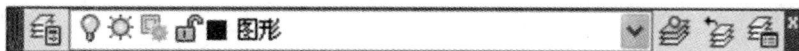

图 5 - 34　【图层】工具栏

在选定图层后绘制的图形对象其特性（如颜色、线型、线宽）受图层的控制，若想单独改变某一图形对象的某个特性又不想换层，可在【特性】工具栏，单独进行设置，如图 5 - 35 所示。或双击图形对象打开【特性】对话框进行修改也是可行的，如图 5 - 36 所示。

图 5-35 【特性】工具栏

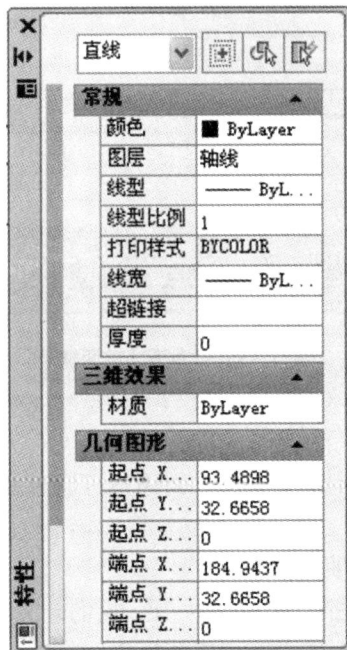

图 5-36 【特性】对话框

2.尺寸标注

为了更加方便、快捷地标注图纸中各种方向、形式的尺寸，AutoCAD2010 提供了线性型尺寸标注、对齐型尺寸标注、角度型尺寸标注、直径型尺寸标注、半径型尺寸标注、指引型尺寸标注、坐标型尺寸标注、中心型尺寸标注等多种标注类型。用户可单击【标注】工具栏按钮，如图5-37 所示，或输入快捷命令启用各标注命令对图形对象快速、准确地进行尺寸标注。

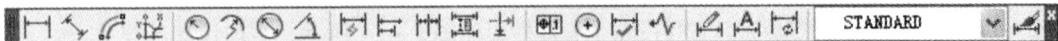

图 5-37 【标注】工具栏

(1)尺寸标注步骤

当图形绘制完成后，应对其进行准确、详细的尺寸标注，用以设计交流和指导施工。尺寸标注一般可按以下步骤进行：

①建立尺寸标注的图层并将该图层置为当前。

②创建符合该图形出图比例的尺寸标注样式并将该样式置为当前。

③开启【对象捕捉】功能，在绘图窗口中对图形对象进行尺寸标注。

134

④对某些尺寸标注进行必要的编辑修改。

（2）尺寸标注的组成

AutoCAD 中，一个完整的尺寸一般由尺寸线、尺寸界线、标注文字（即尺寸数字）和尺寸起止符号四部分组成，如图 5 – 38 所示。尺寸标注是一个复合体，它以块的形式存储在图形中。

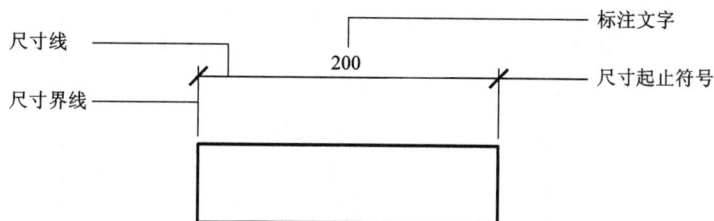

尺寸线

尺寸界线

标注文字

200

尺寸起止符号

图 5 – 38　尺寸标注的组成

（3）创建尺寸标注样式

标注的外观是由当前尺寸样式控制的，系统提供了一个缺省的尺寸样式 ISO – 25，使用缺省样式进行图形尺寸标注时，有可能出现标注文字过小或过大的现象，影响图形的美观。所以用户可以改变这个样式，或者创建自己的标注样式。

①任务。

建立出图比例为 1:50 的尺寸标注样式。

②执行方式。

● 菜单命令：【格式 O】→【标注样式 D】

● 工具栏按钮：【标注】工具栏上的　按钮

● 键盘命令：Dimstyle 或简写 D

③操作步骤。

第一，单击【标注】工具栏上的　按钮，打开【标注样式管理器】对话框，如图 5 – 39 所示。在该对话框中，可以创建新的尺寸样式或修改样式中的尺寸变量。

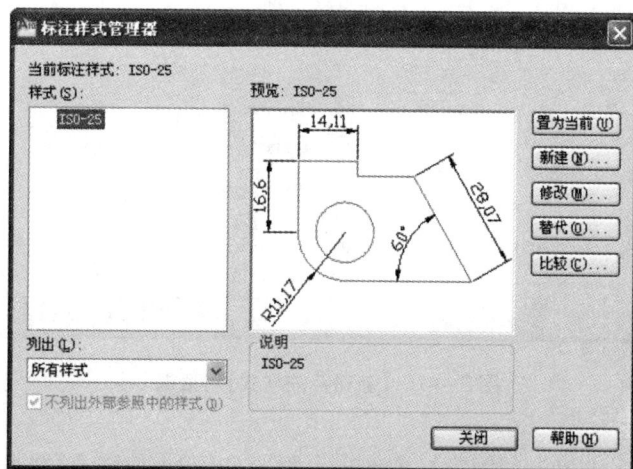

图 5 – 39　【标注样式管理器】对话框

第二，单击 新建(N)... 按钮，打开【创建新标注样式】对话框，如图5-40所示。在该对话框的【新样式名】文本框中输入"建筑标注"。

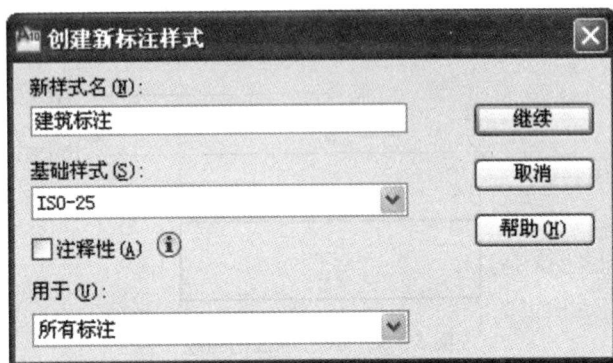

图5-40 【创建新标注样式】对话框

第三，单击 继续 按钮，打开【新建标注样式】对话框，如图5-41所示。该对话框有七个选项卡，在这些选项卡中可以进行以下设置。

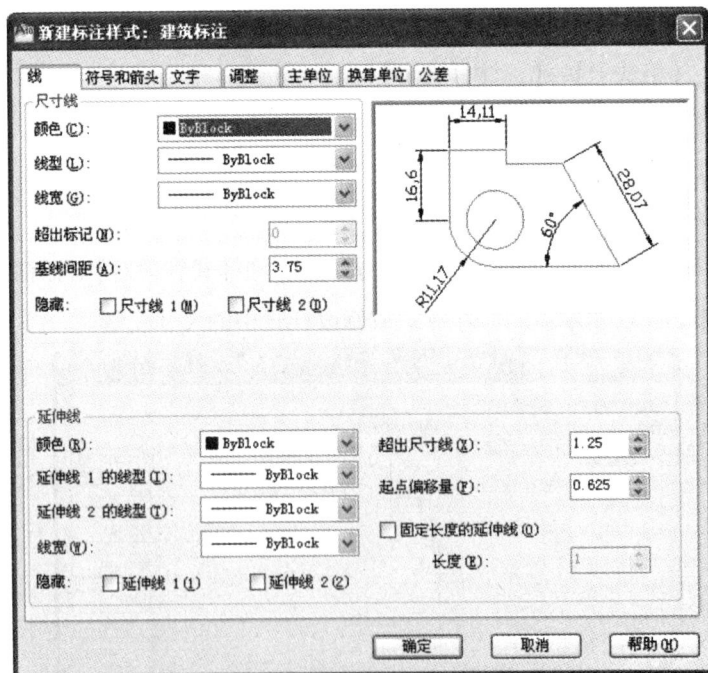

图5-41 【新建标注样式】对话框

● 在【线】选项卡中的【基线间距】、【超出尺寸线】和【起点偏移量】文本框中分别输入8、2和3。

136

- 进入【符号和箭头】选项卡，在【箭头】分组框的【第一项】下拉列表中选择【建筑标记】，在【箭头大小】文本框中输入 2。
- 进入【文字】选项卡，在【文字样式】下拉列表中选择【建筑标注文字】，在【文字高度】、【从尺寸线偏移】文本框中分别输入 3.5 和 0.5。
- 进入【调整】选项卡，在【标注特征比例】分组框的【使用全局比例】文本框中输入 50（绘图比例的倒数）。
- 进入【主单位】选项卡，在【精度】下拉列表中选择 0（即精确到整数）。

第四，单击 确定 按钮，建立了一个新的尺寸样式，再单击 置为当前(U) 按钮使新样式成为当前样式。

（4）标注样式的修改

当尺寸外观不合适时，可通过调整标注样式进行修正。修改尺寸标注的操作是在【修改标注样式】对话框中进行的，改变标注样式并存储后，所有与此样式相关联的尺寸都将发生变化。

①任务。

将上例中创建的"建筑标注"样式修改出图比例为 1:100。

②操作步骤。

第一，在【标注样式管理器】对话框中选择"建筑标注"样式。

第二，单击 修改(M)... 按钮，弹出【修改标注样式】对话框。

第三，在【修改标注样式】对话框的【调整】选项卡下将【标注特征比例】分组框的【使用全局比例】文本框中的 50 改为 100。

第四，关闭【标注样式管理器】对话框后，即可更新所有与此样式相关联的尺寸标注。

3. 洗手盆尺寸标注

AutoCAD 的尺寸标注命令非常丰富，用户创建出符合图形标注的样式后就可以轻松地标注各种类型的尺寸。所有尺寸与尺寸样式关联，通过调整尺寸样式，就能控制与样式关联的尺寸外观。下面将通过标注洗手盆（如图 5-28 所示）这一实例介绍各种类型的尺寸标注方法。

（1）线性标注（Dimlinear）

①任务。

使用线性标注命令标注洗手盆台面总长度"1200"。

②执行方式。

- 菜单方式：【标注 N】→【线性 L】
- 工具栏按钮：□
- 键盘命令：Dimlinear 或 DIM

③操作步骤。

命令：_dimlinear

指定第一条延伸线原点或 <选择对象>：//捕捉 A 点，如图 5-42 所示

指定第二条延伸线原点：//捕捉 B 点

指定尺寸线位置或[多行文字(M)/文字(T)/角度(A)/水平(H)/垂直(V)/旋转(R)]：

//拖动鼠标光标将尺寸线放置在适当的位置，单击鼠标左键完成操作

标注文字 ＝ 1200

采用相同的方法，对其他单独的线性尺寸进行标注，如图 5 - 42 所示。

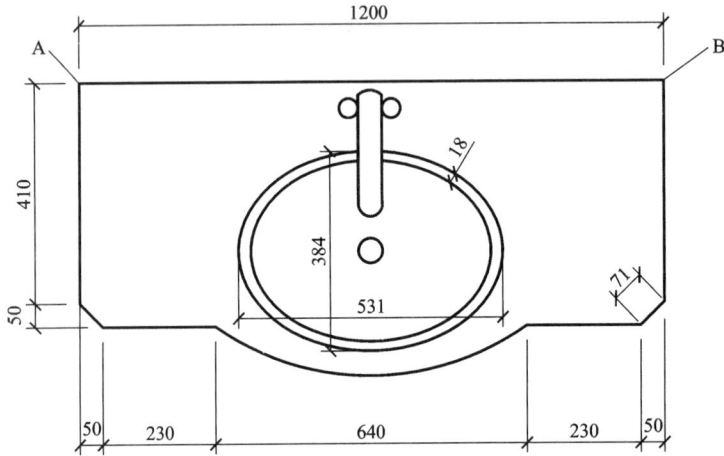

图 5 - 42　创建线性标注

技术提示：若修改了尺寸标注的文字，就会失去尺寸标注的关联性，即尺寸数字不随标注对象的改变而改变。

（2）对齐标注（Dimaligned）

①任务.

使用对齐标注命令标注如图 5 - 43 所示洗手盆的倒角尺寸"71"。

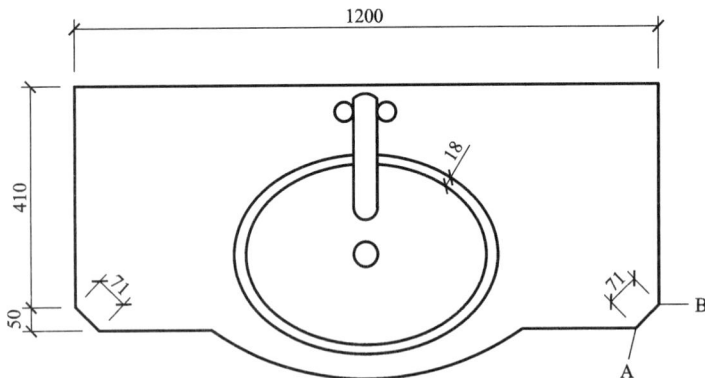

图 5 - 43　创建对齐标注

②执行方式。

- 菜单方式：【标注 N】→【对齐 G】
- 工具栏按钮：
- 键盘命令：Dimaligned 或简写 DAL

③操作步骤。

命令：_dimaligned

指定第一条延伸线原点或 <选择对象>：//捕捉交点 A，或按回车键选择要标注的对象，如图 5-43 所示

指定第二条延伸线原点：//捕捉交点 B

指定尺寸线位置或[多行文字(M)/文字(T)/角度(A)]：//移动鼠标光标指定尺寸线的位置

标注文字 = 71

继续标注尺寸"71"，结果如图 5-43 所示。

(3)基线标注(Dimaligned)

①任务。

使用基线标注命令标注如图 5-44 所示洗手盆的基线尺寸"1200"。

②执行方式。

* 菜单方式：【标注 N】→【基线 B】
* 工具栏按钮：⊢⊤
* 键盘命令：Dimbaseline ↙或简写 DBA ↙

③操作步骤。

命令：_dimbaseline

指定第二条延伸线原点或[放弃(U)/选择(S)] <选择>：//按空格或回车键

选择基准标注：//单击选择右侧线性标注 50

指定第二条延伸线原点或[放弃(U)/选择(S)] <选择>：//捕捉 A 点

标注文字 = 1200

指定第二条延伸线原点或[放弃(U)/选择(S)] <选择>：//按空格或回车键退出选择

继续标注尺寸"460"，结果如图 5-44 所示。

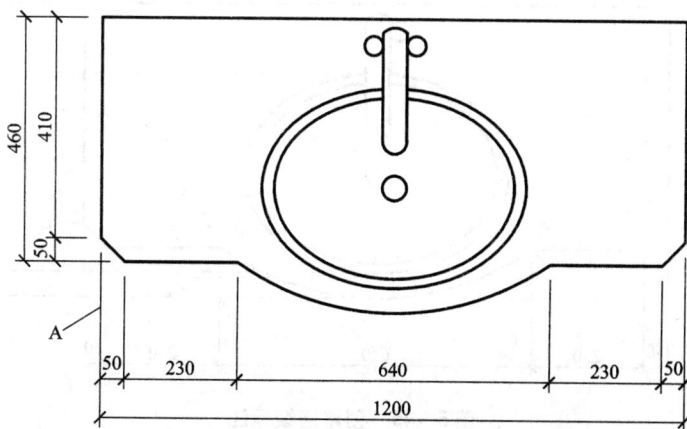

图 5-44　创建基线标注

技术提示：对于第二道尺寸线的尺寸界限起点，系统会默认与上一次标注的线性标注尺寸

界限的起点重合，若此点不是想要的起始点，用户也可以通过空格或回车后，重新选择起始点。

（4）连续标注（Dimaligned）

①任务。

使用连续标注命令标注如图 5 – 45 所示洗手盆的连续尺寸"230、640、230、50"。

②执行方式。

- 菜单方式：【标注 N】→【连续 C】
- 工具栏按钮：
- 键盘命令：Dimcontinue 或简写 DCO

③操作步骤。

命令：_dimcontinue

选择连续标注：

指定第二条延伸线原点或［放弃(U)/选择(S)］＜选择＞://捕捉 A 点

标注文字 = 230

指定第二条延伸线原点或［放弃(U)/选择(S)］＜选择＞://捕捉 B 点

标注文字 = 640

指定第二条延伸线原点或［放弃(U)/选择(S)］＜选择＞://捕捉 C 点

标注文字 = 230

指定第二条延伸线原点或［放弃(U)/选择(S)］＜选择＞://捕捉 D 点

标注文字 = 50

指定第二条延伸线原点或［放弃(U)/选择(S)］＜选择＞://捕捉 E 点

选择连续标注://回车结束命令

继续标注尺寸"335、530、335"等，结果如图 5 – 45 所示。

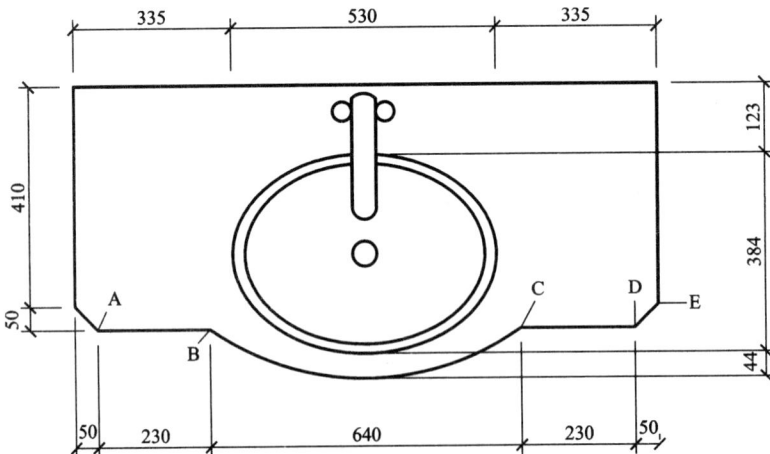

图 5 – 45　创建连续标注

（5）直径标注（Dimaligned）

①任务。

使用直径标注命令标注如图 5 - 46 所示洗手盆的直径尺寸"46"。

②执行方式。

- 菜单方式:【标注 N】→【直径 D】
- 工具栏按钮: ⊘
- 键盘命令: Dimdiameter 或简写 DIMDIA

③操作步骤。

命令: _dimdiameter

选择圆弧或圆://单击 A 圆圆周上一点

标注文字 = 46

指定尺寸线位置或 [多行文字(M)/文字(T)/角度(A)]:

//移动鼠标光标指定标注文字的位置

继续标注尺寸"39、40、1226"等, 结果如图 5 - 46 所示。

(6)半径标注(Dimaligned)

①任务。

使用半径标注命令标注如图 5 - 47 所示洗手盆的半径尺寸"23"。

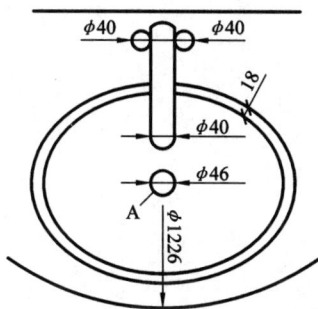

图 5 - 46　创建直径标注

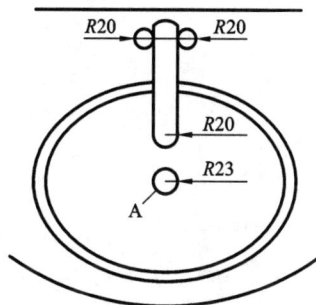

图 5 - 47　创建半径标注

②执行方式。

- 菜单方式:【标注 N】→【半径 R】
- 工具栏按钮: ◎
- 键盘命令: Dimradius 或简写 DIMRAD

③操作步骤。

命令: _dimradius

选择圆弧或圆:// 单击 A 圆圆周上一点

标注文字 = 23

指定尺寸线位置或 [多行文字(M)/文字(T)/角度(A)]:

//移动鼠标光标指定标注文字的位置

继续标注尺寸"20"等, 结果如图 5 - 47 所示。

技术提示:工程图中半径的典型标注样式文字应水平放置,用户可在文字选项卡中将文字对齐方式选择【水平】。

四、任务评价

任务评价表

考核项目	分　数			学生自评	小组互评	教师评价	小计
	差	中	好				
是否具备团队合作精神	4	7	10				
是否正确、灵活运用已学知识	4	7	10				
是否遵守劳动纪律	4	7	10				
图线绘制是否规范	12	21	30				
作图是否准确	16	28	40				
总计	40	70	100				
教师签字：							

任务四　CAD 绘制带肋独立基础三面投影图

一、任务提出

绘制带肋独立基础的三面投影图,如图 5 - 48 所示。(标注图框文字和尺寸)

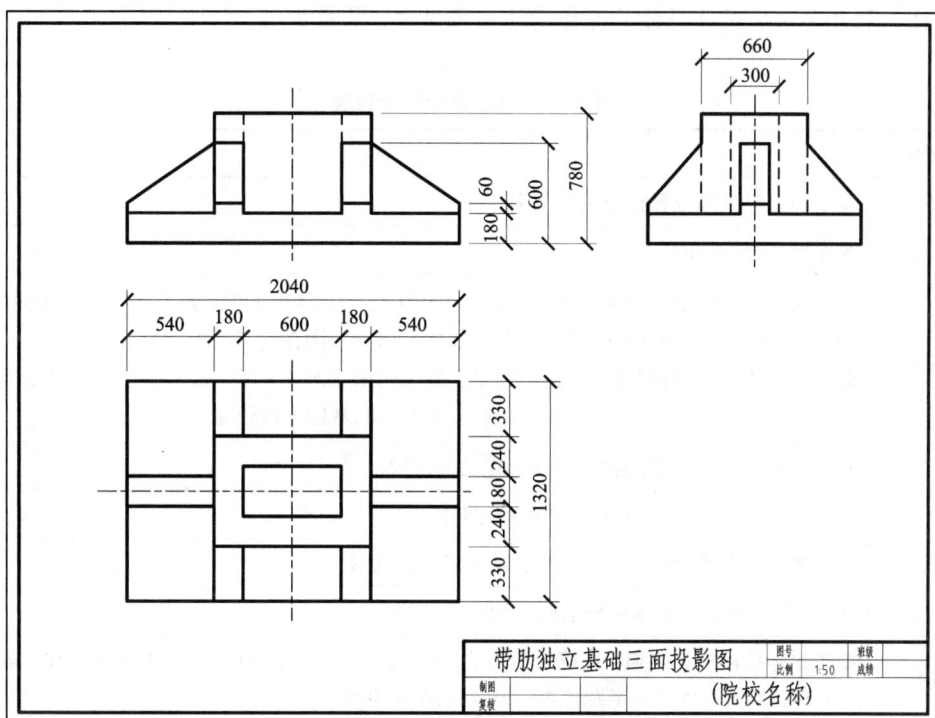

图 5 - 48　带肋独立基础三面投影图

二、任务分析

绘制如图 5 - 48 所示的带肋独立基础三面投影图,需掌握三面投影的基本绘图原理,即"长对正,高平齐,宽相等"。灵活运用 CAD 基本绘图命令和编辑命令绘图,在此基础上,还需掌握 CAD 缩放命令,灵活调整视图显示,掌握图形的选择方法用以准确选择图形对象;此外还需掌握极轴追踪、对象捕捉、正交模式等辅助作图方法完成该图的绘制。

三、必备知识和技能

1. 缩放和平移视图

(1)缩放视图

为便于绘制和观察图形,CAD 提供了多种方式的视图缩放功能。

执行方式:

● 菜单命令:【视图】→【缩放】→选择子菜单当中的选项

- 工具栏按钮：【缩放】工具栏选择相应的按钮（如图5-49所示）
- 键盘命令：Zoom 或简写 Z

图5-49 【缩放】工具栏

下面将对九个缩放按钮具体的操作功能列表显示，见表5-2。

表5-2 缩放命令功能列表

选项类型	说 明
全部	显示图形界限区域和整个图形范围
范围	显示整个图形范围
比例	以指定的比例因子显示图形范围，比例因子为1，则屏幕保护中心点不变，显示范围的大小与图形界限相同；比例因子为其他值，如0.5、2等，则在此基础上缩放 此外，还可用 $n×$ 的形式指定比例因子，当比例因子为 $1×$ 时，表示保存当前显示范围不变，为其他值如 $0.5×$、$2×$ 等时，则在当前范围的基础上进行缩放
中心	显示有中心点和高度（或缩放比例）定义的范围
窗口	显示由两个角的定义的矩形窗口内的部分
动态	在屏幕上动态地显示一个视图框，以确定显示范围
上一个	显示前一个视图，最多可恢复此前的10个视图
实时	根据鼠标移动的方向和距离确定显示比例：垂直向上移动表示放大，垂直向下移动表示缩小；移动窗口高度的一半距离表示缩放比例为100%
放大/缩小	用于菜单和工具栏中，相当于指定比例因子为 $2×$/$0.5×$

（2）平移视图

平移命令用于在不改变图形显示大小的情况下，通过移动图形来观察。

执行方式：

- 菜单命令：【视图】→【平移】→选择子菜单当中的选项
- 工具栏按钮：【标准】工具栏上的 按钮
- 键盘命令：Pan 或简写 P

注：通过鼠标中间滚轮可实现缩放和平移切换，灵活控制视图的显示。

上推滚轮：以鼠标所在位置为中心放大视图显示

下拉滚轮：以鼠标所在位置为中心缩小视图显示

按下滚轮：当鼠标变成 图标即为平移状态

2.图形的选择

使用图形编辑命令时通常要选择相应的图形对象，CAD 系统提供了多种选择对象集的方法，在缺省情况下，用户可以逐个拾取对象，或是利用矩形窗口、交叉窗口一次选取多个对象。

（1）用矩形窗口选择对象

当系统提示选择对象时，在图形元素左上角或左下角单击一点，然后向右拖动鼠标光标，屏幕显示出一实线矩形框，如图 5 -50（a）所示，矩形框中的所有对象（不包括与矩形边相交的对象）将被选中，被选中的对象将以虚线带夹点的形式显示出来，如图 5 -50（b）所示。

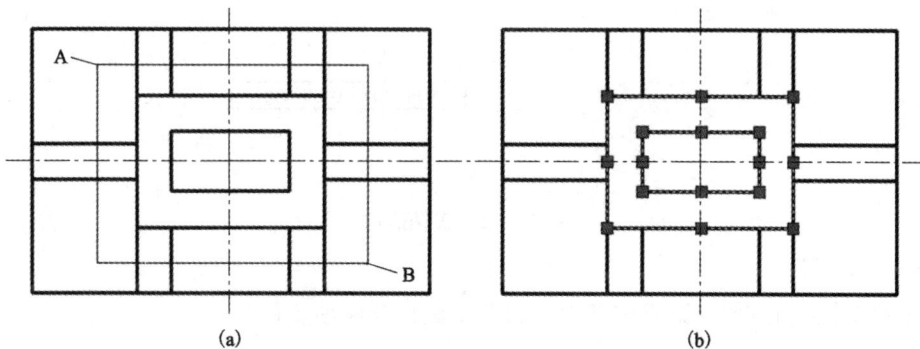

(a)　　　　　(b)

图 5 -50　用矩形窗口选择对象

（2）用交叉窗口选择对象

当系统提示选择对象时，在图形元素右上角或右下角单击一点，然后向左拖动鼠标光标，屏幕显示出一虚线矩形框，如图 5 -51（a）所示，矩形框中的所有对象及与矩形边相交的对象将被选中，如图 5 -51（b）所示。

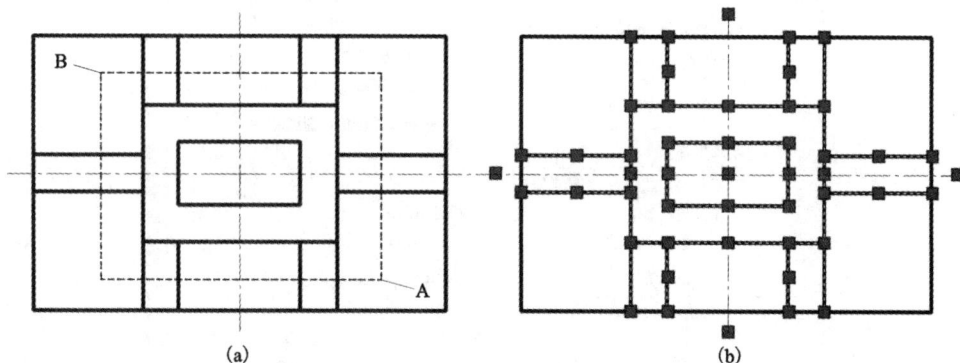

(a)　　　　　(b)

图 5 -51　用交叉窗口选择对象

（3）给选择集添加或去除对象

在编辑过程中，用户往往不能一次性完成对选择集的创建，需要给选择集添加或去除对象。在添加对象时，可直接单击选取或利用矩形窗口、交叉窗口选择要加入的对象；若要去除对象，则可先按住 Shift 键，再从选择集中选择要清除的图形对象。

3. 正交模式

单击状态栏上的 ![按钮] 按钮或按键盘上的 F8 键或 Ctrl + L 打开正交模式。在正交模式下光标只能沿水平或竖直方向移动。画线时若同时打开该模式，则只需输入线段的长度值，系统就会自动画出水平或竖直线段。

4. 极轴追踪

打开极轴追踪后，光标将按用户设定的极轴方向移动，系统将在该方向显示一条追踪辅助线及光标点的坐标值，如图 5 – 52 所示。

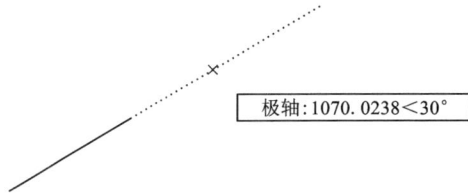

极轴:1070.0238<30°

图 5 – 52 极轴追踪

①执行方式。

单击状态栏上的 ![按钮] 按钮或按键盘上的 F10 键打开极轴追踪

右击 ![按钮] 按钮，在下拉菜单中选择【设置】选项，打开【草图设置】对话框进行设置

②选项说明。

【增量角】：在此下拉列表中可选择极轴变化的增量值，也可以输入新值。设定增量角为 30°，如图 5 – 53 所示。此后若用户打开极轴追踪画线，则光标将沿 0°、30°、60°、90°、120° 等方向进行追踪，再输入长度值，系统就会在该方向上画出线段。

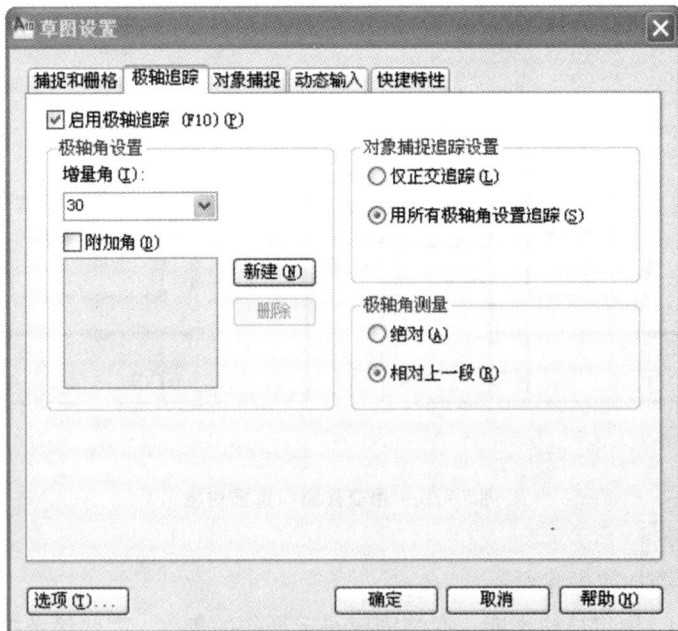

图 5 – 53 【极轴追踪】选项卡

146

【附加角】：除了根据极轴增量角进行追踪外，还可以通过该选项添加其他的追踪角度。

【绝对】：以当前坐标系 x 轴作为计算极轴的基准线。

【相对上一段】：以最后创建的对象为基准线计算极轴角度。

5. 对象捕捉

目标对象捕捉利用光标来自动识别和捕捉特征点，当光标移到目标对象的特征点附近时，会立即显示其特征点。CAD 提供了 13 种目标对象捕捉模式，如图 5-54 所示。在进行目标对象捕捉前，可设置一种或多种对象捕捉模式。

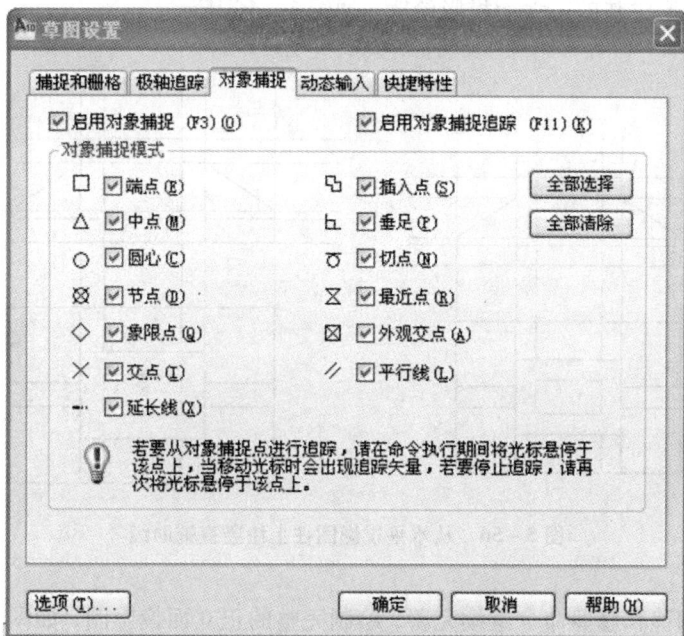

图 5-54 【对象捕捉】选项卡

（1）设置永久对象捕捉

当对象捕捉比较频繁时，可采用永久对象捕捉模式，系统自动选择合适的捕捉模式并进行目标点的捕捉。设置永久对象捕捉模式的方法有：

• 菜单命令：【工具】→【草图设置】→【对象捕捉】选项卡，从中勾选需要的对象捕捉模式

• 工具栏按钮：【对象捕捉】工具栏上的 按钮，如图 5-55 所示，弹出【对象捕捉】选项卡

• 键盘命令：F3 或 Ctrl + F

（2）设置临时对象捕捉

设置临时对象捕捉，在拾取点后，对象捕捉状态也随之消失，其操作方法如下：

• 工具栏按钮：单击【对象捕捉】工具栏上的某个按钮

• 键盘命令：使用键盘输入捕捉模式的前三个英文字母及空格或回车键，可输入用"，"间隔的多种捕捉模式，如端点和圆心模式需输入"End，Cen"

• 右击状态栏上【对象捕捉】工具按钮，弹出快捷菜单，从中单击需要的目标对象捕捉模式

图 5 –55 【对象捕捉】工具栏

6. 绘图步骤

①用直线、偏移和修剪命令完成基础水平投影图的绘制。

②从水平投影图往上绘竖直辅助线(长对正)，在合适位置绘制高度底部基线，参考高度尺寸，偏移、修剪形成基础正立面投影轮廓，如图 5 –56 所示。

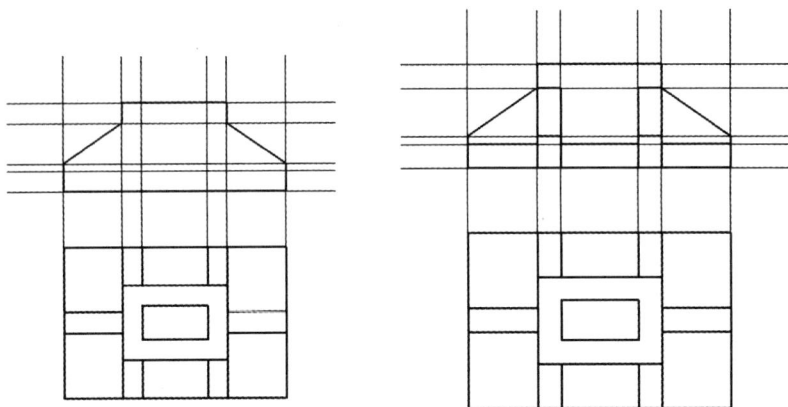

图 5 –56 从水平投影图往上绘竖直辅助线

③用直线、偏移和修剪命令继续完善，绘制完整的正立面投影图，如图 5 –57 所示。

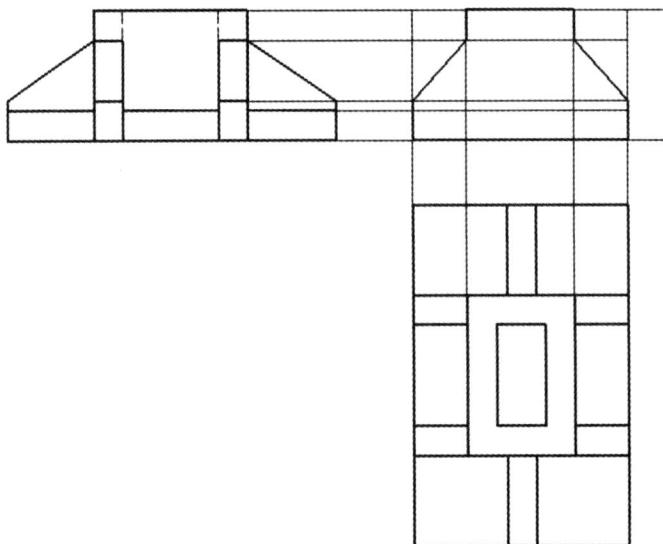

图 5 –57 完善正立面投影图

④将水平投影图复制并旋转90°,移动至绘图区合适位置。

⑤从水平投影图往上绘制竖直辅助线(宽相等),从正面投影图往右绘制水平辅助线(高平齐),如图5-58所示。

⑥完善侧立面图并标注尺寸。

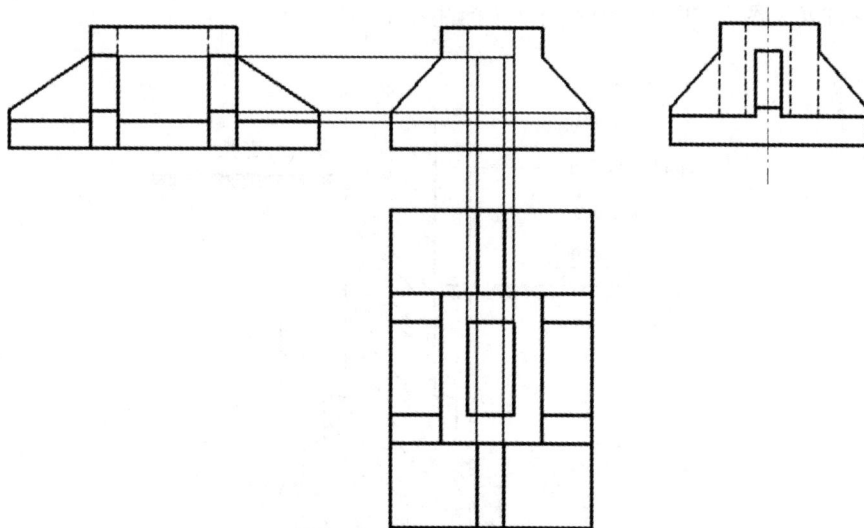

图5-58 绘制侧立面投影图

⑦绘制图框并书写文字。

四、任务评价

任务评价表

考核项目	分　数			学生自评	小组互评	教师评价	小计
	差	中	好				
是否具备团队合作精神	4	7	10				
是否正确、灵活运用已学知识	4	7	10				
是否遵守劳动纪律	4	7	10				
图线绘制是否规范	12	21	30				
作图是否准确	16	28	40				
总计	40	70	100				
教师签字:							

任务五　CAD 绘制基础断面图

一、任务提出

绘制基础断面图，如图 5-59 所示。(标注文字和尺寸)

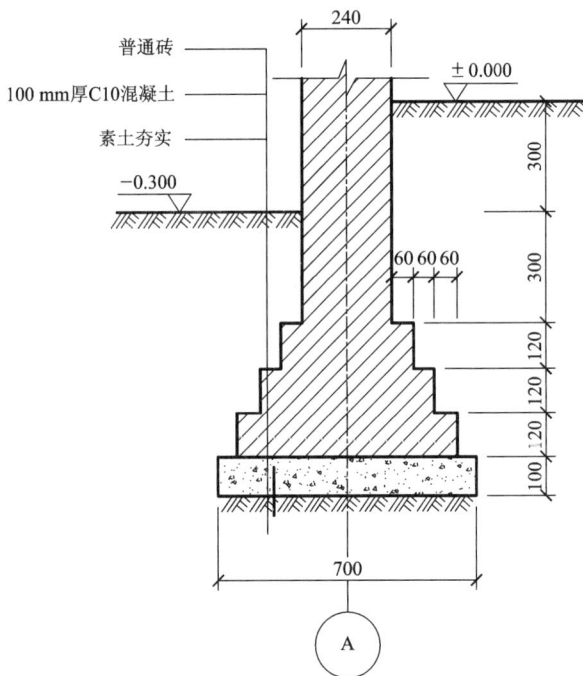

图 5-59　基础断面图

二、任务分析

如图 5-59 所示，该砖基础采用等高式三级大放脚，素土夯实后做 100 mm 厚 C10 混凝土垫层，每边宽出基底 50 mm。剖面图中需要用不同的图例表示不同的建筑材料和构造做法，学生可用 CAD 基本绘图及编辑命令自行完成基础轮廓图形的绘制，本任务重点练习图案填充。

三、必备知识和技能

1. 图案填充(Bhatch)

剖、断面图中的剖面图案一般总是绘制在一个对象或几个对象围成的封闭区域中。在绘制剖面图案时首先要指定填充边界，一般可通过两种方法设定图案边界，一种是在闭合的区域中选一点，系统会自动搜索边界，另一种是通过选择对象来定义边界。系统为用户提供了许多标准填充图案，用户也可定制自己所需的图案，此外还能控制剖面图案的疏密及图案倾角。

（1）执行方式

● 菜单命令：【绘图】→【图案填充】

● 工具栏按钮：【绘图】工具栏上的 ▨ 按钮

● 键盘命令：bhatch 或简写 H

（2）操作步骤

①单击【绘图】工具栏上的 ▨ 按钮，打开【图案填充和渐变色】对话框，选择【图案填充】选项卡，如图 5－60 所示。

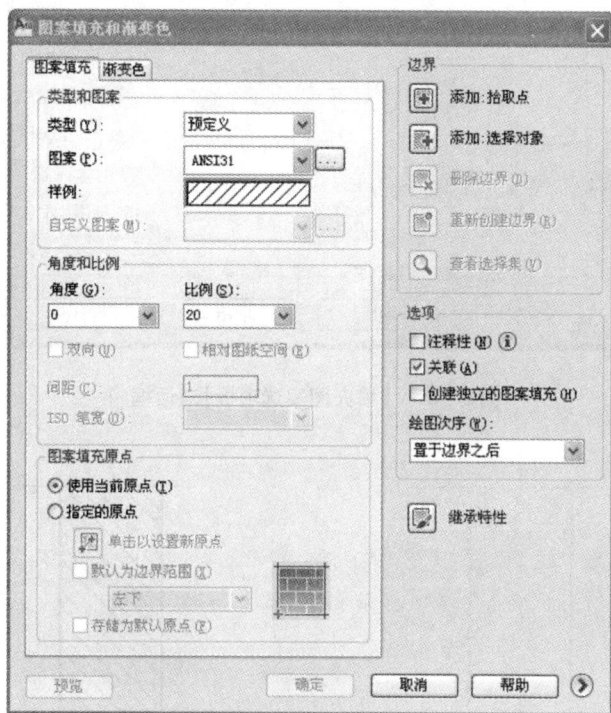

图 5－60　【图案填充和渐变色】对话框

②单击【图案】下拉列表右边的 ... 按钮，打开【填充图案选项板】对话框，在【ANSI】选项卡中选择剖面图案【ANSI31】，如图 5－61 所示。

③返回【图案填充和渐变色】对话框，单击 ▣ 按钮（拾取点），系统提示"拾取内部点"，在填充区域 A 点处单击，此时系统将会自动寻找一个闭合的边界，如图 5－62 所示。

④按 Enter 键返回【图案填充和渐变色】对话框，在【角度】和【比例】框中分别输入数值 0 和 240。

⑤单击 预览 按钮，观察填充后的预览效果，如满意按 Enter 键确认，完成剖面图案的绘制，结果如图 5－59 所示。若不满意，按 Esc 键返回【图案填充和渐变色】对话框，重新设定有关参数。

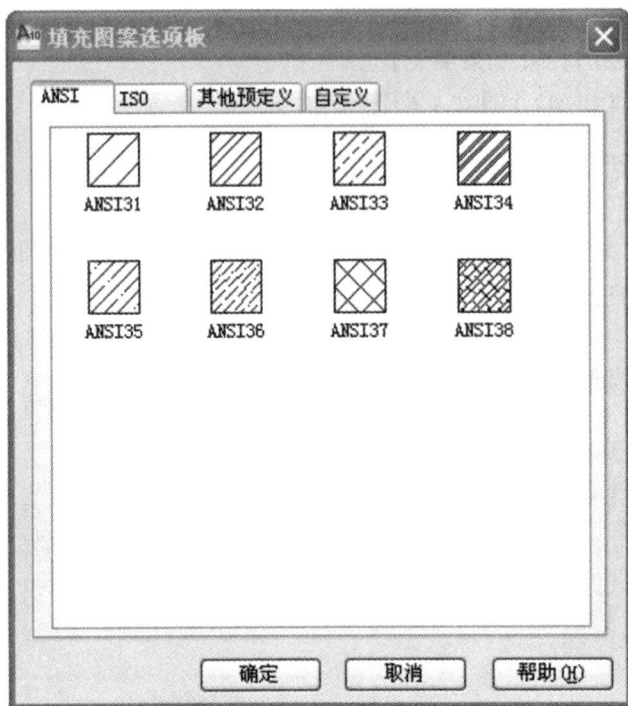

图 5 – 61 【填充图案选项板】对话框

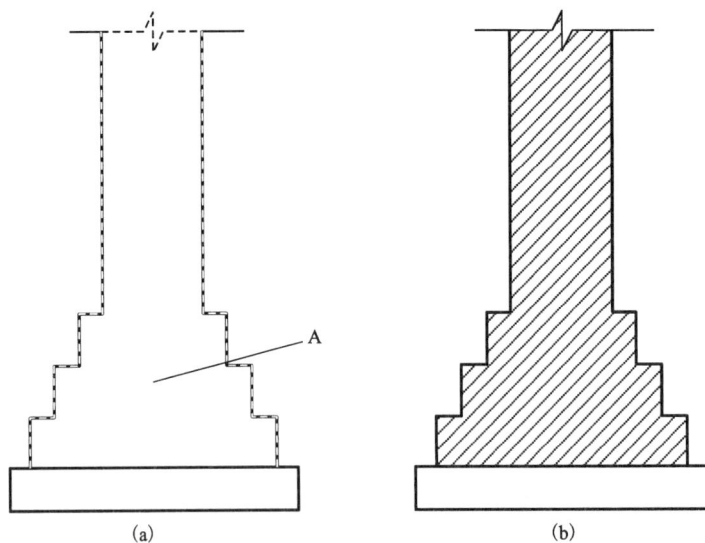

(a)   (b)

图 5 – 62　对基础断面进行图案填充

(a)基础断面填充前；(b)基础断面填充后

　　在建筑图中有些断面图案没有完整的边界，如图 5 – 59 所示，夯实土壤无完整的封闭区域，创建此类图案的方法如下：

　　第一，在封闭的区域填充图案，然后删除部分或全部边界对象。

第二，将不需要的边界对象修改到其他图层上，关闭或冻结此图层，使边界对象不可见。

第三，在断面图案内绘制一条辅助线，以此线作为剪切边修剪图案，然后再删除辅助线。

（3）【图案填充和渐变色】对话框中常用选项说明

【类型】：选择所要填充的图案类型，默认为"预定义"，下拉菜单包括"用户定义"和"自定义"，其中"用户定义"填充图案由一组或两组相互垂直交叉的平行线组成。

【图案】：通过其下拉列表或右边的 ⋯ 按钮选择所需的填充图案。

【角度】：指定填充图案的旋转角度，用户可根据需求自己输入角度，默认值为0。

【比例】：用于调整预定义与自定义填充图案的间距，用户可从下拉菜单选择或自己输入新的数值，默认为1。（注：大于1为放大图案间距，小于1为缩小间距）

【添加：拾取点】：通过在填充区域内部指定任意一点来确定需要填充的区域，是图案填充中最常用的一种方式。

【添加：拾取对象】：通过鼠标拾取要填充区域的组成对象。图形复杂时用拾取点的方式搜索边界集时间较长，一般采取拾取对象的方式，可快速地定义边界区域。

【删除边界】：填充边界中常包含一些闭合区域，这些区域称为孤岛，若希望在孤岛中也填充图案，则单击 按钮，选择要删除的孤岛。

初学者可根据以上示例完成图形中垫层和夯实土壤部分的图案填充，完成效果如图 5 - 59 所示。

四、任务评价

任务评价表

考核项目	分　数			学生自评	小组互评	教师评价	小计
	差	中	好				
是否具备团队合作精神	4	7	10				
是否正确、灵活运用已学知识	4	7	10				
是否遵守劳动纪律	4	7	10				
图线绘制是否规范	12	21	30				
作图是否准确	16	28	40				
总计	40	70	100				
教师签字：							

任务六　CAD制作拱门三维模型

一、任务提出

绘制拱门的三维模型，如图5-63所示，并将其保存在"D:\CAD练习"文件夹中。

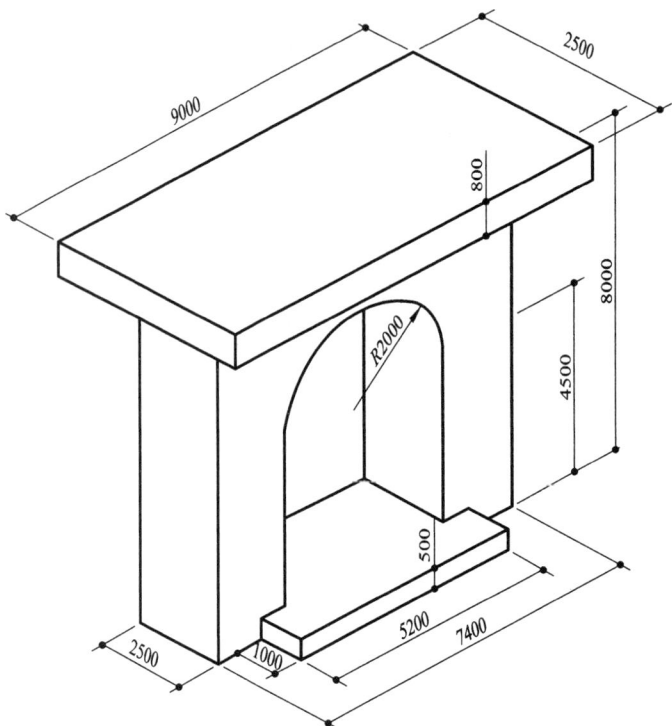

图5-63　拱门的三维模型图

二、任务分析

该拱门三维模型由三部分构成，即长方体盖板，中间带孔的长方体拱墙及长方体底座。绘图时可按照由下往上的顺序创建模型并进行叠加。

三、必备知识和技能

1.三维建模界面

绘制三维图形，需单击CAD界面窗口右下角的 ⚙二维草图与注释▼ 按钮，在下拉菜单中选择【三维建模】选项，打开三维建模操作界面，如图5-64所示。

组成该窗口的各部分的功能跟CAD经典界面相差不大，详情可参照"任务一"中的介绍，所不同的是工具栏都集中排列在绘图区上方，形成集中的命令面板。界面窗口中包含八个菜单项，分别是【常用】、【网络建模】、【渲染】、【插入】、【注释】、【视图】、【管理】、【输出】。单击每个菜单将对应不同的工具面板，面板上将会有不同的选项卡。为了扩大绘图区域常将不常用的工具栏关闭。

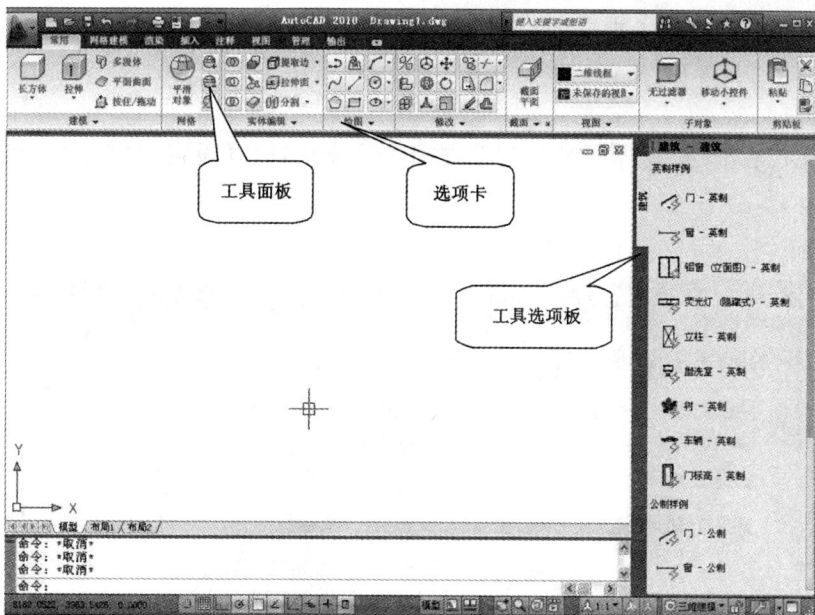

图 5-64　三维建模操作界面

2. 观察三维模型

在绘制三维图形的过程中，常需要从不同方向观察图形。当用户设定查看方向后，Auto-CAD就显示出对应的3D视图，具有立体感的视图有助于帮助正确理解模型的空间结构。AutoCAD默认的视图是 XY 平面视图，这时观察点在 Z 轴上，因此用户看不见物体的高度，所见的是模型在 XY 平面内的视图。

单击菜单【视图】→【视图】选项卡中的 按钮，将打开如图5-66所示的下拉菜单。

AutoCAD的视图工具中提供了10种标准视点，可方便用户从不同角度观察模型。在初始作图状态下，我们常选择【东南等轴测】。此时绘图区中的坐标和光标将变为如图5-65(b)所示的图标。

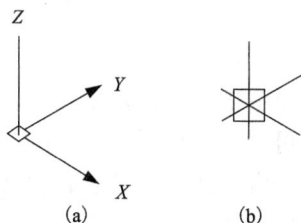

图 5-65　三维建模模式下的光标形态

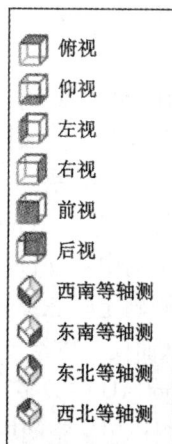

图 5-66　10种标准视点

该平面坐标系中 *X* 和 *Y* 轴与水平线间的夹角为 30 度,为方便绘制与 *X* 轴、*Y* 轴方向一致的二维图形对象,可激活【轴测投影模式】辅助绘图。

操作示例:

①在状态栏右击 ⌖(极轴追踪)按钮,在下拉菜单中选择【设置】选项,打开【草图设置】对话框,如图 5 - 67 所示。

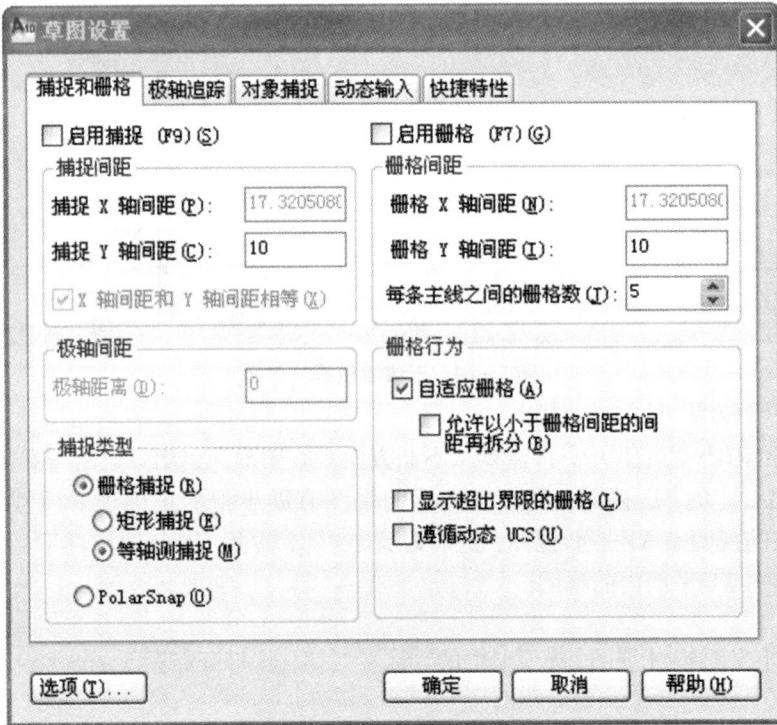

图 5 - 67 【草图设置】对话框

②在【草图设置】对话框中【捕捉和栅格】选项卡下【捕捉类型】分组框中选择【等轴测捕捉】。

③在【草图设置】对话框中【极轴追踪】选项卡下【增量角】输入 30,如图 5 - 68 所示,单击【确定】按钮,完成【轴测投影模式】的设置。

3.用户坐标系

缺省情况下,AutoCAD 的坐标系是世界坐标系,该坐标系是一个固定坐标系。用户也可在三维空间中建立自己的坐标系(UCS),该坐标系是一个可动的坐标系,坐标轴正向由右手螺旋法则确定。三维绘图时,UCS 坐标系很有用,因为用户可在任意位置、沿任意方向建立UCS,从而使三维绘图更加容易。

AutoCAD 中大多数 2D 命令只能在当前坐标系的 *XY* 平面或与 *XY* 平面平行的平面内执行,若用户想在空间中某一平面内使用 2D 命令,则应沿此平面位置创建新的 UCS 坐标系。

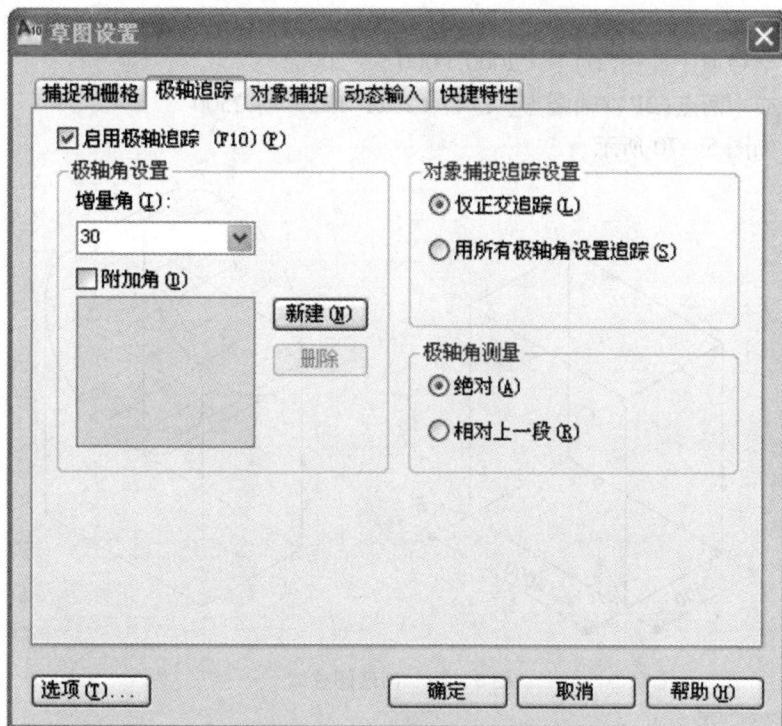

图 5 - 68　【极轴追踪】选项卡

操作示例：

建立新的坐标系(将 UCS 坐标系绕 Y 轴旋转 $-90°$)辅助绘制拱门模型，如图 5 - 69 所示。

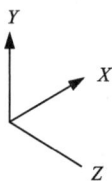

图 5 - 69　坐标系统 Y 轴旋转 $-90°$

命令：ucs

当前 UCS 名称：* 没有名称 *

指定 UCS 的原点或 [面(F)/命名(NA)/对象(OB)/上一个(P)/视图(V)/世界(W)/X/Y/Z/Z 轴(ZA)] <世界>：捕捉 A 点

指定 X 轴上的点或 <接受>：捕捉 B 点

指定 XY 平面上的点或 <接受>：捕捉 C 点

此时坐标中 XY 轴将改变方向，如图 5 - 69 所示。

命令：_cylinder(创建圆柱体)

指定底面的中心点或 [三点(3P)/两点(2P)/切点、切点、半径(T)/椭圆(E)]：捕捉

D 点

    指定底面半径或［直径(D)］＜2000.0000＞：2000

    指定高度或［两点(2P)/轴端点(A)］＜2621.1229＞：2500

    操作效果如图 5－70 所示。

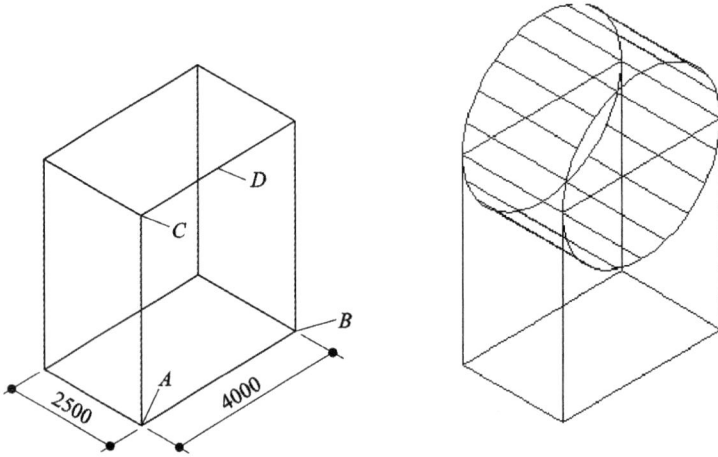

图 5－70　创建圆柱体

4. 三维动态观察

    使用3DORBIT 命令将激活交互式的动态视图，如图 5－71 所示，用户可以通过单击并拖动鼠标的方法来改变观察方向，从而能够非常方便地获得不同方向的 3D 视图，使用此命令可观察整个绘图区的全部对象。当想观察某一对象时，应先选择该对象再启动3DORBIT 命令。

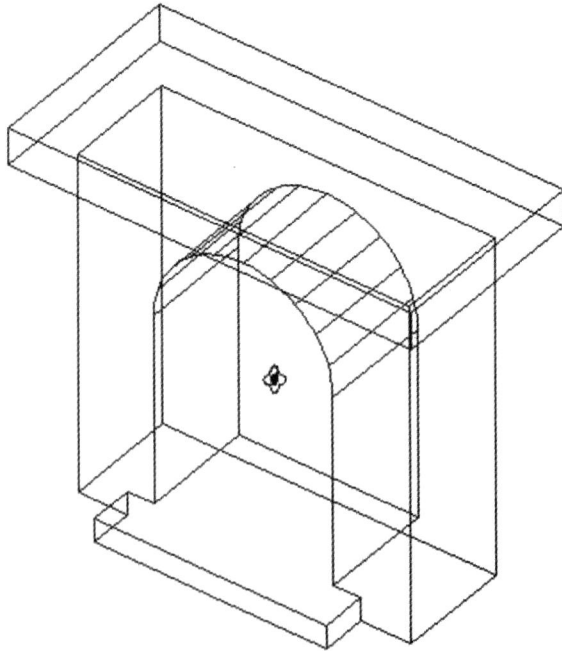

图 5－71　三维动态观察模式下的模型

命令执行方式：

- 工具栏按钮：【视图】→【导航】→ ✛ 按钮
- 键盘命令：_3dorbit 或简写 ORBIT

启动该命令后，光标会变成 图标，此时按下鼠标左键拖动光标，待观察的对象位置

不动，而视点将绕 3D 对象旋转，显示结果是视图在不断转动。

5.创建三维实体

创建三维实体模型命令：单击【常用】→【建模】→ 长方体 按钮。在打开下拉菜单中选择需

创建的基本立体。此外，还可通过拉伸及旋转 2D 对象形成三维实体。下面将列表显示下拉
菜单中的七个按钮的功能及操作时要输入的主要参数，见表 5－3。

表 5－3　创建基本立体的命令按钮

按钮	功能	要输入的参数
▢	创建长方体	指定长方体的一个角点，再输入另一个角点的相对坐标，指定高度值
▢	创建圆柱体	指定圆柱体底面的中心，输入圆柱体的半径及高度
△	创建圆锥体	指定圆锥体底面中心点，输入圆锥底面半径及椎体高度
○	创建球体	指定球心，输入球半径
◁	创建楔形体	指定楔形体的一个角点，再输入另一个角点的相对坐标及高度
△	创建棱锥体	指定棱锥体底面中心，输入底面内接圆半径及椎体高度
◎	创建圆环	指定圆环的中心点，输入圆环体半径及圆管半径

操作示例：

用长方体命令创建拱门顶盖，如图 5－72 所示。

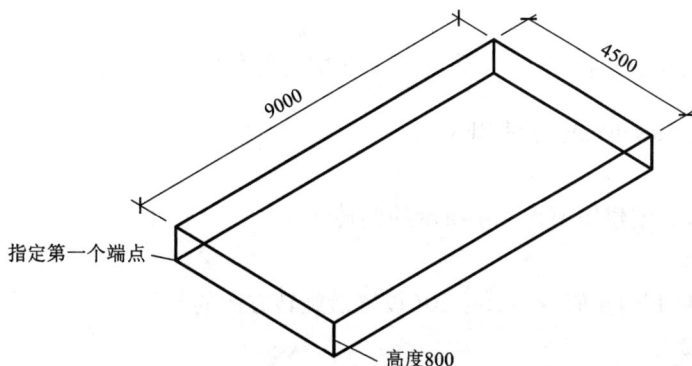

图 5－72　创建拱门顶盖

命令：_box

指定第一个角点或［中心(C)］：屏幕上合适位置单击

指定其他角点或［立方体(C)/长度(L)］：@4500,9000

指定高度或［两点(2P)］＜5725.5818＞：800

6.拉伸和旋转创建三维实体

(1)拉伸

①执行方式。

- 工具栏按钮：【常用】→【建模】→ 按钮

- 键盘命令：Extrude 或简写 EXT

②操作示例。

通过拉伸命令，创建拱门图样的底座。按尺寸在俯视中绘制二维图形并将其创建成面域。如图 5 - 73 所示。

命令：_extrude

当前线框密度：ISOLINES = 20

选择要拉伸的对象：选择该面域

选择要拉伸的对象：回车确定鼠标引导光标往上移动确定拉伸方向

指定拉伸的高度或［方向(D)/路径(P)/倾斜角(T)］＜2500.0000＞：鼠标引导光标往上移动确定拉伸方向，输入 500

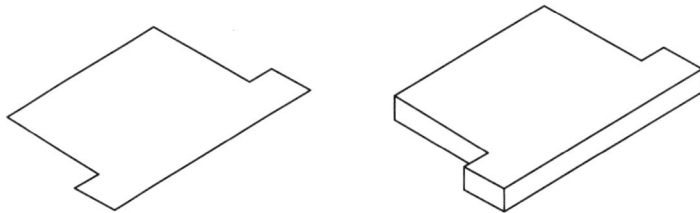

图 5 - 73　拉伸命令建模

(2)旋转

①执行方式。

- 工具栏命令：【常用】→【建模】→ 下拉三角形按钮→

- 键盘命令：Revolve 或简写 REV

②操作示例。

通过旋转命令，创建如图 5 - 74 所示的旋转体。

命令：surftab1

输入 SURFTAB1 的新值 ＜10＞：20(设置沿旋转方向的分段数)

命令：surftab2

输入 SURFTAB2 的新值 ＜10＞：(设置沿旋转轴方向的分段数)

命令：_revolve

选择要旋转的对象：选择曲线

指定轴起点或根据以下选项之一定义轴［对象（O）/X/Y/Z］＜对象＞：捕捉直线一端端点

指定轴端点：捕捉直线另一端端点

指定旋转角度或［起点角度（ST）］＜360＞：回车结束命令

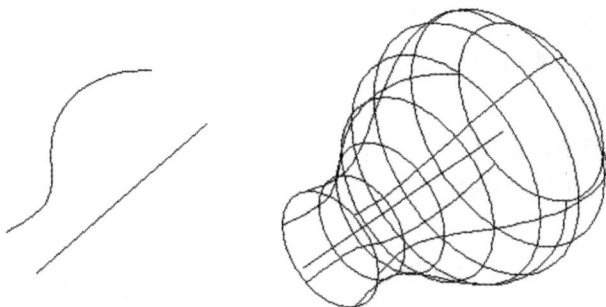

图 5 - 74　旋转命令建模

7. 三维实体布尔运算

基本三维实体和二维对象转换得到的简单三维实体通过进行布尔运算，就能构建出复杂的三维模型。

（1）并集操作（Union）

通过单击工具面板上的 ⊚ 按钮，可将两个或多个实体合并在一起形成新的单一实体。

操作示例：

命令：_union

选择对象：选择圆柱体和长方体

选择对象：回车键结束命令

操作结果如图 5 - 75（b）所示。

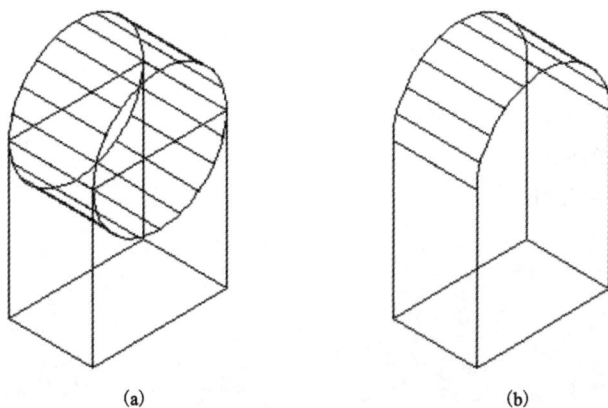

(a)　　　　　　　　　　(b)

图 5 - 75　并集操作

（2）差集操作（Subtract）

通过单击工具面板上的 ⚬⚬ 按钮，可将一组实体从另一组实体中减去。操作时首先选择被减对象，然后选择要减去的对象。

操作示例：

命令：_subtract 选择要从中减去的实体、曲面和面域...

选择对象：选择长方体

选择对象：回车确认

选择要减去的实体、曲面和面域...

选择对象：选择拱门

选择对象：回车键结束命令

操作结果如图 5 -76(b)所示。

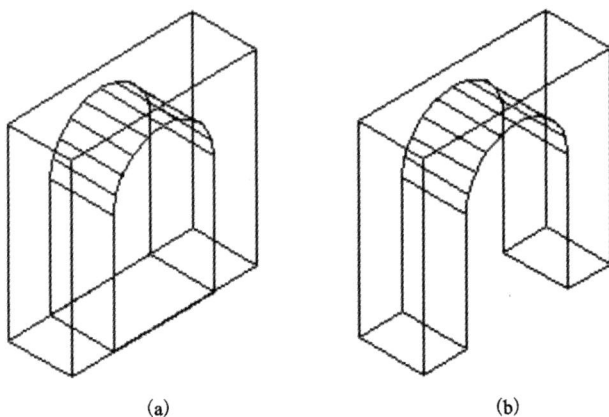

(a)   (b)

图 5 -76 差集操作

（3）交集操作（Intersect）

通过单击工具面板上的 ⚬ 按钮，可以创建出由两个或多个实体的重叠部分构成的新实体。

操作示例：

命令：_intersect

选择对象：选择长方体和圆柱体

选择对象：回车结束命令

操作结果如图 5 -77(b)所示。

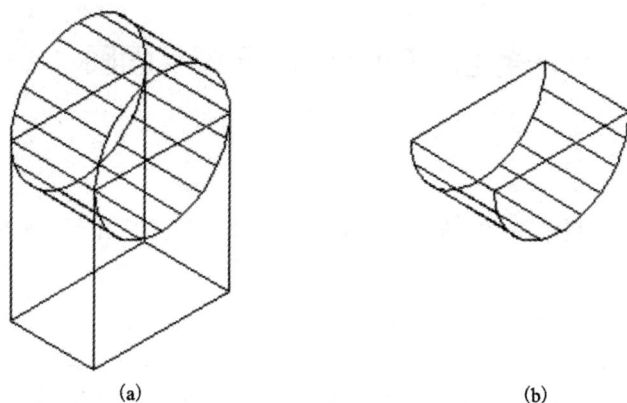

(a)

(b)

图 5 - 77　交集操作

四、任务评价

任务评价表

考核项目	分　数			学生自评	小组互评	教师评价	小计
	差	中	好				
是否具备团队合作精神	4	7	10				
是否正确、灵活运用已学知识	4	7	10				
是否遵守劳动纪律	4	7	10				
图线绘制是否规范	12	21	30				
作图是否准确	16	28	40				
总计	40	70	100				
教师签字：							

任务七　CAD 绘制建筑平面图

一、任务提出

绘制建筑平面图，如图 5－78 所示，绘图比例为 1∶100，采用 A2 幅面的图框。

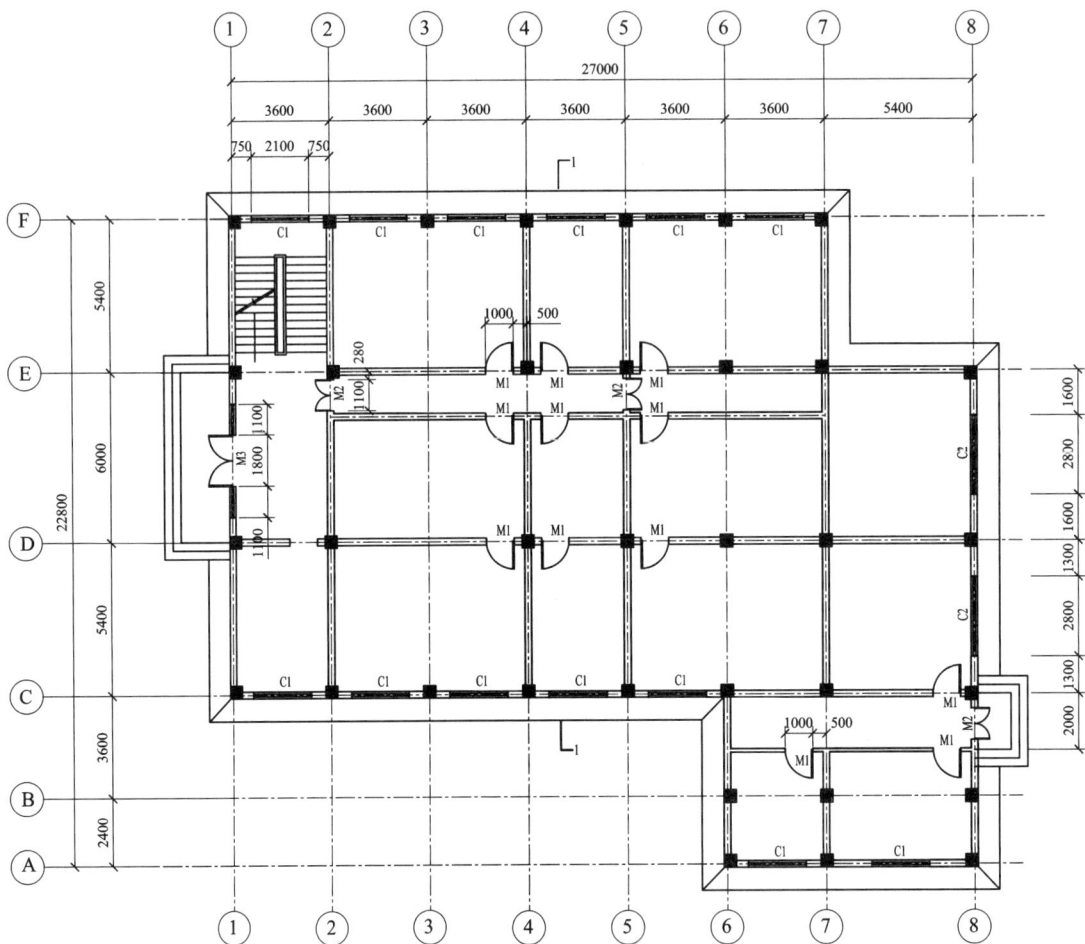

图 5－78　绘制建筑平面图

二、任务分析

用 AutoCAD 绘制平面图的总体思路是先整体、后局部，主要绘制过程如下：

①创建图层，如墙体层、轴线层、柱网层等。

②用 Limits 设置绘图区域的大小，也可绘制一个表示作图区域大小的矩形，单击标准工具栏上的 按钮，将该矩形全部显示在绘图窗口中。分解该矩形，形成作图基准线。

③用偏移和直线命令绘制水平及竖直的定位轴线。

④用多线命令绘制外墙体，形成平面图的大致轮廓。

⑤绘制内墙体。

⑥用偏移和修剪命令在墙体上形成门窗洞口。

⑦绘制门窗、楼梯及其他局部细节。

⑧插入或绘制标准图框，并以绘图比例的倒数缩放图框。

⑨标注尺寸，尺寸标注总体比例为绘图比例的倒数。

⑩书写文字，文字字高为图纸的实际字高与绘图比例倒数的乘积。

三、必备知识和技能

1. 多线

多线是由多条平行直线组成的对象，其最多可包含16条平行线，线间的距离、线的数量、线条颜色及线型等都可以调整。该对象常用来绘制墙体、公路或管道等。

（1）多线样式

多线的外观由多线样式确定，在多线样式中可设定多线中线条的数量、每条线的颜色和线型及线间的距离等，还能指定多线两个端头的样式，如弧形端头、平直端头等。

①执行方式。

● 菜单命令：【格式】→【多线样式】

● 键盘命令：Mlstyle

②操作示例。

创建墙体为240 mm的多线样式。

第一，命令窗口输入ml，系统弹出【多线样式】对话框，如图5－79所示。

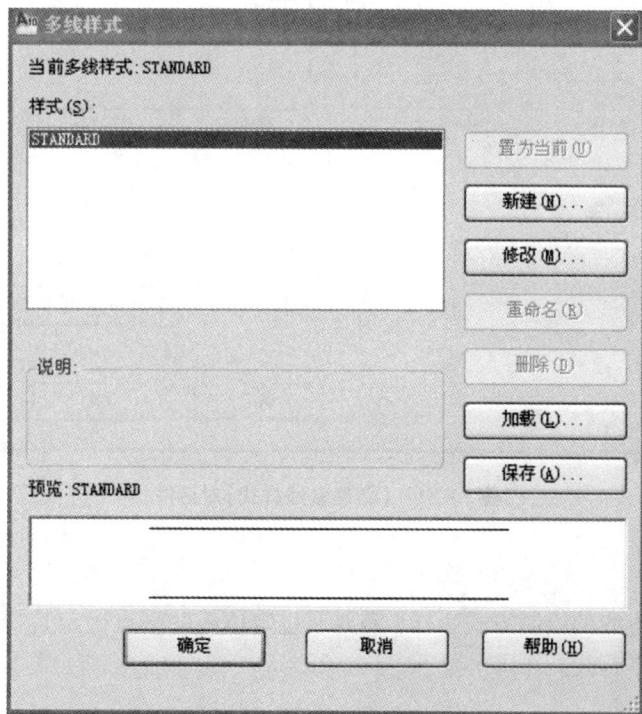

图5－79　【多线样式】对话框

第二，单击【新建】按钮，弹出【创建新的多线样式】对话框，如图5-80所示。在【新样式名】文本框中输入新的样式名称"墙体240"。

图5-80　【创建新的多线样式】对话框

第三，单击【继续】按钮，弹出【新建多线样式：墙体240】对话框，在该对话框中完成如图5-81所示设置。

图5-81　【新建多线样式】对话框

（2）绘制多线

多线的绘制和直线的绘制方式一样，需要通过定位线的端点确定其长度，所不同的是多线一次可绘制多条平行线。

①执行方式。

● 菜单命令：【绘图】→【多线】

- 键盘命令：Mline 或简写 ML

②操作示例。

用多线命令绘制如图 5 - 82 所示的墙线。

命令：ml

当前设置：对正 = 上，比例 = 1.00，样式 = STANDARD

指定起点或［对正(J)/比例(S)/样式(ST)］: j

输入对正类型［上(T)/无(Z)/下(B)］＜上＞: z

当前设置：对正 = 无，比例 = 1.00，样式 = STANDARD

指定起点或［对正(J)/比例(S)/样式(ST)］: s

输入多线比例 ＜1.00＞: 240(输入 240 指定两线间距离 240 mm)

当前设置：对正 = 无，比例 = 240.00，样式 = STANDARD

指定起点或［对正(J)/比例(S)/样式(ST)］: 捕捉 A 点

指定下一点：捕捉 B 点

指定下一点或［放弃(U)］: 捕捉 C 点

指定下一点或［闭合(C)/放弃(U)］: 捕捉 D 点

指定下一点或［闭合(C)/放弃(U)］: 捕捉 E 点

指定下一点或［闭合(C)/放弃(U)］: 捕捉 F 点

指定下一点或［闭合(C)/放弃(U)］: c

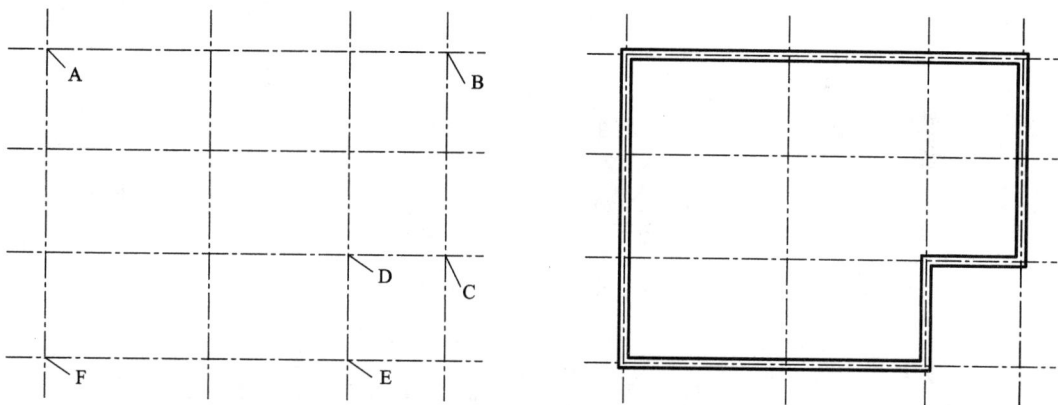

图 5 - 82　多线命令绘制墙线

③选项说明。

【对正(J)】: 设定多线对正方式，即多线中哪条直线的端点与光标重合并随光标移动，该选项有三个子选项。一般选择选项"无(Z)"。

【比例(S)】: 指定多线宽度相对于定义宽度(在多线样式中定义)的比例因子，该比例不影响线型比例。

【样式(ST)】: 通过该选项可以选择多线样式，默认样式是"Standard"。

(3)编辑多线

该命令用于编辑多线，其主要功能如下：

其一，改变两条多线的相交形式，例如使它们相交成十字形或 T 字形。

其二，在多线加入控制顶点或删除顶点。

其三，将多线中的线条切断或结合。

①执行方式。

- 菜单命令：【修改】→【对象】→【多线】
- 键盘命令：Mledit

②操作示例。

用编辑多线命令，修改如图 5 - 84 所示墙体接头中多余的线条。

第一，命令提示行输入 mledit

打开【多线编辑工具】对话框，选择"T 形合并"选项，如图 5 - 83 所示。

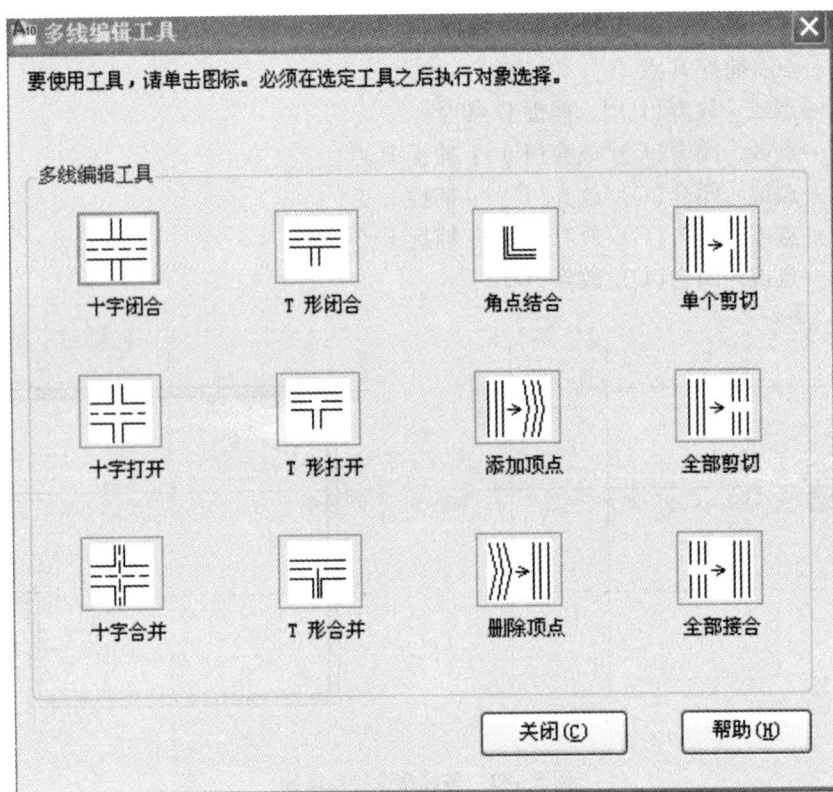

图 5 - 83 【多线编辑工具】对话框

第二，在命令提示行提示下，执行以下操作。

选择第一条多线：在 A 点处选择多线

选择第二条多线：在 B 点处选择多线

选择第一条多线或［放弃(U)］：回车

用户可按此方法继续完成其他 T 形接头的合并，操作效果如图 5 - 84 所示。

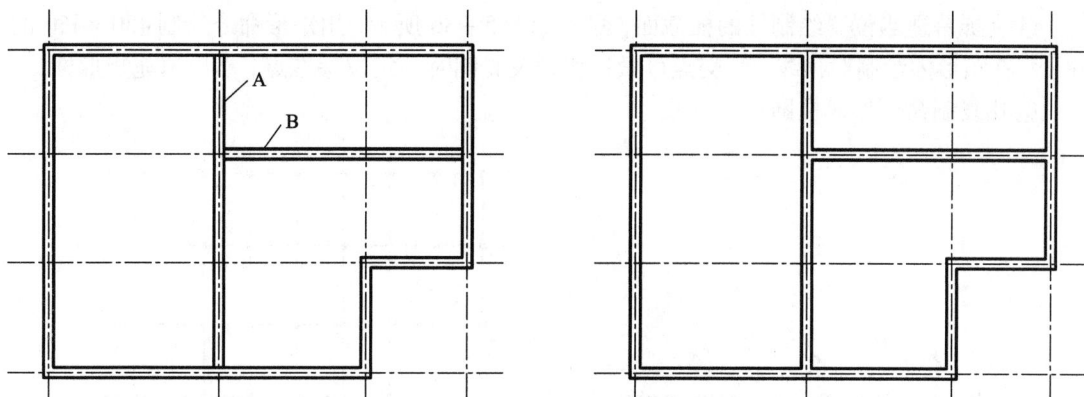

图 5 - 84 编辑多线

2. 建筑平面绘图步骤

①创建以下图层。

名称	颜色	线型	线宽
轴线	红色	Center	0.25
柱网	黄色	Continuous	0.25
墙体	白色	Continuous	1.0
门窗	青色	Continuous	0.25
标注	绿色	Continuous	0.25
其他	青色	Continuous	0.25

②设定绘图区域为 40000×40000。打开正交模式、对象捕捉功能。

③用直线命令绘制水平及竖直的作图基准线,然后用偏移、修剪等命令绘制轴线网,如图 5 - 85 所示。

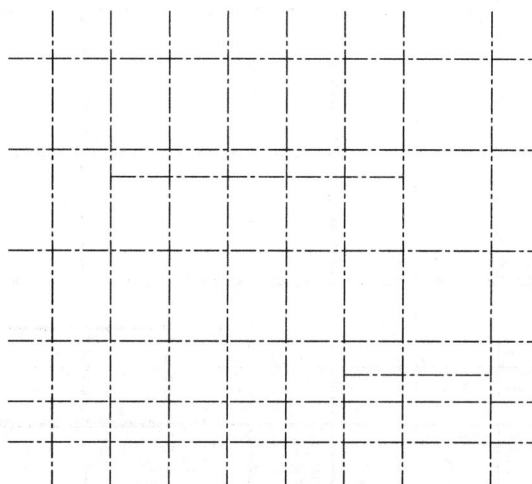

图 5 - 85 绘制轴线网

④在屏幕适当位置绘制柱的横截面，尺寸如图5-86所示，用矩形命令绘制450×450的柱子，在矩形内绘制对角线，其交点可做柱移动及复制时的定位基准点，然后填充矩形框。

⑤用复制命令形成柱网。

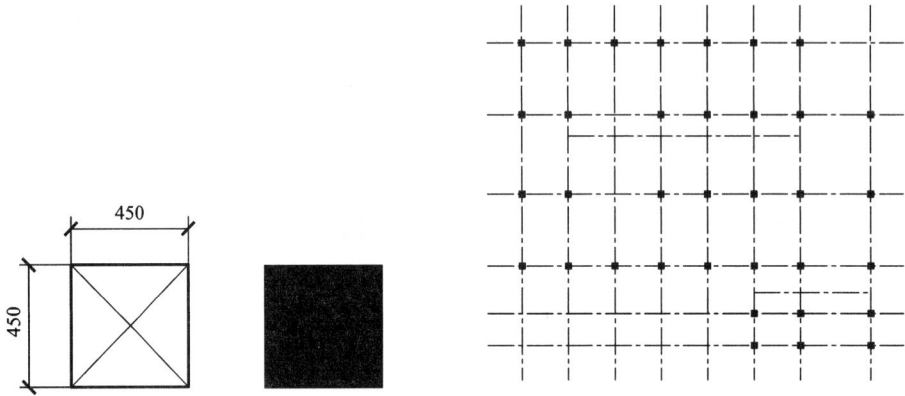

图5-86 绘制柱子

⑥创建两个多线样式。

样式名	元素	偏移量
墙体240	两条直线	120、-120
墙体120	两条直线	60、-60

⑦关闭柱网层，指定"墙体240"为当前多线样式，绘制建筑物外墙体和部分内墙体。再指定"墙体120"为当前样式，绘制B轴上的一段内墙，如图5-87所示。

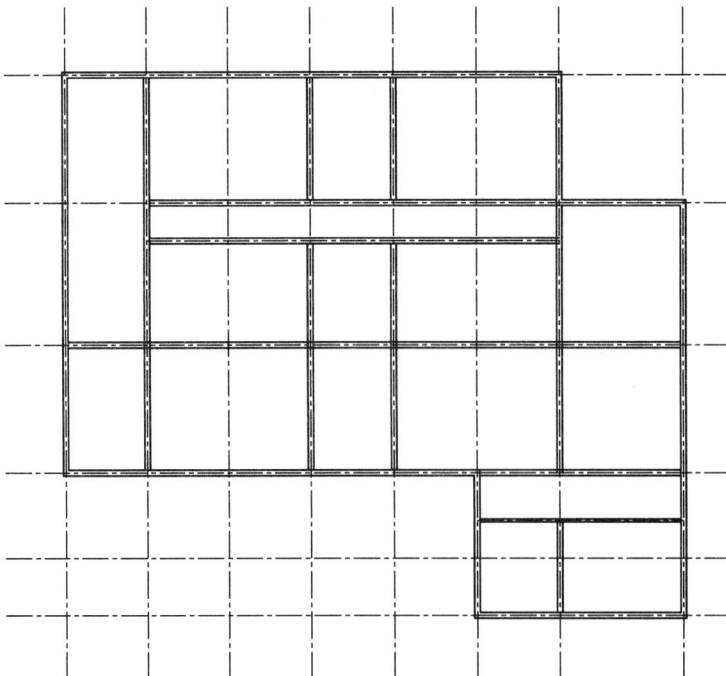

图5-87 绘制墙体

⑧用多线编辑命令编辑墙体 T 形接头、十字形接头处,再分解多线,修剪多余线条。

⑨用偏移、修剪和复制命令形成所有的门窗洞口,如图 5 – 88 所示。

⑩用直线、偏移、圆、修剪等命令绘制门窗,或插入门窗图块,效果如图 5 – 89 所示。

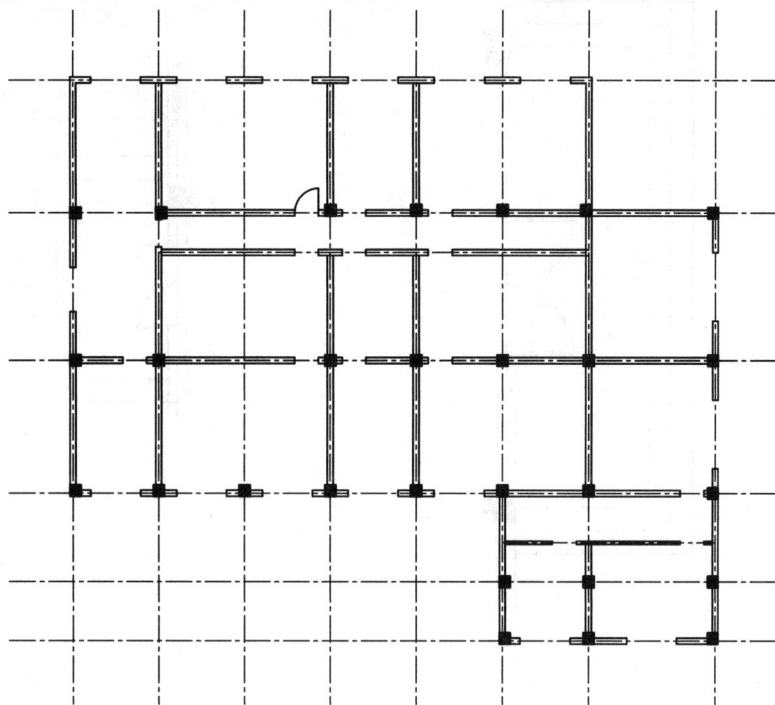

图 5 – 88　绘制门窗洞口

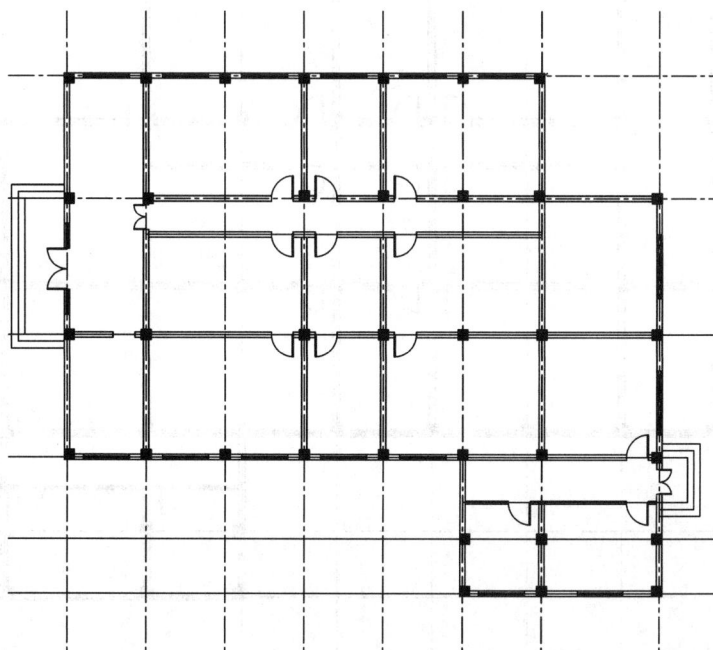

图 5 – 89　绘制门窗

⑪绘制室外台阶及散水,细部尺寸和绘图效果如图 5 - 90 所示。

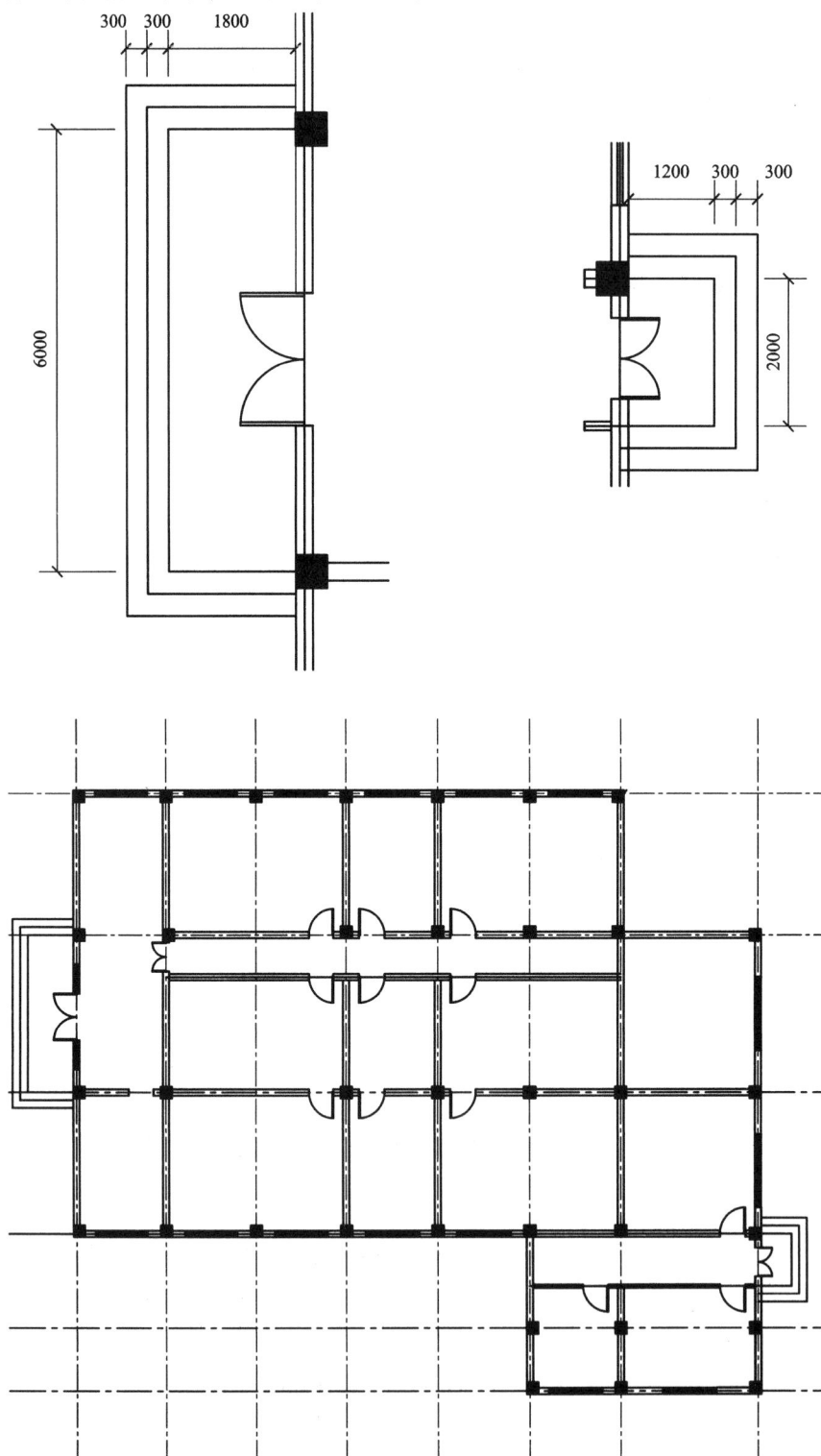

图 5 - 90 绘制台阶、散水

⑫绘制楼梯,细部尺寸如图5-91所示。

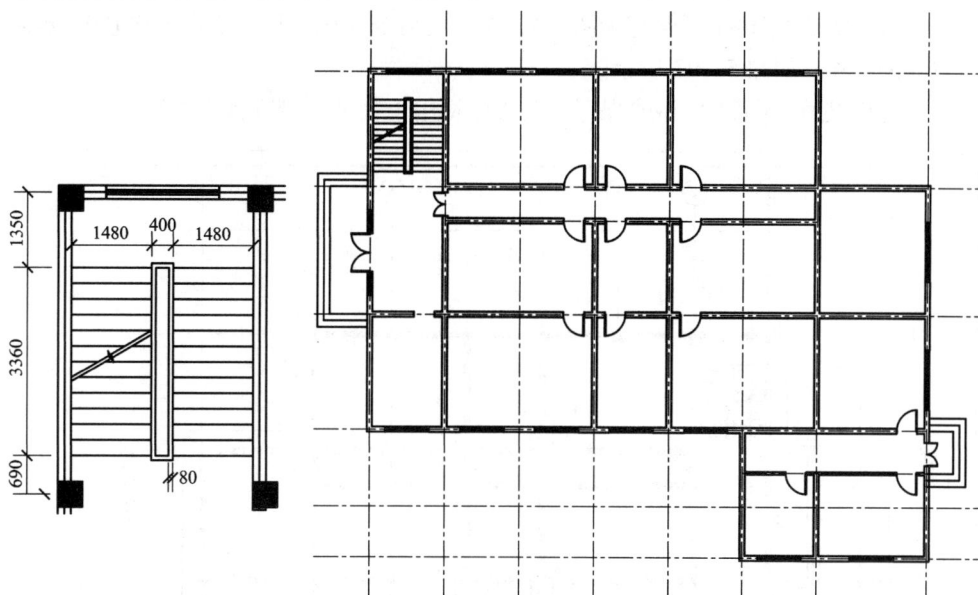

图5-91 楼梯细部尺寸

⑬标注尺寸、文字,如图5-92所示。

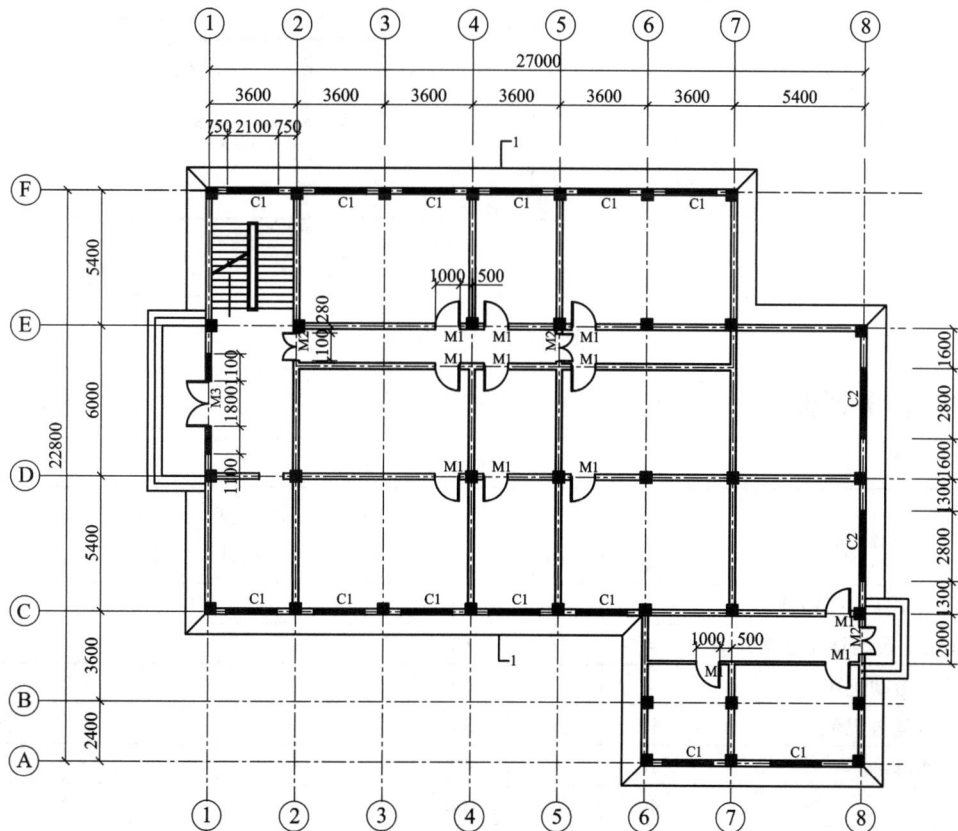

图5-92 标注尺寸、文字

⑭完善细部构造线及轴号标注等。

⑮绘制 A2 幅面的图框（可保存为图块），用缩放命令缩放图框，缩放比例100，然后把平面图布置在图框中，如图 5-93 所示。

⑯将文件以名称"平面图.dwg"保存，该文件将用于辅助绘制立面图和剖面图。

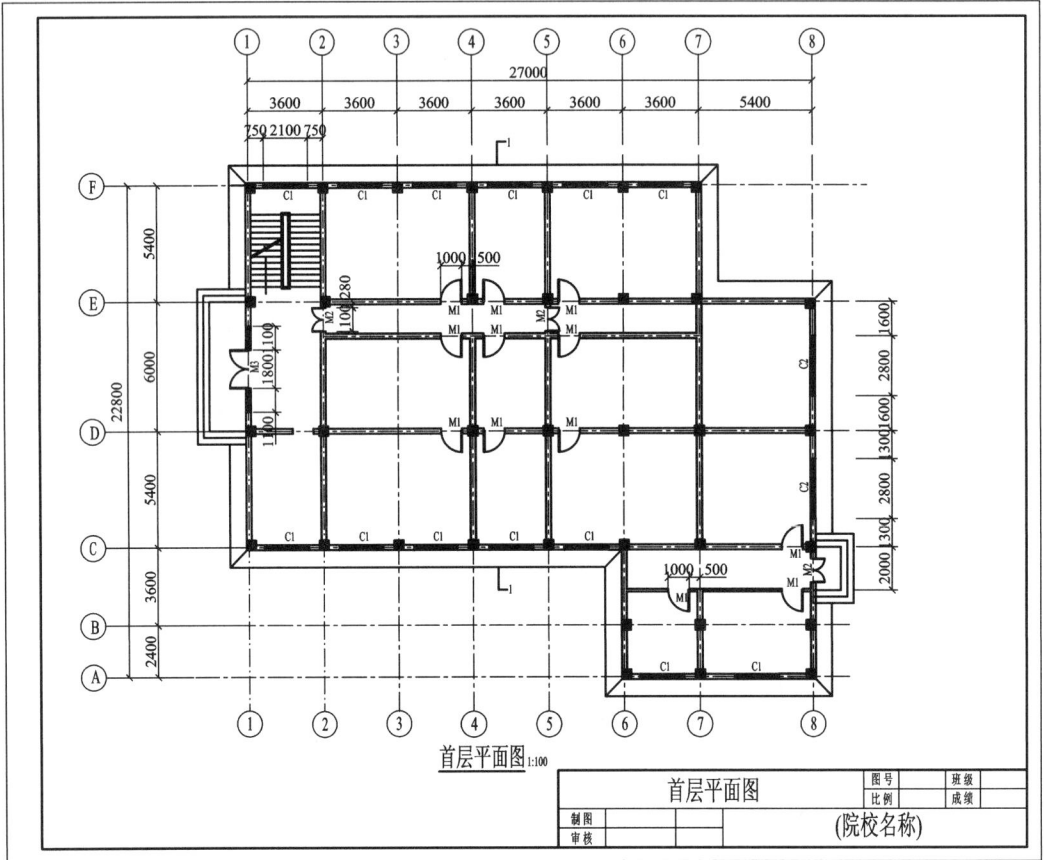

图 5-93 绘制图框

四、任务评价

任务评价表

考核项目	分　数			学生自评	小组互评	教师评价	小计
	差	中	好				
是否具备团队合作精神	4	7	10				
是否正确、灵活运用已学知识	4	7	10				
是否遵守劳动纪律	4	7	10				
图线绘制是否规范	12	21	30				
作图是否准确	16	28	40				
总计	40	70	100				
教师签字：							

174

任务八　CAD 绘制建筑立面图

一、任务提出

绘制建筑立面图，如图 5 - 94 所示，绘图比例为 1∶100，采用 A3 幅面的图框。

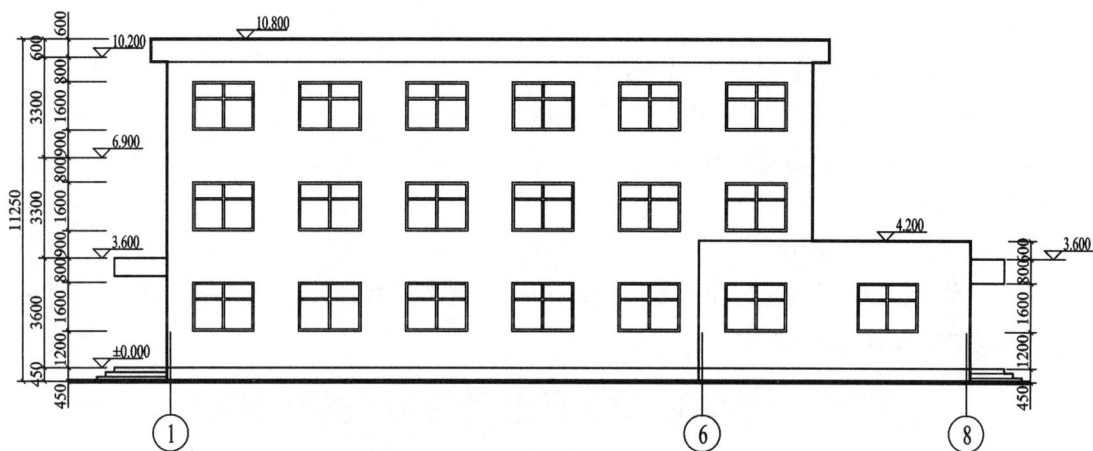

图 5 - 94　建筑立面图

二、任务分析

绘制如图 5 - 94 所示的立面图，可将平面图作为绘制建筑立面图的辅助图形。先从平面图绘制竖直投影线，将建筑物主要特征投影到立面图上，然后再参照立面标高绘制立面图的各部分细节。

绘制建筑立面图的主要步骤如下：

①创建图层，如建筑轮廓层、窗洞层及轴线层等。

②通过外部引用方式将建筑平面图插入到当前图形中；或打开已有的平面图，将其另存为一个文件，以此文件为基础绘制立面图；也可用复制/粘贴功能从平面图中获取有用的信息。

③从平面图绘制建筑物轮廓的竖直投影线，再绘制地平线、屋顶线等，这些线构成了立面图的主要布局线。

④利用投影线形成各层门窗洞口线。

⑤以布局线为作图基准线，绘制墙面细节。

⑥插入标准图框，并以绘图比例的倒数缩放图框。

⑦标注尺寸，尺寸标注总体比例为绘图比例的倒数。

⑧书写文字，文字字高为图纸的实际字高与绘图比例倒数的乘积。

三、必备知识和技能

1. 图块

图块是有多个对象组成的单一整体,在需要时可将其作为单独对象插入到图形中。在建筑图中有许多反复使用的图形,如门、窗等。若事先将这些对象创建成块,则使用时只需插入即可,这样避免了重复的劳动,提高了绘图效率。

(1)创建块

①执行方式。

- 菜单命令:【绘图】→【块】→【创建】
- 工具栏按钮:【绘图】工具栏上的 按钮
- 键盘命令:Block 或简写 B

②操作示例。

创建立面图中窗的图块。

第一,单击【绘图】工具栏上的 按钮,打开【块定义】对话框,如图 5−95 所示。在【名称】文本框中输入新建块名"窗"。

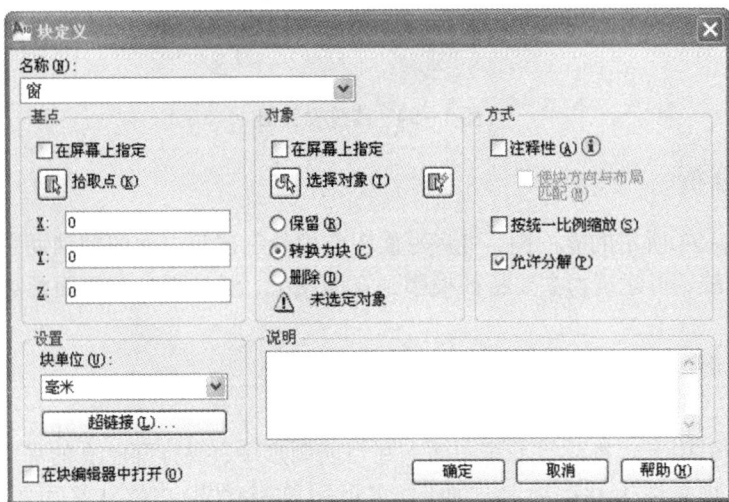

图 5−95 【块定义】对话框

第二,单击 (选择对象)按钮,在命令行提示,选择对象,返回绘图窗口选择构成窗的所有图形元素。

第三,指定块的插入基点,单击 (拾取点),系统将返回绘图窗口,并提示"指定插入点",拾取点 A,如图 5−96 所示。单击【确定】按钮生成图块。

(2)插入块

①执行方式。

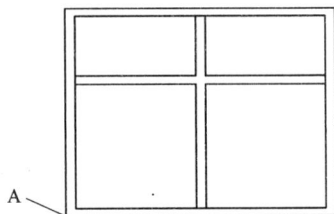

图 5−96 【窗】图块的插入点

- 菜单命令：【插入】→【块】
- 工具栏按钮：【绘图】工具栏上的 按钮
- 键盘命令：Insert 或简写 I

②操作示例。

将创建的窗的图块插入到立面图中。

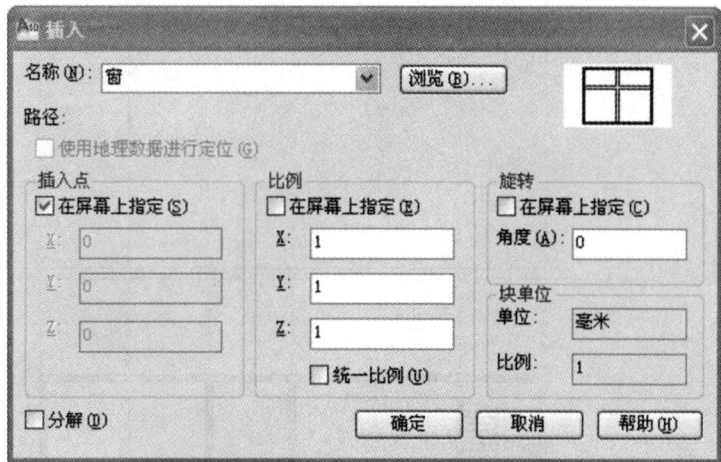

图 5 - 97　【插入】对话框

启动插入块命令，打开【插入】对话框，单击【名称】右侧三角形下拉按钮，在下拉列表中选择需插入的图块，如图 5 - 97 所示。（若要插入保存在电脑里的其他图块或文件可单击 浏览(B)... 进行选择。）然后单击【确定】按钮，返回绘图窗口，系统提示"指定插入点"，捕捉窗洞的左下角点 A，如图 5 - 98 所示，完成图块的插入。

用户可参照以上步骤，练习将绘制好的图框创建成块，还可将轴号等创建成带有属性的块，以提高绘图效率。

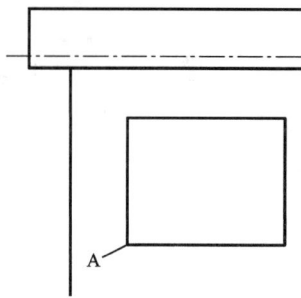

图 5 - 98　窗的插入点

2. 绘图步骤

①创建以下图层。

名称	颜色	线型	线宽
轴线	红色	Center	0.25
轮廓	白色	Continuous	1.0
地坪线	蓝色	Continuous	1.4
窗	青色	Continuous	0.25
标注	绿色	Continuous	0.25
其他	青色	Continuous	0.25

②设定绘图区域为40000×40000。打开正交模式、对象捕捉功能。

③将平面图文件打开，复制粘贴到新建的立面图文件中。

④关闭该文件中部分不需要用的图层，如标注层、柱网层等。

⑤从平面图绘制竖直投影线，再用直线、偏移、修剪命令绘制屋顶线、室内外地坪线等细部尺寸，绘图结果如图5－99所示。

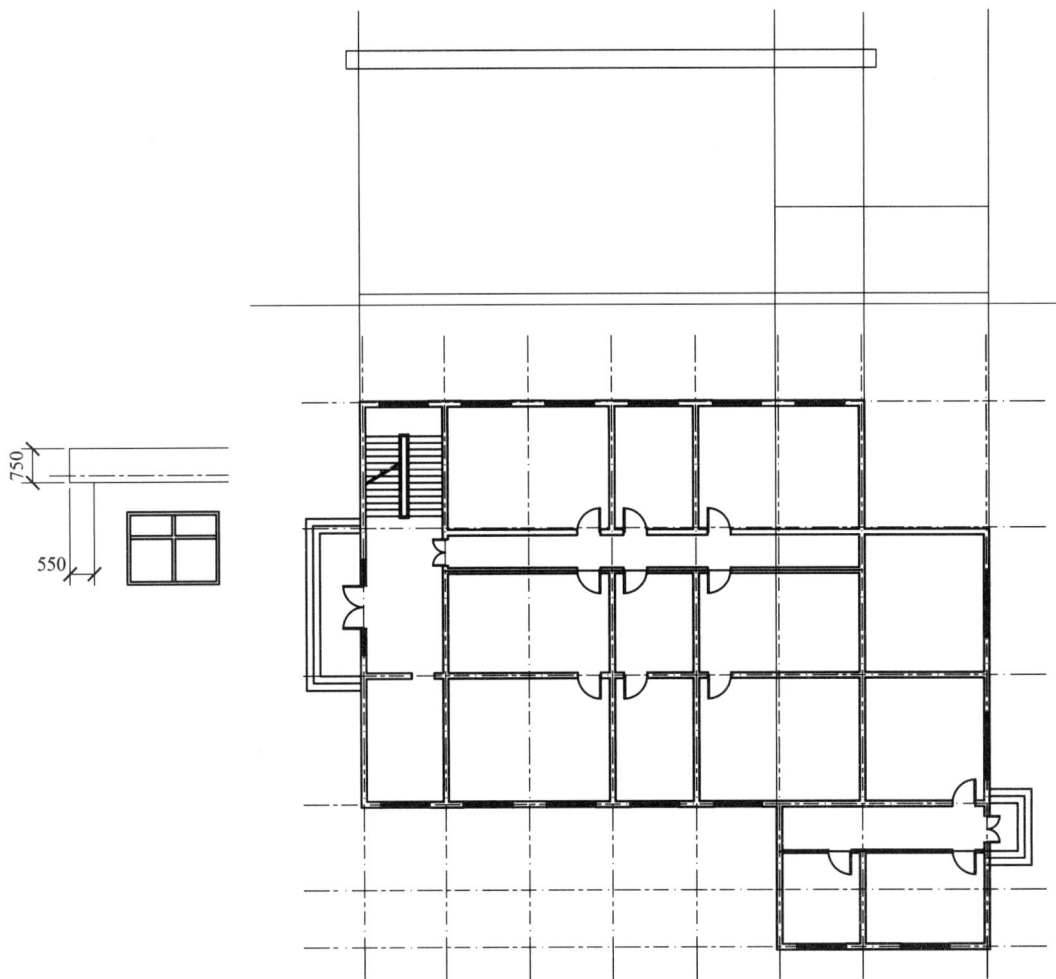

图5－99　绘制投影线和建筑物轮廓线

⑥从平面图绘制竖直投影线，再利用偏移、修剪命令形成窗洞，如图5－100所示。

⑦绘制窗立面图，并创建为块，在立面图的窗洞处分别插入窗的图框，结果如图5－101所示。

⑧从平面图绘制竖直投影线，再利用偏移、修剪命令绘制雨篷及室外台阶，结果如图5－102所示。

⑨标注尺寸、文字、轴号及标高符号。

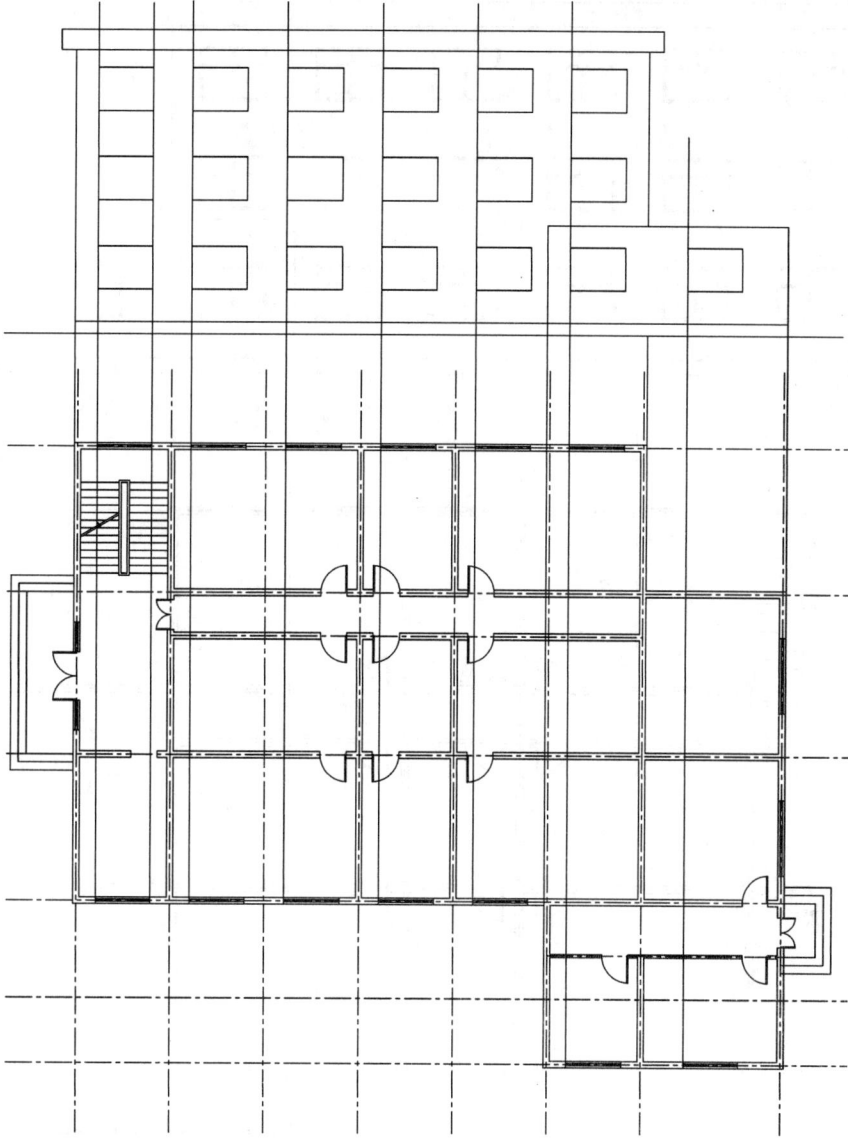

图 5 - 100　绘制窗洞线

图 5 - 101　绘制窗户

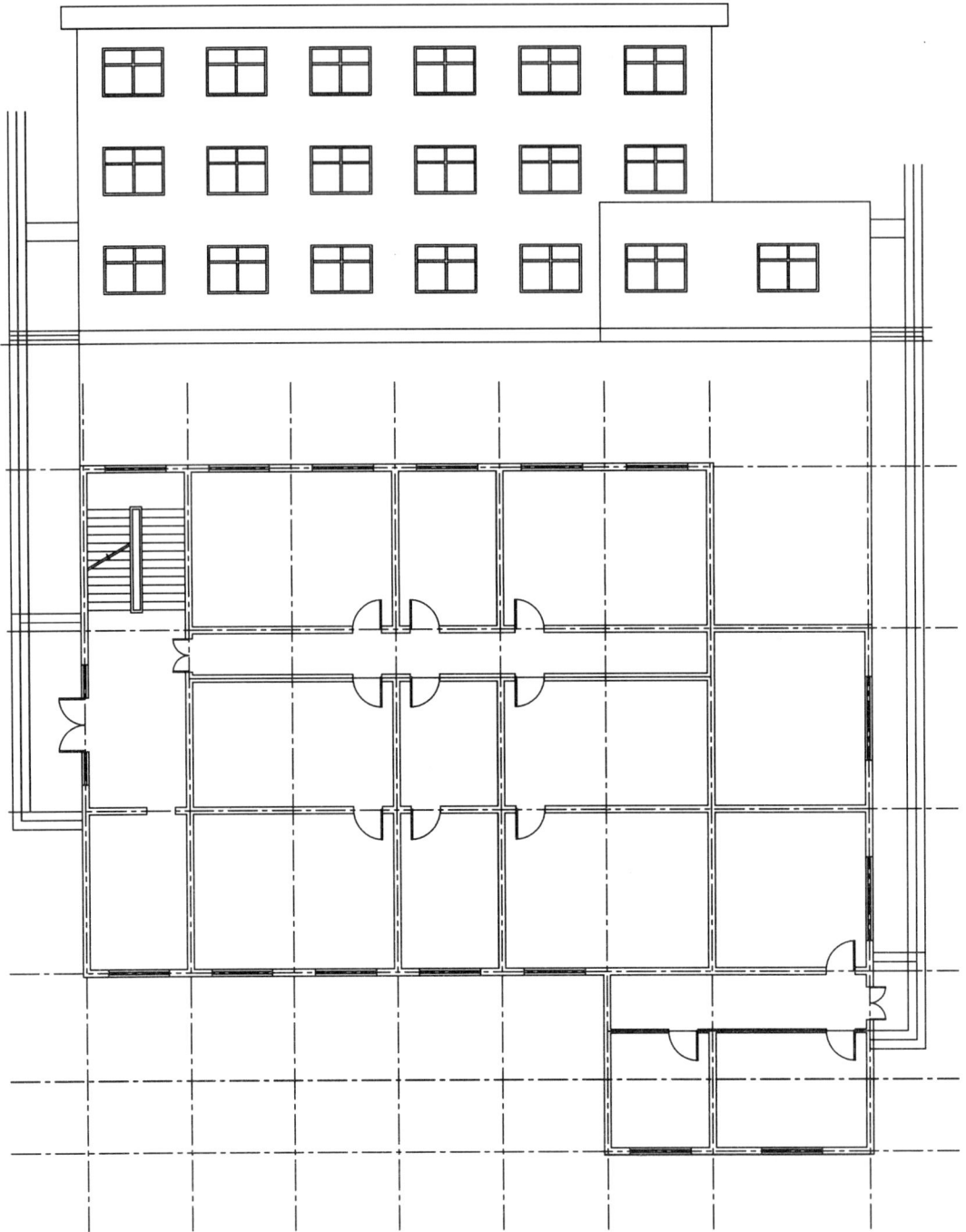

图 5 - 102　绘制雨篷及室外台阶

⑩插入 A3 幅面的图框，用缩放命令缩放图框，缩放比例 100，然后把立面图布置在图框中，如图 5 - 103 所示。

将文件以名称"立面图.dwg"保存，该文件将用于辅助绘制剖面图。

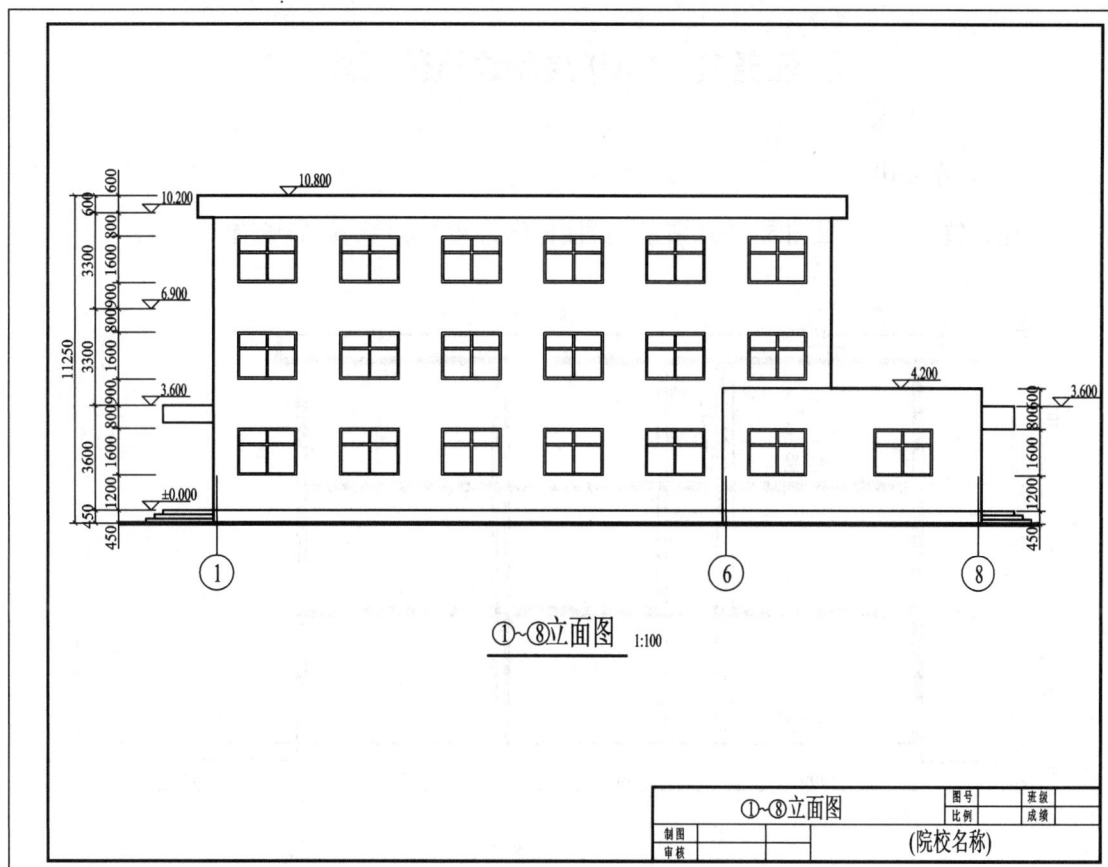

图 5 – 103 插入图框

四、任务评价

任务评价表

考核项目	分　数			学生自评	小组互评	教师评价	小计
	差	中	好				
是否具备团队合作精神	4	7	10				
是否正确、灵活运用已学知识	4	7	10				
是否遵守劳动纪律	4	7	10				
图线绘制是否规范	12	21	30				
作图是否准确	16	28	40				
总计	40	70	100				
教师签字：							

任务九　CAD 绘制建筑剖面图

一、任务提出

绘制建筑剖面图,如图 5 - 104 所示,绘图比例为 1∶100,采用 A3 幅面的图框。

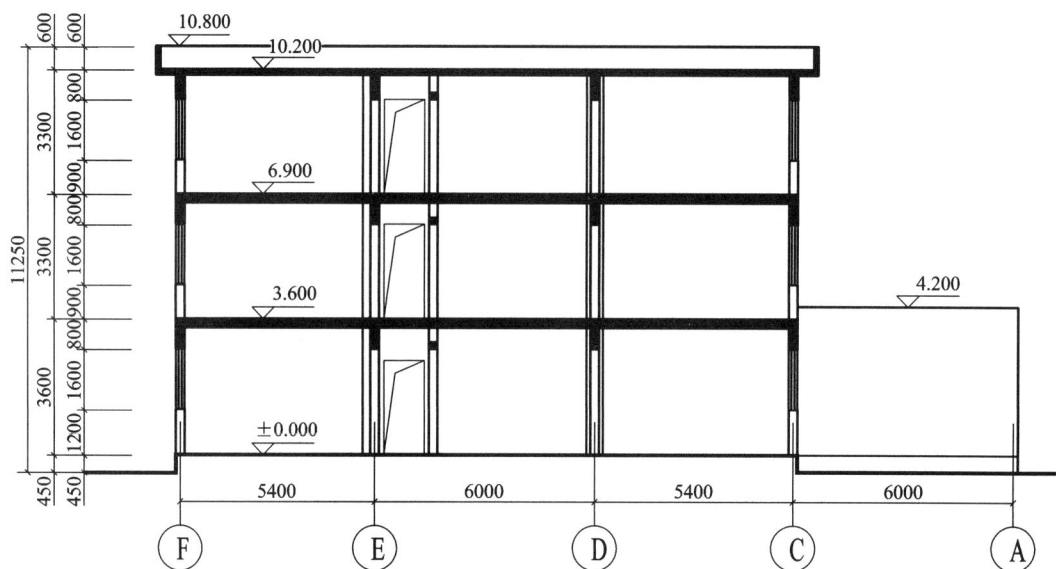

图 5 - 104　绘制建筑剖面图

二、任务分析

利用三面投影图的作图原理,将平面图、立面图作为绘制剖面图的辅助图形。将平面图旋转 90°,并布置在适当位置,从平面图、立面图绘制竖直及水平的投影线,以形成剖面图的主要特征,然后绘制剖面图各部分细节。

绘制剖面图的主要步骤如下:

①创建图层,如墙体层、楼面层及构造层。

②将平面图、立面图布置在一个图形中,以这两个图为基础绘制剖面图。

③从平面图、立面图绘制建筑物轮廓的投影线,修剪多余线条,形成剖面图的主要布局线。

④利用投影线形成门窗高度线、墙体厚度线及楼板厚度线。

⑤以布局线为作图基准线,绘制剖到的墙面细节。

⑥插入标准图框,并以绘图比例的倒数缩放图框。

⑦标注尺寸,尺寸标注总体比例为绘图比例的倒数。

⑧书写文字,文字字高为图纸的实际字高与绘图比例倒数的乘积。

三、必备知识和技能

1. 旋转对象

使用该命令可旋转图形对象，改变图形对象的方向。使用此命令时，只需指定旋转基点并输入旋转角度就可以转动图形实体。此外，也可以将某个方位作为参照位置，然后选择一个新对象或输入一个角度值来指定要旋转到的位置。

（1）执行方式

● 菜单命令：【修改】→【旋转】

● 工具栏按钮：【修改】工具栏上的 ⟳ 按钮

● 键盘命令：Rotate 或简写 RO

（2）操作示例

将平开门进行旋转操作。

命令：ro

UCS 当前的正角方向：ANGDIR = 逆时针　ANGBASE = 0

选择对象：选择组成门的图形对象

选择对象：回车

指定基点：捕捉 A 点

指定旋转角度，或［复制（C）/参照（R）］＜308＞：90

回车结束命令

操作结果如图 5 − 105 所示。

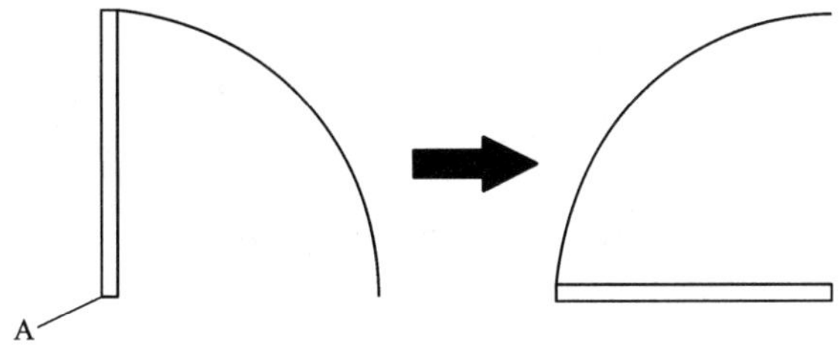

图 5 − 105　门旋转 90°

命令：ro UCS 当前的正角方向：ANGDIR = 逆时针　ANGBASE = 0

选择对象：选择组成门的图形对象

选择对象：回车

指定基点：捕捉 A 点

指定旋转角度，或［复制（C）/参照（R）］＜90＞：C

指定旋转角度，或［复制（C）/参照（R）］＜90＞：90

回车结束命令

操作结果如图 5 − 106 所示。

命令：ro

UCS 当前的正角方向：ANGDIR = 逆时针　ANGBASE = 0

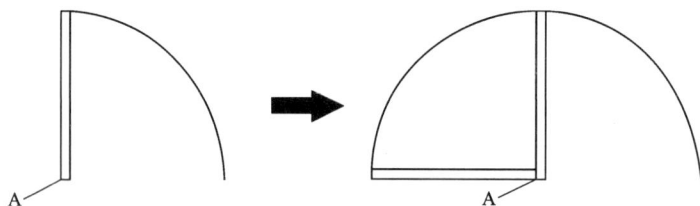

图 5 – 106　门旋转复制 90°

选择对象：选择组成门的图形对象

选择对象：回车

指定基点：捕捉 A 点(矩形左下角点)

指定旋转角度，或［复制(C)/参照(R)］＜90＞：R

指定参照角 ＜90＞：捕捉 A 点

指定第二点：捕捉 B 点

指定新角度或［点(P)］＜38＞：捕捉 C 点(门洞右上角点)

操作结果如图 5 – 107 所示。

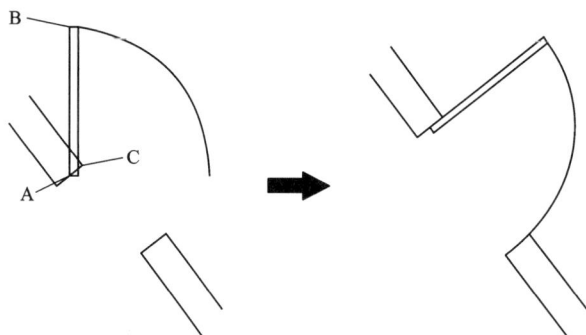

图 5 – 107　门参照角度旋转

2. 绘图步骤

①创建以下图层。

名称	颜色	线型	线宽
轴线	红色	Center	0.25
楼面	白色	Continuous	1.0
墙体	白色	Continuous	1.0
门窗	青色	Continuous	0.25
标注	绿色	Continuous	0.25
其他	青色	Continuous	0.25

②设定绘图区域为 40000×40000。打开正交模式、对象捕捉功能。

③将平面图、立面图文件打开，复制粘贴到新建的剖面图文件中。

④将建筑平面图旋转 90°，并将其布置在合适位置。从立面图和平面图向剖面图绘制投影线，再绘制屋顶的左右端面线，如图 5－108 所示。

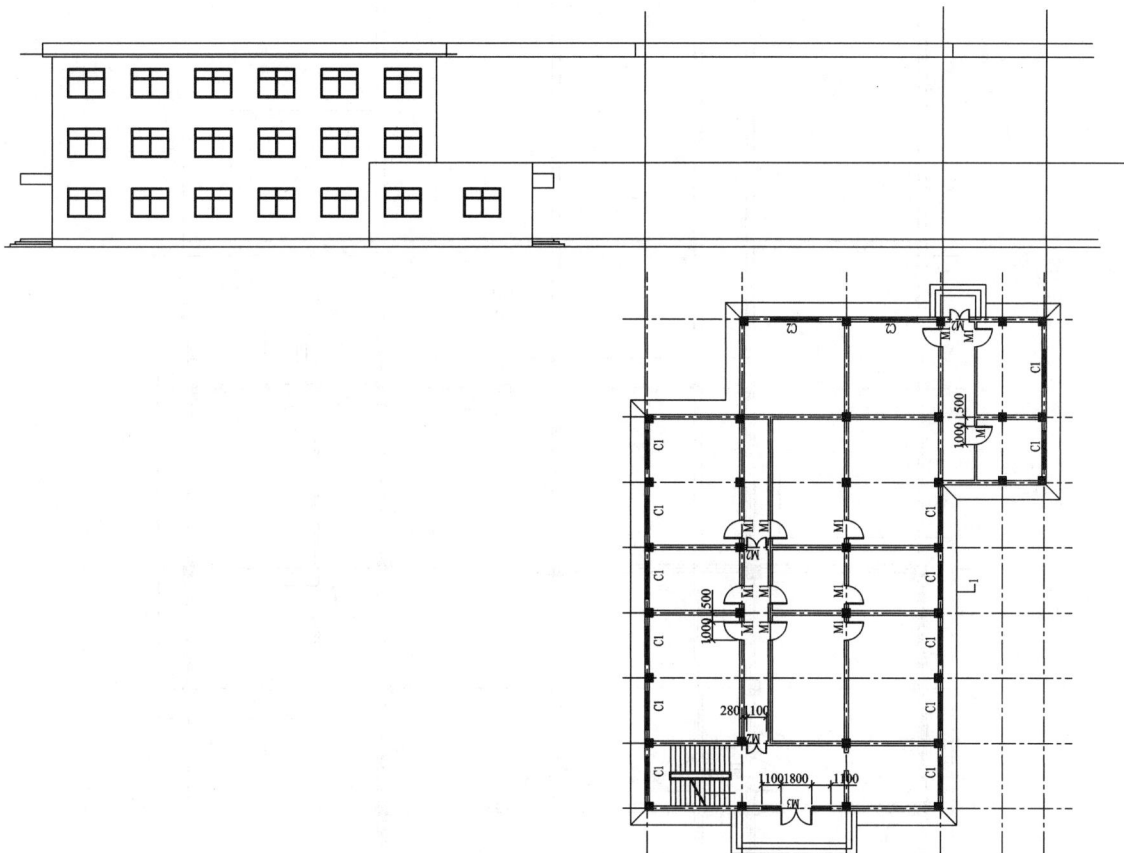

图 5－108 绘制投影线及屋顶檐口线

⑤从平面图绘制竖直投影线，绘制墙体，如图 5 - 109 所示。

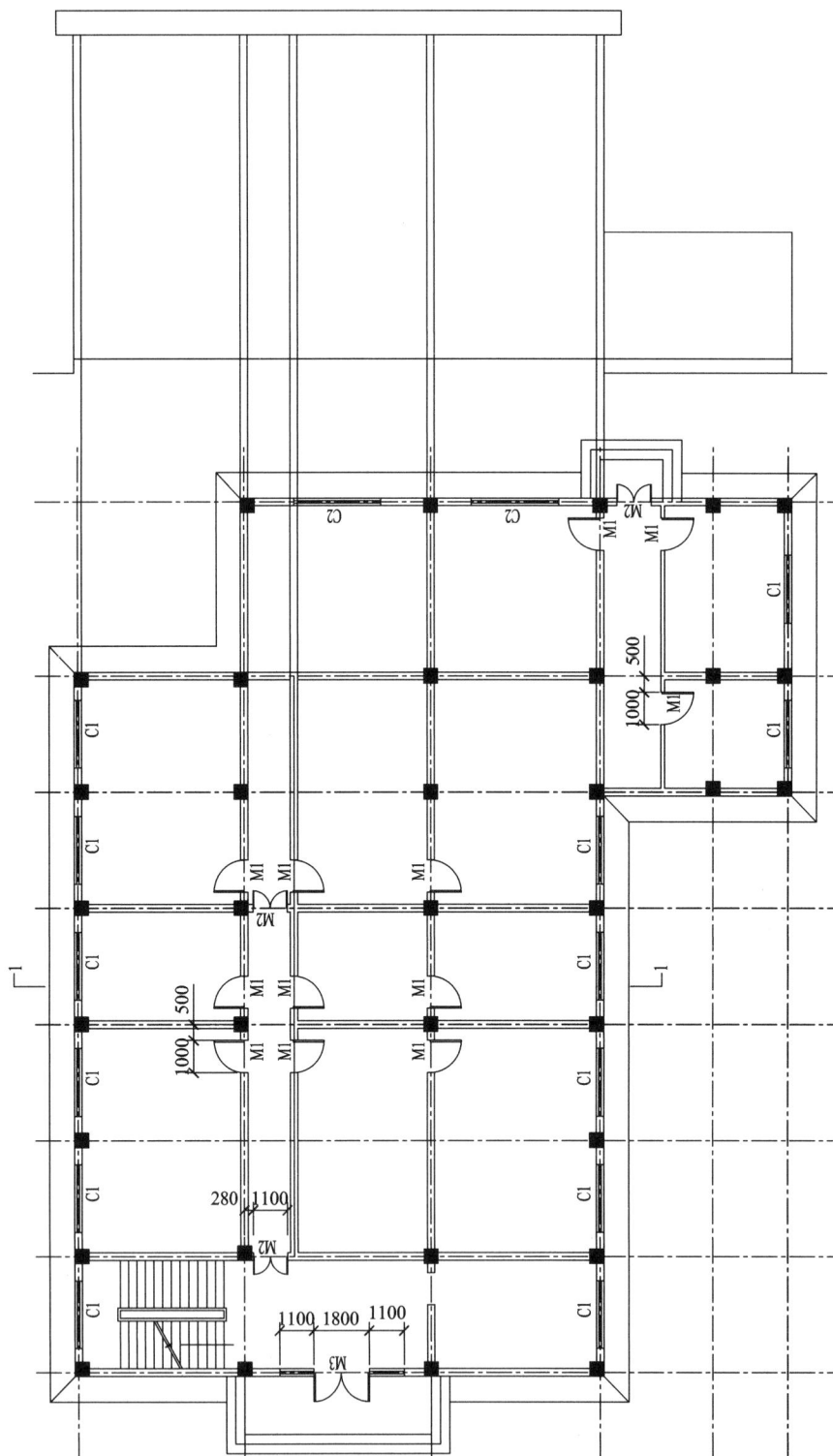

图 5 - 109　绘制墙体

⑥从立面图绘制水平投影线，再用偏移、修剪命令形成楼板、窗洞及檐口，如图 5 - 110 所示。

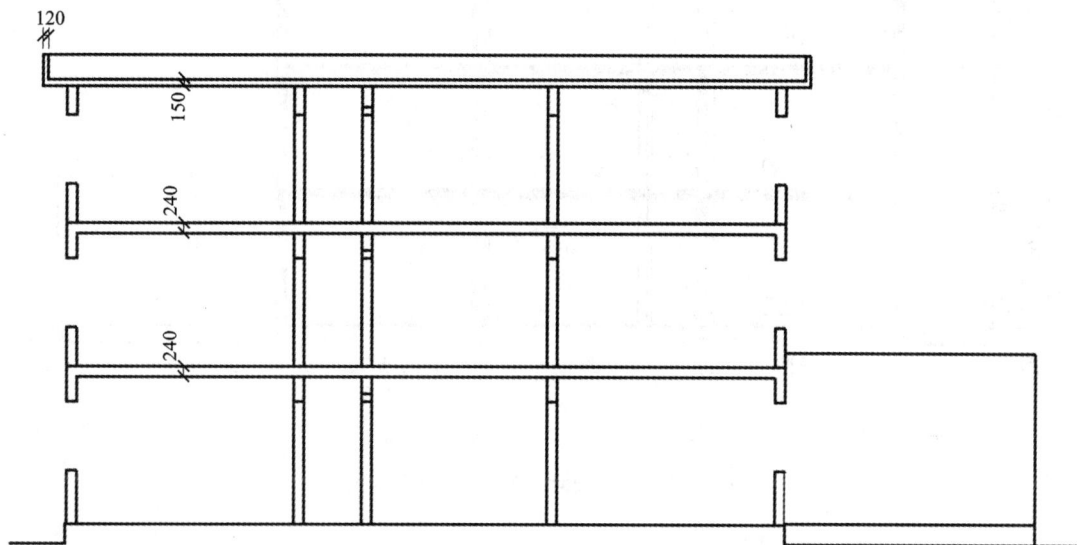

图 5 - 110　绘制楼板、窗洞及檐口

⑦绘制窗户、门、柱及其他细节，如图 5 - 111 所示。

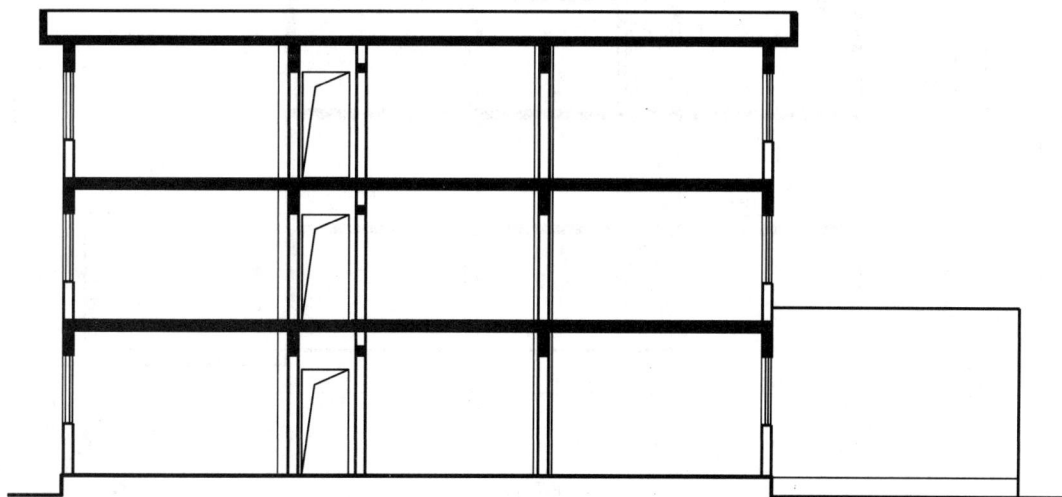

图 5 - 111　绘制窗户、门、柱等

⑧标注尺寸、文字、轴号及标高符号，如图 5 - 112 所示。

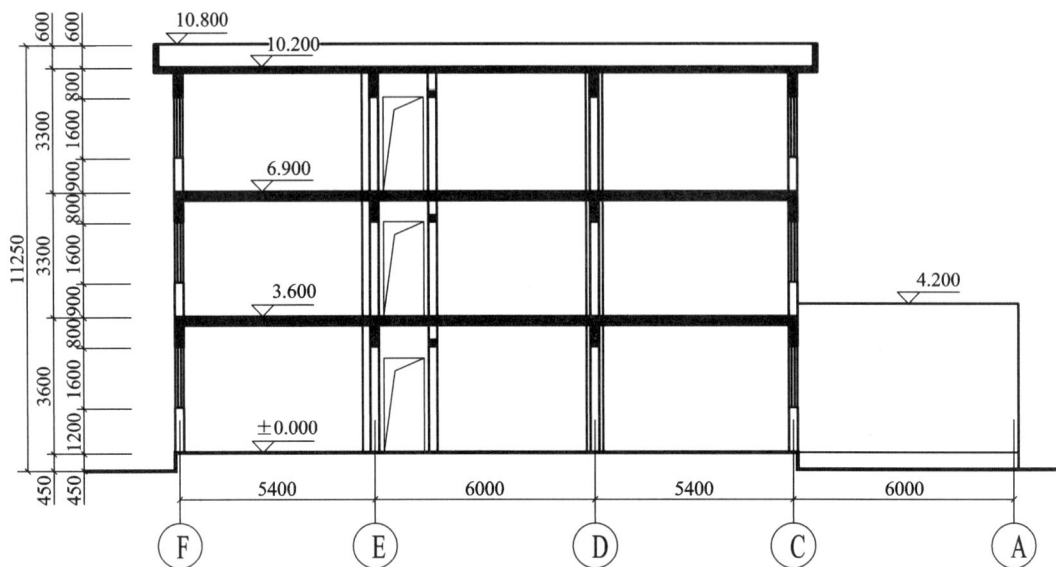

图 5 –112　标注尺寸、文字、轴号及标高等

⑨插入 A3 幅面图框的图块，用缩放命令缩放图框，缩放比例 100，然后把剖面图布置在图框中，如图 5 – 113 所示。

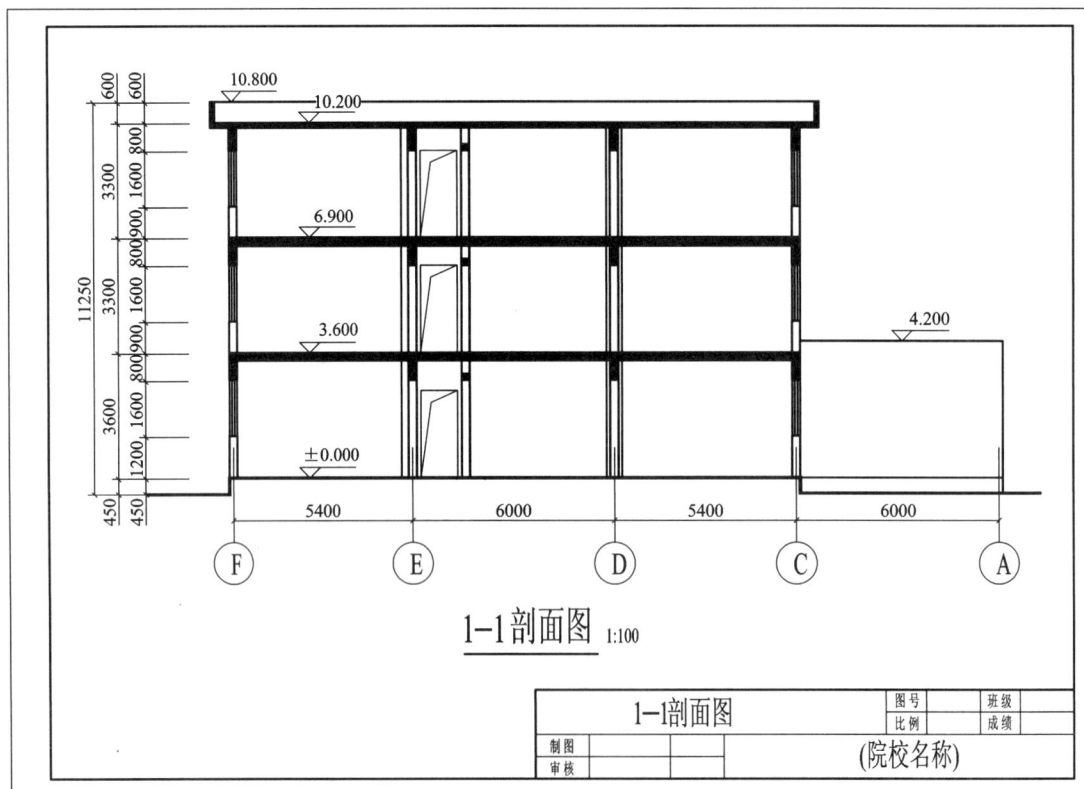

图 5 –113　插入图框

⑩将文件以名称"剖面图. dwg"保存。

四、任务评价

任务评价表

考核项目	分　数			学生自评	小组互评	教师评价	小计
	差	中	好				
是否具备团队合作精神	4	7	10				
是否正确、灵活运用已学知识	4	7	10				
是否遵守劳动纪律	4	7	10				
图线绘制是否规范	12	21	30				
作图是否准确	16	28	40				
总计	40	70	100				
教师签字：							

附 表 AutoCAD 常用命令

功能	命令	快捷键	功能	命令	快捷键
直线	LINE	L	偏移	OFFSET	O
射线	XLINE	XL	阵列	ARRAY	AR
多段线	PLINE	PL	移动	MOVE	M
多线	MLINE	ML	多线修改	MLEDIT	
正多边形	POLYGON	POL	旋转	ROTATE	RO
矩形	RECTANG	REC	比例	SCALE	SC
圆弧	ARC	A	拉伸	STRETCH	S
圆	CIRCLE	C	修剪	TRIM	TR
样条曲线	SPLINE	SPL	延伸	EXTEND	EX
椭圆	ELLIPSE	EL	合并	JOIN	J
插入块	INSERT	I	倒角	CHAMFER	CHA
创建块	BLOCK	B	圆角	FILLET	F
图案填充	BHATCH	BH	分解	EXPLODE	X
多行文字	MTEXT	MT	图层	LAYER	LA
单行文字	DTEXT	DT	特性匹配	MATCHPROP	MA

参考文献

［1］建筑装饰制图. 唐新. 北京：化学工业出版社, 2010

［2］机械识图与制图. 刘海兰. 北京：清华大学出版社, 2010

［3］建筑制图. 孙世青. 北京：科学出版社, 2008

［4］建筑工程制图与 CAD. 梁鲜, 曹洁. 北京：中国建材工业出版社, 2012

［5］建筑 CAD. 刘吉新. 哈尔滨：哈尔滨工业大学出版社, 2012

［6］从零开始 AutoCAD (2006 中文版) 建筑制图基础培训教程. 姜勇. 北京：人民邮电出版社, 2009

［7］建筑 CAD. 杨李福, 段准. 武汉：中国地质大学出版社, 2008

［8］土建工程制图. 丁宇明. 北京：高等教育出版社, 2009

［9］建筑工程制图. 叶晓芹, 毛家华. 重庆：重庆大学出版社, 2009

［10］建筑制图与识图. 马光红, 伍培. 北京：中国电力出版社, 2010

［11］建筑制与 AutoCAD. 陈国瑞. 北京：中国电力出版社, 2010

［12］建筑制图. 刘志麟. 北京：机械工业出版社, 2011

［13］建筑构造与识图. 郑贵超, 赵庆双. 北京：中国人民大学出版社, 2012